Herbert Meschkowski

Wandlungen des mathematischen Denkens

Herbert Meschkowski

Wandlungen des mathematischen Denkens

Eine Einführung in die Grundlagenprobleme
der Mathematik

Vierte, überarbeitete und erweiterte Auflage

Mit 35 Abbildungen

 Friedr. Vieweg & Sohn · Braunschweig

Herbert Meschkowski, Dr. phil.
ist o. Professor an der Pädagogischen Hochschule Berlin
und apl. Professor an der Freien Universität Berlin

Verlagsredaktion: *Alfred Schubert, Burkhard Anger*

1969

ISBN 978-3-322-98007-6   ISBN 978-3-322-98630-6 (eBook)
DOI 10.1007/978-3-322-98630-6

Best.-Nr. 8182

Aus dem Vorwort zur 1. Auflage

Diese Schrift ist aus Vorlesungen entstanden, die für einen weiten Kreis von Studierenden bestimmt waren. Nicht nur die Mathematiker sollten einen Überblick bekommen über die Fülle der Probleme, die die mathematische Grundlagenforschung stellt. Es sollte versucht werden, im Rahmen des „studium generale" das Verständnis für die „mathematische Denkweise" bei Studierenden anderer Fachrichtungen zu wecken.

Und so soll auch in diesem Buch eine Sprache gesprochen werden, die interessierten Nichtmathematikern verständlich sein kann. Freilich – da unsere Aufgabe uns von der Ideenwelt *Platons* und den Beweisen *Euklids* bis an die modernen Entscheidungsprobleme führt, muß schon mit der Bereitschaft des Lesers gerechnet werden, ernsthaft mitzudenken und vielleicht auch hier und da etwas verschüttetes Schulwissen auszugraben.

Mathematiker können durch diese Schrift angeregt werden, sich mit den philosophischen Fragen zu befassen, die am Rande ihrer Arbeit immer wieder auftauchen. Der kurze Überblick über die Grundlagenprobleme kann natürlich dem Fachmann dieses Gebietes nichts Neues bringen. Vielleicht ist er aber doch den Studenten des ersten Semesters willkommen oder auch solchen Mathematikern, die ihr Studium vor längerer Zeit abgeschlossen haben.

Die in eckigen Klammern gegebenen Zahlen verweisen auf das nach Kapiteln geordnete Literaturverzeichnis am Schluß des Buches, das zu weiterer und eindringenderer Arbeit an den Grundlagenproblemen anregen soll.

Vorwort zur 3. Auflage

In einer Zeit, in der die Ideen des Bourbaki-Kreises die Hochschulmathematik bestimmen und darüber hinaus sogar das Interesse der Schulmathematiker gewinnen, sollte allgemein der mathematische Formalismus als die Konsequenz einer geschichtlichen Entwicklung verstanden werden.

Es erscheint mir deshalb dankenswert, daß der Verlag die 3. Auflage meines Buches zu besonders günstigem Preis herausbringt, um dadurch einem weiten Kreis die Anschaffung zu ermöglichen.

Am Text wurde bis auf einige wenige Korrekturen nichts geändert.

Vorwort zur 4. Auflage

Die „Wandlungen" haben bei den Mathematikern des In- und Auslandes freundliches Interesse gefunden; es liegen inzwischen eine italienische und eine englische Übersetzung vor. Es hat dagegen nicht sehr viele „Laien" gegeben, die sich an dieser Geschichte der Grundlagenprobleme um ein Verständnis für die exakten Wissenschaften bemühten. Sie ziehen doch – wenn sie überhaupt Interesse an der Mathematik haben – populäre Darstellungen vor.

Wir haben uns bei der Neuauflage darum bemüht, für die Mathematiker unter den Lesern Ergänzungen zu geben, die vor allem über neuere Entwicklungen (z. B. auf dem Gebiet der konstruktiven Mathematik) berichten. Daß wir auch hierbei nur erste Einführungen geben können, ergibt sich schon aus dem vorgesehenen Umfang der Schrift. In einer Zeit, in der die Spezialisierung der Forschung sich rapide weiterentwickelt, erscheint aber der Versuch einer lesbaren Gesamtdarstellung bestimmter Fragestellungen wichtiger als je. Neu geschrieben [1]) sind die Kapitel

> *Mathematik und Metaphysik,*
> *Rekursive Analysis,*
> *„Angewandte" Mathematik.*

Ergänzt sind die Kapitel *Antinomien und Paradoxien, Der Intuitionismus, Operative und konstruktive Mathematik.*

Wir hoffen immer noch, daß auch möglichst viele Nichtmathematiker die Lektüre dieses Buches versuchen werden. Man kann ihnen dabei raten, beim ersten Versuch des Verstehens die Kapitel X und XIII zu überschlagen.

Geändert wurden in dieser 4. Auflage auch einige der logischen Symbole. Mathematiker sind ja Individualisten, und manche Kollegen haben die Neigung, die Bedeutung ihrer Forschungen durch eine eigenwillige Terminologie zu unterstreichen. Das macht dem Studenten unnötige Schwierigkeiten. Es scheint, daß sich im deutschen Sprachbereich die von *H. Scholz* vorgeschlagenen Symbole durchsetzen. Ich möchte zu meinem Teil zu einer Vereinheitlichung der Symbole beitragen und habe deshalb in allen meinen Büchern die Münsteraner Symbolik übernommen.

Die beiden letzten Auflagen enthielten als Anhang einen Aufsatz „Menschenbildung im Zeitalter der Automatisierung". Wir haben ihn jetzt weggelassen, weil inzwischen mein Buch „Mathematik als Bildungsgrundlage" vorliegt. Dagegen schien es zweckmäßig, das Kapitel VI über die Mengenlehre zu ergänzen durch einen Bericht über „*Cantors* Bedeutung für die moderne Mathematik". Es wurde deshalb als Anhang der Neuauflage das Manuskript meines Vortrages aufgenommen, den ich am 6. Januar 1968 anläßlich des 50. Todestages von *Georg Cantor* auf Einladung der Berliner Mathematischen Gesellschaft gehalten habe.

Für treue Hilfe bei der Vorbereitung der 4. Auflage danke ich Herrn Akad. Rat *W. Nilson.*

Berlin, im Juli 1968

H. Meschkowski

---

[1]) Neu ist auch der Anhang, s. u.!

Inhaltsverzeichnis

I. Die Aufgabe

Die Mathematik ist eine gar herrliche Wissenschaft, aber die Mathematiker taugen oft den Henker nicht ... so verlangt sehr oft der sogenannte Mathematiker für einen der tiefen Denker gehalten zu werden, ob es gleich darunter die größten Plunderköpfe gibt, untauglich zu irgendeinem Geschäft, das Nachdenken erfordert, wenn es nicht unmittelbar durch jene leichte Verbindung von Zeichen geschehen kann, die mehr das Werk der Routine, als des Denkens sind.

Lichtenberg [I 1, S. 305]

Nach einem Referat über ein Thema aus der Theorie der *Hilbertschen* Räume wurde der Vortragende von einem Naturwissenschaftler gefragt, ob es möglich sei, das Gesagte in die „Sprache des gesunden Menschenverstandes" zu übersetzen. Der Referent mußte diese Frage verneinen, und alle anwesenden Mathematiker stimmten ihm zu: Man kann eine solche relativ komplizierte mathematische Theorie nicht einfacher darstellen, als sie ist. Es gibt keinen „Königsweg" [1]), der auch einen Nichtmathematiker ohne ernstliche Arbeit zu einem Verständnis eines solchen Gebietes der modernen Mathematik führen könnte.

Damit hängt es zusammen, daß die Mathematik heute eine „esoterische" Wissenschaft ist, die vielen Forschern anderer Fächer unverständlich bleibt, oft auch solchen, deren Spezialgebiet in dieselbe Fakultät gehört wie die Mathematik. Dem Mathematiker geht es darin ähnlich wie etwa dem Vertreter einer wenig bekannten orientalischen Sprache.

Aber seit den Tagen der Antike haben dennoch mathematische Fragestellungen immer wieder die Philosophen beschäftigt. Ein Grund dafür ist die Tatsache, daß das physikalische Weltbild ohne mathematische Hilfsmittel kaum beschrieben werden kann. In den letzten Jahrzehnten haben immer neue und kompliziertere Verfahren der Mathematik in der Physik Anwendung gefunden. Aber auch andere Gebiete der Naturwissenschaften – etwa Chemie und Medizin – wenden in steigendem Maße mathematische Methoden an. Der Anteil der Mathematik am geistigen Leben des „naturwissenschaftlichen Jahrhunderts" ist also durchaus gesichert.

In den Tagen *Platons* hat aber die Mathematik nicht dadurch auf das Geistesleben der Zeit gewirkt, daß sie Hilfsmittel war für naturwissenschaftliche Disziplinen. Wenn *Platon* die Mathematik so hoch einschätzte, geschah es, weil er die bildende

---

[1]) *Euklid* soll einem König auf die Frage nach einem mühelosen Weg zum Verständnis der Geometrie geantwortet haben, daß es in der Mathematik keinen „Königsweg" gebe.

Kraft ihrer Ideen schätzte und ihre Bedeutung für die philosophischen Fragestellungen kannte. Diese Seite der Mathematik gerät in unserem Zeitalter leicht in Vergessenheit. Man weiß, daß die Mathematik „jene leichte Verbindung von Zeichen" [1] liefert, die für das Gerüst der naturwissenschaftlichen Theorie nun einmal unentbehrlich ist. Aber ist das alles? – Wir wollen die Frage nicht erörtern, ob es heute noch Mathematiker gibt, auf die die eingangs zitierte boshafte Bemerkung *Lichtenbergs* zutrifft. Tatsache ist jedenfalls, daß die Mathematik seit den Tagen *Lichtenbergs* sich wesentlich gewandelt hat. Die Forschung hat nicht nur eine lange Reihe von einzelnen neuen Erkenntnissen gefunden und ganze damals unbekannte Disziplinen entwickelt. Einige der neuen Einsichten haben zu einer Besinnung auf die mathematischen Grundlagenprobleme geführt, die neue Gespräche zwischen Mathematikern und Philosophen herbeigeführt haben. Auch in den Zeitschriften der Philosophen stoßen wir heute auf mathematische Symbolik: Das hängt damit zusammen, daß die Bedeutung einer mit mathematischen Methoden arbeitenden Logik auch von nicht wenigen „geisteswissenschaftlich" orientierten Philosophen anerkannt wird.

Man versteht deshalb aufs neue die nicht in der technischen Anwendbarkeit begründete Wertschätzung *Platons* für die Mathematik. Dieser Bezug auf *Platon* ist allerdings nur mit einer Einschränkung berechtigt: Da die moderne Mathematik ihre Grundlagen nicht mehr in der platonischen Ideenlehre sieht, ist die Funktion des Mathematikers im philosophischen Gespräch nicht mehr ganz die gleiche wie in den Tagen der „Akademie".

Der durch die Schulung des mathematisch-naturwissenschaftlichen Denkens hindurchgegangene Mensch wird – das ist heute vielleicht die wichtigste „erzieherische" Möglichkeit der Mathematik – zu einer kritischen Art des Denkens geführt, die sich auch über das übliche Anwendungsgebiet der Mathematik hinaus bewährt. Davon wird noch ausführlicher zu reden sein. Die kritische Aufgabe des mathematisch-logistisch Geschulten wird besonders betont in *Reichenbachs* Werk „Der Aufstieg der wissenschaftlichen Philosophie" [I 2]. In diesem Buch wird nicht mehr und nicht weniger behauptet, als daß das von der Mathematik herkommende Denken eine neue Art der Philosophie heranführt, die alle bisherigen Systeme als „vorwissenschaftlich" überwindet. Wir werden später zu diesem Anspruch noch Stellung nehmen. Für diese einleitende Betrachtung genügt es, diesen Anspruch festzustellen.

Ob er nun voll berechtigt ist oder nicht – wenn das mathematisch-naturwissenschaftliche Denken in besonderer Weise zum philosophischen Gespräch beitragen kann, so bleibt es besonders bedauerlich, wenn die Einsicht in diese Zusammenhänge nur denen vorbehalten bleibt, die sich im Rahmen eines gründlichen Studiums damit befassen können. Muß es dabei bleiben, daß das Verständnis für die philosophischen Konsequenzen aus der mathematischen Grundlagenforschung einer wenn auch wachsenden, so doch immer klein bleibenden Schar von „Eingeweihten" vorbehalten ist?

---

[1] Siehe Motto über diesem Kapitel!

Wir glauben nicht, daß es so sein muß. Gewiß kann der Zugang zu den speziellen mathematischen Theorien kaum wesentlich erleichtert werden. Aber die Einsicht etwa in die für die Würdigung des *Reichenbachschen* Anspruchs wichtigen Zusammenhänge kann man doch vermitteln, ohne daß dazu ein achtsemestriges Studium notwendig wäre. Wir gründlichen Deutschen müssen es ja von den angelsächsischen Wissenschaftlern erst allmählich lernen: Daß man wissenschaftliche Erkenntnisse auf eine durchaus ernst zu nehmende Weise interessierten „Laien" nahebringen kann.

Man kann die Einsichten der modernen Grundlagenforschung nur würdigen, wenn man die Konzeptionen kennt, die bis in unser Jahrhundert hinein allem mathematischen Denken zugrunde lagen. Wir müssen uns also zuerst mit der Gedankenwelt der klassischen Mathematik befassen, vor allem mit *Euklid* und *Platon*.

II. Die Grundlagen der griechischen Mathematik

Μηδεὶς ἀγεωμέτρητος εἰσίτω. [1]

Zu den bemerkenswertesten Büchern der Weltliteratur gehört *Euklids* Lehrbuch der Geometrie, „Die Elemente" [II 1]. Bis zum Ende des vorigen Jahrhunderts war es das Lehrbuch der Geometrie in allen Gymnasien (vgl. z. B. [II 2]).

Die 13 Teile des Werkes wurden ungefähr um 300 v. Chr. von *Euklid* zusammengestellt. Die einzelnen Bücher haben durchaus verschiedenen Wert und stammen keineswegs alle vom selben Verfasser [2]). Um die Bedeutung dieses Werkes zu würdigen, fragen wir am besten nach den Gründen, die die Schulmänner etwa seit Beginn unseres Jahrhunderts veranlassen, dieses Buch nicht mehr zur Grundlage des elementaren Geometrieunterrichts in den Gymnasien zu wählen. Es ist „zu schwer": Die Rücksicht auf die psychologische Situation der 10- bis 12jährigen Schüler läßt es uns Heutigen wünschenswert erscheinen, auf eine mehr spielende, jedenfalls immer vom Anschaulichen ausgehende Art an die Fragen der Geometrie heranzuführen. Erst allmählich soll das „Beweisbedürfnis" geweckt werden.

Daß die griechische Mathematik um 300 v. Chr. ein solches Werk hervorbringen konnte, zeigt also, daß das mathematische Denken zu jener Zeit bereits über die kindliche Vorstufe der wissenschaftlichen Mathematik weit hinausgewachsen war.

Auch die Ägypter und Babylonier hatten zwar bereits „Mathematik" getrieben. Viele elementare Rechenverfahren und manche geometrische Sätze (z. B. der des *Pythagoras*) waren schon Jahrhunderte vor *Euklid* den alten Kulturvölkern bekannt. (Siehe z. B. darüber [II 3]!) Diese Einsichten waren aber intuitiv gewonnen oder aus der unmittelbaren Anschauung. Erst in der Zeit der Blüte der griechischen Wissenschaft, zwischen 500 und 300 v. Chr., wurde die strenge Beweisdisziplin der Mathematik entwickelt. Von der erstaunlichen Entwicklung dieser zwei Jahrhunderte gibt dann *Euklids* Werk ein eindrucksvolles Zeugnis.

Noch ein Unterschied zwischen der klassischen Epoche der griechischen Mathematik und der kindlichen Vorstufe des mathematischen Denkens bei den alten Völkern sei herausgestellt: Die Ägypter und Babylonier beschäftigten sich mit der Mathematik aus vorwiegend praktischen Gründen. Für die Griechen der klassischen Zeit war die Mathematik ein wichtiges Mittel zur Erkenntnis. Sie fragten nicht nach „Anwendbarkeit". Eine Anekdote berichtet, daß *Euklid* auf die Frage, wozu Mathematik nützlich sei, so geantwortet habe: Er rief einen Sklaven und sagte: „Gib dem Mann dort ein paar Goldstücke! Er studiert, um Profit zu machen!" – Erst in der Zeit des *Archimedes* haben die griechischen Mathematiker eine positive Stellung zu den Anwendungen gewonnen.

Das Werk *Euklids* beginnt mit Definitionen, „Axiomen" und „Postulaten". Mit den Definitionen führt er die Gegenstände seiner Forschung ein, z. B. Punkte und Ge-

---

[1]) Inschrift über der Akademie *Platons* („Es trete kein der Geometrie Unkundiger ein").
[2]) Wegen der textkritischen Untersuchungen zu diesen Fragen siehe z. B. [II 3] und [II 4].

raden. Die entsprechenden wahrscheinlich auf *Platon* zurückgehenden Definitionen lauten bei *Euklid* so:

> „Ein Punkt ist, was keinen Teil hat."
> „Eine Gerade ist eine Linie, die gleich liegt mit den Punkten auf ihr selbst."

Von der Kritik an diesen Definitionen wird noch zu reden sein. Wir wollen zunächst den Aufbau des euklidischen Werkes charakterisieren:

Den Definitionen folgt eine Reihe von Sätzen, die ohne Beweis an den Anfang gestellt werden. *Euklid* unterscheidet „Axiome" und „Postulate". Die Axiome sind allgemeine Größenaussagen, etwa von der Art: „Sind zwei Größen einer dritten gleich, so sind sie untereinander gleich." Die Postulate sagen etwas aus über die Möglichkeit von Konstruktionen. Z. B.: „Es soll möglich sein, von einem Punkt zu einem andern eine gerade Linie zu ziehen."

Sätze dieser Art sind die Grundlagen, auf denen *Euklid* seine Theorie aufbaut. Von hier aus werden durch logische Schlüsse Beweise geführt in der Art, wie sie jedem Schüler vertraut sind. Dabei besteht allerdings der Unterschied, daß die moderne Schule eine breite anschauliche Basis für die Beweise zuläßt. So werden im allgemeinen die Kongruenzsätze als anschaulich gegeben hingenommen, während *Euklid* auch diese Sätze aus seinem System der Axiome und Postulate ableitet.

In moderner Zeit hat man das Werk *Euklids* aus zwei Gründen kritisiert:

1. Die Definitionen in den „Elementen" sind unzureichend. Es wird ein „unbekannter" Begriff (z. B. die Gerade) durch einen andern keineswegs „bekannten" („gleich liegen mit den Punkten auf ihr selbst") umschrieben.

2. Sein System der Axiome und Postulate ist unvollständig. Er benutzt z. B. in seinen Beweisen folgende einleuchtende Tatsache: Wenn man durch den Eckpunkt A eines Dreiecks einen Strahl zeichnet, der im Innern des Dreieckswinkels verläuft, so trifft dieser Strahl die gegenüberliegende Dreiecksseite (Abb. 1).

Natürlich ist das „richtig". Aber wenn man sich das Ziel gesetzt hat, alle Sätze der Geometrie aus dem System der Axiome und Postulate abzuleiten, darf man nicht anschauliche Elemente in einen Beweis hineinschmuggeln, die nicht aus den gegebenen Grundlagen beweisbar sind.

Beide Einwände sind berechtigt. Die Definitionen sind wirklich unzureichend, und das System der Axiome und Postulate ist nicht vollständig. Wer kritisiert, soll es besser machen. Das hat man in der Tat seit über zwei Jahrtausenden versucht. Es sei dem Leser empfohlen, sich doch auch einmal um eine Definition der Grundbegriffe der Geometrie zu bemühen.

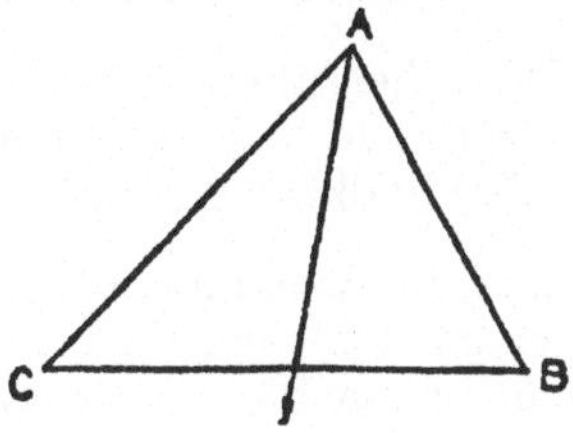

Dabei wird einem erst die Schwierigkeit dieses Unternehmens deutlich. Mancher hält dies für eine einwandfreie Definition der Geraden: „Die Gerade ist die kürzeste Verbindung zweier Punkte". Aber hier ist der Begriff der Entfernung in die Definition hineingesteckt worden, und der dürfte keineswegs leichter zu fassen sein als der der Geraden.

Abb. 1

Die moderne Mathematik ist zu der Einsicht gekommen, daß sie auf eine echte Definition der geometrischen Grundbegriffe verzichten muß; sie ist nur „implizit" mit Hilfe des Axiomensystems möglich. (Siehe Kapitel IX!) Dagegen machen die modernen Systeme keine unzulässigen Anleihen bei der Anschauung. Sie sind in einem noch zu präzisierenden Sinne „vollständig".

Wir sind heute weiter als *Euklid*. Trotzdem scheint es durchaus unberechtigt, wenn in einem modernen Werk über die Entwicklung des Raumbegriffs [II 5, S. 36] die Kritik an *Euklid* so zusammengefaßt wird:

> „Damit verliert dieses Werk jeden Anspruch, wissenschaftlich ernst genommen zu werden."

Man kann natürlich die Leistungen vergangener Jahrhunderte nicht an den Maßstäben unserer Zeit messen. Das Werk *Euklids* dürfen wir getrost bei aller notwendigen Kritik als eine geniale Leistung ansprechen. Das wird noch klarer werden, wenn wir uns den Fragen zuwenden, die *Euklids* Parallelenpostulat den Mathematikern zweier Jahrtausende gestellt hat.

Aber bevor wir uns mit Einzelproblemen beschäftigen, wollen wir noch weiter eindringen in die Fragestellungen, auf die uns die Versuche zur Definition der geometrischen Grundbegriffe geführt haben. Dazu müssen wir die Bedeutung *Platons* für die Mathematik zu würdigen versuchen. Sie liegt nicht so sehr in der Vermehrung der Ergebnisse um den einen oder anderen Lehrsatz (es ist z. B. noch umstritten, ob *Platon* wirklich der erste war, der die sogenannten platonischen Körper beschrieb), sondern in seiner begeisterten Förderung der mathematischen Forschung und in seinen erkenntnistheoretischen Untersuchungen über das Wesen der Mathematik.

Weshalb verwehrte die Inschrift über seiner Akademie jedem „Nichtgeometer" den Eintritt? Die Antwort können wir aus vielen Stellen seiner Dialoge herauslesen. So heißt es im Staat (510) [1]:

> „Nicht wahr, auch das weißt du, daß sie (die Mathematiker) sich der sinnlich-sichtbaren Dinge bedienen und ihre Demonstrationen auf jene beziehen, während doch nicht auf diese als solche (als sinnlich sichtbare) ihre Gedanken zielen, sondern nur auf das, wovon jene sinnlich sichtbaren Dinge nur Schattenbilder sind? Nur des intelligiblen Vierecks, nur der intelligiblen Diagonale wegen machen sie ihre Demonstrationen... Selbst die Körper... gebrauchen sie weiter auch nur als Schattenbilder und suchen dadurch zur Schauung eben jener Gedankenurbilder zu gelangen, die niemand anders schauen kann als mit den Augen des Geistes."

Die Erkenntnisse der Mathematik sind also für *Platon* Einblicke in das Reich der Ideen, von dem er in seinem Höhlengleichnis [Staat (248–253)] mit so eindringlicher Bildkraft spricht.

Und die Bedeutung der Mathematik für *Platon* kann man vielleicht am besten an jenem Höhlengleichnis klar machen [2]: Der an die Höhlenwand Gefesselte sieht zunächst nur die Schattenbilder der Dinge, die der Feuerschein an die Wand wirft.

---

[1] Zitiert wie üblich nach der Platon-Ausgabe von *Henricus Stephanus* (1578). Der Text ist wiedergegeben nach der Übersetzung der Platon-Ausgabe [II] 6.

[2] Vgl. [II 4, S. 54].

Die von *Platon* so hoch geschätzte Erziehung durch das mathematische Denken bewirkt nun, daß sie den Menschen aus dieser Lage befreit und ihn lehrt, seine zunächst geblendeten Augen weg von den Schatten auf die Dinge selbst zu richten. Das wird deutlich an *Platons* 7. Brief (342) in seiner Unterscheidung über die verschiedenen Betrachtungsweisen eines geometrischen Begriffs. Er wählt als Beispiel den Kreis und unterscheidet „ein besonders prädiziertes Ding, das eben den Namen hat, den wir eben laut werden ließen", die sprachliche Begriffsdefinition, drittens das vom Zeichner oder Drechsler hergestellte körperliche Bild davon und schließlich den „idealen, aber dabei den reellsten Ur-Kreis an sich", der allein das Objekt der wissenschaftlichen Erkenntnis ist.

Warum ist ihm der „ideale" Kreis zugleich der „reellste"? Das kann man etwa dem Gespräch über das Gleiche im „Phaidon" (74–75) entnehmen. Dort wird erkannt, daß

> „alles so in den Wahrnehmungen Vorkommende jenem nachstrebt, was das Gleiche ist, und daß es dahinter zurückbleibt."

Und daraus wird gefolgert:

> „Ehe wir anfingen zu sehen oder zu hören oder die anderen Sinne zu gebrauchen, mußten wir schon irgendwoher die Erkenntnis bekommen haben des eigentlich Gleichen..."

Also: Gerade weil der Begriff des Gleichen (ebenso wie die anderen mathematischen Grundbegriffe) in der Welt der sinnlichen Wahrnehmungen nicht „rein" anzutreffen sind, weil „wir sie vor unserer Geburt empfangen haben", kommt ihnen eine Realität abseits von aller sinnlichen Wahrnehmung zu.

Damit hat *Platon* eine metaphysische Begründung der Mathematik gegeben, die über zwei Jahrtausende von vielen Wissenschaftlern anerkannt wurde. Wenn etwa *Ernst Goldbeck* 1924 schreibt [1]):

> „Wir haben in der Mathematik ein ungeheures *Idealreich* vor uns, dessen Weite und Tiefe noch niemand ermessen hat",

so erweist er sich mit dieser Formulierung als moderner Jünger *Platons*. Auch in dem noch zu besprechenden Aufsatz von *Hamel* [IX 7] über das Wesen der Geometrie finden wir deutlich Bezüge auf die Ideenlehre. Daß die moderne Mathematik sich aber trotzdem von dieser metaphysischen Fundamentierung ihrer Wissenschaft gelöst hat, wird noch zu zeigen sein. Um das später würdigen zu können, müssen wir uns mit den Auffassungen *Platons* eingehend vertraut machen.

Die Beschäftigung mit der Mathematik war für ihn ein Weg zu Einsichten sehr allgemeiner Art. Ein reizvolles Beispiel ist das Gespräch mit dem Sklaven im „Menon" (82–86).

Sokrates stellt einem mathematisch nicht vorgebildeten Sklaven die Frage nach der Seitenlänge eines Quadrates, das doppelt so groß sein soll wie das gegebene, dessen Seite zwei Fuß mißt. Natürlich lautete die Antwort zunächst: „Vier Fuß."

---

[1]) In *G. Lambecks* Philosophischer Propädeutik (1924).

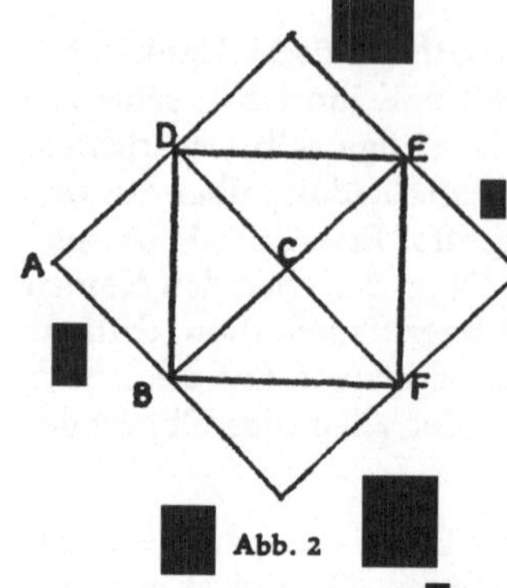

Aber nach seiner „Hebammenmethode" holt *Sokrates* aus seinem Versuchsobjekt die Einsicht heraus, die wir an Abbildung 2 ablesen können: Nicht das ganze Quadrat ist doppelt so groß wie *ABCD*, sondern das (stark gezeichnete) Quadrat *DBFE*.

Sokrates hält aber die Lektion nur, um im Gespräch mit *Menon* die Frage nach dem Wesen aller Erkenntnisse überhaupt zu lösen. Gerade weil das Versuchsobjekt ein in mathematischen Dingen absolut ungebildeter Sklave war und durch die Fragekunst des *Sokrates* auf das richtige Ergebnis gekommen ist, wird der Schluß gezogen (85):

„Also auch in dem, welcher nicht weiß, sind doch die richtigen Vorstellungen von dem, was er nicht weiß."

„Und dieses Wiedergewinnen einer Erkenntnis in sich selbst, ist das nicht ein Sich-wieder-erinnern?"

Von hier wird weiter durchgedrungen zu dem Schluß, daß eine solche Seele, die immer die Wahrheit in sich hat, unsterblich sein muß.

Es ist hier nicht unsere Sache, diese Schlußweise zu kritisieren. Sie sei zitiert als ein Beispiel, wie *Platon* aus mathematischen Erkenntnisverfahren einen Zugang gewinnt zu Fragen, die weit über das ursprünglich gestellte Problem hinausgehen.

Wir wollen uns nicht versagen, hier noch eine Stelle bei *Platon* zu erörtern, die in der Literatur über seine Beziehungen zur exakten Wissenschaft meist übergangen wird. Liegt es daran, daß er hier seiner Begeisterung für die vielen heutigen Verehrern *Platons* so fremde Mathematik einen recht drastischen Ausdruck verleiht?

In den „Gesetzen" (819–820) spricht der Athener von der „lächerlichen und schmählichen Unwissenheit" aller Menschen, und er bekennt:

„Lieber Kleinias, ich habe ja wohl auch erst selbst recht spät etwas vernommen und mußte mich über diesen Übelstand höchlich verwundern. Es kam mir vor, als wäre das gar nicht bei Menschen möglich, sondern eher nur etwa beim Schweinevieh. Und da schämte ich mich, nicht nur für mich selbst, sondern auch für alle Hellenen."

Was ist das für eine Unkenntnis, die den „Athener" so harte Worte brauchen läßt? Er erklärt es dem *Kleinias*:

„Länge oder Breite gegen Tiefe oder Breite und Länge gegeneinander – nimmt man hierbei nicht in ganz Griechenland an, daß sich diese Dinge irgendwie gegeneinander messen lassen?"

Kleinias: „Ganz entschieden."

Der Athener: „Wenn das aber nun schlechterdings unmöglich ist und doch, wie gesagt, wir Griechen insgesamt an die Möglichkeit glauben: ist's da nicht der Mühe wert, sich für alle zu schämen und ihnen zuzurufen: Ihr wackren Hellenen, das ist eins von den Dingen, davon wird gesagt, es sei eine Schande, wenn man's nicht wisse und wenn man das Notwendige weiß, ist's erst noch keine sonderliche Ehre."

In der Sprache der modernen Mathematik ausgedrückt ist es die Einsicht in die Existenz inkommensurabler Strecken, der *Platon* eine solche Bedeutung beimißt.

Da es auch heute noch selbst unter den Vorkämpfern der klassischen Bildung nicht wenige gibt, denen die Kenntnis dieser von *Platon* so wichtig genommenen mathematischen Zusammenhänge abgeht, da leider auch im Schulunterricht mathematisch orientierter Gymnasien diese Fragen oft völlig übergangen werden, wollen wir hier einen arithmetischen und einen geometrischen Beweis für die Inkommensurabilität von Seite und Diagonale eines Quadrats bringen.

Zwei Strecken a und b heißen kommensurabel, wenn es eine Strecke ε gibt, so daß $a = m \cdot \varepsilon$ und $b = n \cdot \varepsilon$ gilt, wobei m und n ganze Zahlen sind (Abb. 3).

Zwei Strecken heißen inkommensurabel, wenn es ein solches gemeinsames Maß nicht gibt. Es war bereits bei den Pythagoreern bekannt, daß die Seite und die Diagonale eines Quadrats inkommensurabel sind.

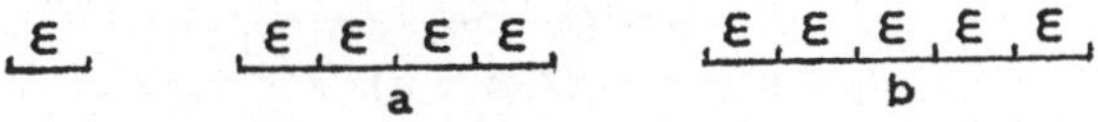

ε   ε ε ε ε   ε ε ε ε ε

a   b

Abb. 3

Das kann man etwa so beweisen:

Wären die Seite a und die Diagonale d eines Quadrats kommensurabel, etwa $a = n \cdot \varepsilon$, und $d = m \cdot \varepsilon$, so würde nach dem Satz des *Pythagoras* folgen

$$m^2 = 2\,n^2 \tag{1}$$

mit ganzen Zahlen m und n. Wir dürfen annehmen, daß m und n teilerfremd sind. Hätten diese Zahlen nämlich einen von 1 verschiedenen größten gemeinsamen Teiler t, so wäre etwa $m = u \cdot t$ und $n = v \cdot t$, wobei u und v teilerfremd sind. Dann können wir statt ε die Strecke $\eta = t \cdot \varepsilon$ als gemeinsames Maß wählen, und nach dem Satz des *Pythagoras* würde sich ergeben

$$u^2 = 2\,v^2$$

mit teilerfremden Zahlen u und v. Wir dürfen also ohne Einschränkung der Allgemeinheit annehmen, daß bereits m und n teilerfremd sind. Die beiden Zahlen sind also insbesondere dann nicht beide gerade. Nach (1) müßte aber dann jedenfalls m gerade sein.

Dann ist aber m^2 eine sogar durch 4 teilbare Zahl. $2\,n^2$ ist zwar durch 2, aber (da n ungerade ist) nicht durch 4 teilbar Die Gleichung (1) würde also ausdrücken, daß eine durch 4 teilbare Zahl gleich einer solchen ist, die nicht durch 4 teilbar ist. Das ist ein Widerspruch, und deshalb kann die Gleichung (1) überhaupt nicht für ganze Zahlen m und n richtig sein. Das heißt also: Die Annahme, daß die Seite und die Diagonale eines Quadrats ein gemeinsames Maß haben, war falsch.

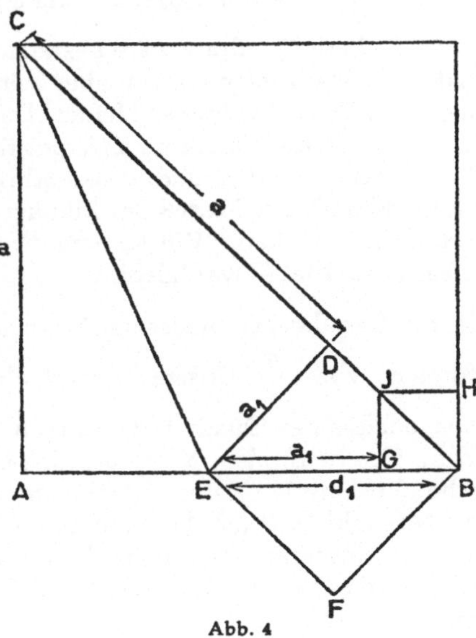

Abb. 4

Wir wollen nun noch einen ebenfalls indirekten geometrischen Beweis für diese Tatsache bringen. Wir nehmen wieder an, daß es ein gemeinsames Maß für die Seite a und die Diagonale d eines gegebenen Quadrats Ω gibt:

Sei also:

$$a = m \cdot \varepsilon, \quad d = n \cdot \varepsilon. \tag{2}$$

Wir tragen nun (Abb. 4) die Seite $CA = a$ auf der Diagonalen ab: $CD = CA = a$. Die Senkrechte auf BC in D treffe die Seite AB in E. Dann ist das Dreieck EBD gleichschenklig rechtwinklig (da die Winkel bei E und B beide gleich $\tfrac{1}{2} R$ sind!); also gilt $BD = ED$ $(= a_1)$. Wegen der Kongruenz der Dreiecke AEC und EDC ist auch $AE = a_1$. Für EB schreiben wir d_1. Diese Strecke ist die Diagonale des Quadrats $BDEF$, das durch Spiegelung des Dreiecks EBD an EB entsteht. Dann folgt aus der Annahme (2):

$$a_1 = d - a = (n - m) \cdot \varepsilon = m_1 \cdot \varepsilon.$$
$$d_1 = a - a_1 = (2\,m - n) \cdot \varepsilon = n_1 \cdot \varepsilon. \tag{3}$$

Da natürlich $a_1 < a$ und $d_1 < d$ ist, gilt für die ganzen Zahlen m_1 und n_1:

$$m_1 < m, \quad n_1 < n. \tag{4}$$

a_1 und d_1 sind aber die Seite und die Diagonale eines kleineren Quadrates Ω_1. Auch die Seite und die Diagonale von Ω_1 haben (wegen (3)) ε als gemeinsames Maß mit den nach (4) *kleineren* Maßzahlen m_1 und n_1. Von diesem Quadrat Ω_1 können wir zu einem weiteren Quadrat Ω_2 kommen, indem wir wieder die Seite auf der Diagonale abtragen, die Senkrechte errichten usw. So erhalten wir das Quadrat Ω_2 mit den Ecken B, G, J, H. Das Verfahren kann offenbar beliebig fortgesetzt werden. Wir erhalten so eine unendliche Folge von Quadraten mit immer kleineren Seiten: Ω, Ω_1, Ω_2, ... Dabei sind die Seiten der Quadrate mit gerader Nummer immer denen von Ω, die mit ungerader Nummer denen von Ω_1 parallel.

Für *alle* diese Quadrate wäre ε eine gemeinsame Meßstrecke für Seite und Diagonale. Die Maßzahlen werden aber beim Übergang von Ω_ν zu $\Omega_{\nu+1}$ ebenso wie bei dem von Ω zu Ω_1 immer kleiner. Da m und n und alle weiteren Maßzahlen m_ν und n_ν (für die Quadrate Ω_ν) positive *ganze* Zahlen sein müssen, ist das ein Widerspruch. Nach endlich vielen Schritten wäre man bei der Maßzahl 0 angelangt, während doch der Prozeß der Bildung immer kleinerer Quadrate unbegrenzt fortgesetzt werden kann. Wir kommen wieder zu dem Schluß: Die Annahme eines gemeinsamen Maßes war falsch.

In der Sprache der modernen Mathematik kann man die Beziehung (1) so umformen: $\sqrt{2} = \dfrac{m}{n}$. Unsere Einsicht über die Inkommensurabilität von Seite und Diagonale eines Quadrats kann man auch so ausdrücken: $\sqrt{2}$ ist keine rationale Zahl. Das heißt also: Keine der den Griechen (und den Schülern unserer Grundschule) bekannten Zahlen kann man der Diagonale eines Quadrats von der Seite 1 als Maßzahl beilegen. Es wäre gut, wenn diese für *Platon* so aufregende Einsicht auch in unserem Schulunterricht nicht übergangen würde. Man muß den Zahlkörper erst erweitern, um eine solche Zahl zu finden. Das ist durchaus kein elementares Verfahren.

Wir haben uns hier darauf beschränkt, *ein* Beispiel für ein Paar inkommensurabler Strecken anzugeben. Es sind aber bereits der griechischen Mathematik viele weitere Paare solcher Strecken bekannt gewesen [1]).

Weshalb war nun für *Platon* die Einsicht in diese mathematischen Gesetzlichkeiten so wichtig? Die Generation *Platons* verdankt ihr mathematisches Wissen weitgehend den Pythagoreern. Dieser religiöse Orden lebte nicht nur in der Mystik jener Zeit, sondern beschäftigte sich auch mit Fragen, die auch von unserem Standpunkt aus als wissenschaftlich zu bezeichnen sind.

Es kommt hier nicht darauf an, die Leistungen der Pythagoreer im einzelnen zu würdigen und etwa der Frage nachzugehen, ob der Beweis des pythagoreischen Satzes von dem schon etwa um 500 v. Chr. lebenden *Pythagoras* selbst oder von einem seiner Schüler stammt. Wichtig ist uns folgendes: Die Pythagoreer haben die Bedeutung der (ganzen!) Zahl für die Beschreibung physikalischer Vorgänge erkannt. Insbesondere wußten sie etwas von dem Zusammenhang zwischen Musik und Zahl, von den Gesetzen der gespannten Saite.

Bis in unsere Tage hinein steht alle wissenschaftliche Forschung unter der Versuchung, gewonnene Einsichten in unzulässiger Weise zu verallgemeinern. Die Pythagoreer unterlagen dieser Versuchung und sagten: Alles ist Zahl [2]).

Dem Einfluß dieser Lehre ist es wohl zuzuschreiben, daß der alternde *Platon* gelehrt hat, seine Ideen seien eine Art „Idealzahlen". Wir wissen davon allerdings nur aus den kritisch-ablehnenden Berichten des *Aristoteles* (Metaphysik 990 ff.) Für die Anhänger dieser Lehre mußte die Einsicht allerdings schockierend sein, daß die Geometrie mit der Seite und der Diagonale eines Quadrats ein ganz einfaches Beispiel liefert, bei dem das Gesetz der ganzen Zahl nicht gilt.

Ein Beleg für die Schockwirkung ist ein wahrscheinlich auf den Syrer *Proklos* (410–485 n. Chr.) zurückgehendes Scholion zum 10. Buche des *Euklid*. Der Mann, der die ärgerliche Einsicht von der Existenz inkommensurabler Strecken ausplauderte, sei – eine Strafe der Götter! – bei einem Schiffbruch umgekommen.

Wir halten es nicht für richtig, diese Erkenntnis als ein „Geheimnis" zu behandeln. Sie ist doch ein schönes Beispiel für die bildende Kraft mathematischen Denkens. Die Mathematik legt hier ein zwingendes Veto ein gegen die unbedachte Verallgemeinerung von Erkenntnissen zu einem nicht mehr richtigen universellen Gesetz. Die Wichtigkeit einer solchen kritischen Schulung kann kaum überschätzt werden.

---

[1]) Als ein weiteres Beispiel nennen wir die beim „goldenen Schnitt" auftretenden Teilstrecken. Ist eine Strecke a so in die Teilstrecken x und y aufgeteilt, daß $\frac{a}{x} = \frac{x}{y}$ gilt, dann sind die Strecken x und y inkommensurabel.

[2]) Es sei angemerkt, daß die moderne physikalische Forschung diese These in gewisser Weise zu bestätigen scheint, wenn sie immer mehr auf die Ganzzahligkeit der Gesetze der Atomphysik stößt.

III. Der Weg zur nichteuklidischen Geometrie

Auch in diesem Kapitel geht es zunächst um ein Problem, das schon die griechische Mathematik beschäftigte. Unter den „Postulaten" in *Euklids* „Elementen" hat keines die Mathematiker so beschäftigt wie das fünfte, das sogenannte Parallelenpostulat.

Es lautet so:

(P 5) „Wenn eine Gerade zwei Geraden trifft und mit ihnen auf derselben Seite innere Winkel bildet, deren Summe kleiner ist als zwei Rechte, dann treffen sich die beiden Geraden, wenn man sie auf dieser Seite verlängert."

Dieser Satz ist ohne weiteres „glaubhaft". Das vielen Mathematikern Verwunderliche war, daß *Euklid* ihn unter die Postulate als nicht beweisbaren Satz aufgenommen hat. Man hielt das nicht für nötig und meinte, ein Beweis müsse sich finden lassen. Das hängt damit zusammen, daß die Umkehrung des Postulates bewiesen werden kann. Man erhält die Umkehrung, indem man Voraussetzung und Behauptung des Postulates miteinander vertauscht:

(UP 5) „Wenn zwei sich schneidende Geraden von einer dritten getroffen werden, so bildet die dritte Gerade mit den beiden den Schnittpunkt enthaltenden Strahlen der ‚schneidenden Geraden' innere Winkel, die zusammen kleiner sind als zwei Rechte."

Wenn man voraussetzt, daß die Winkelsumme im Dreieck gleich zwei Rechten ist, kann man am Dreieck *ABS* in Abb. 5 natürlich sofort ablesen:

$$\alpha + \beta < 2\,R.$$

Aber in diesem Zusammenhang kommt es darauf an, das Parallelenpostulat *nicht* zu benutzen, und der bekannte Satz über die Winkelsumme ist eine Folgerung dieses Postulats. Man kann aber auch ohne den Satz über die Winkelsumme zeigen, daß unter den Voraussetzungen von (UP 5) nicht $\alpha + \beta = 2\,R$ gelten kann. Daraus folgt dann leicht, daß erst recht nicht etwa $\alpha + \beta > 2\,R$ ist. Da dieser Beweis das wichtigste Ergebnis der sogenannten „absoluten Geometrie" [2]) begründet, wollen wir ihn nicht übergehen.

---

[1]) Zitiert nach [III 1].

[2]) So bezeichnet man den Teil der euklidischen Geometrie, der *ohne* das Parallelenpostulat begründet werden kann.

Wir haben also zu zeigen: Wenn $\alpha + \beta = 2\,R$ oder $\beta = \alpha_1$, dann können die Geraden g_1 und g_2 einander nicht schneiden (Abb. 6). Das ist die Umkehrung vom Satz über die Gegenwinkel an Parallelen.

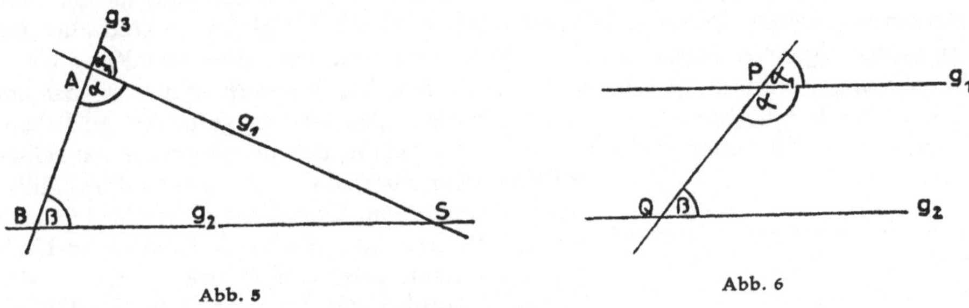

Abb. 5

Abb. 6

Der Beweis wird indirekt geführt (Abb. 7). Wir nehmen an: g_1 und g_2 schneiden sich in S, und es gilt $\alpha + \beta = 2\,R$, $\beta = \alpha_1$. Wir müssen aus dieser Annahme einen Widerspruch ableiten. g_3 möge g_1 in A und g_2 in B schneiden, M sei der Mittelpunkt von AB und C (bzw. D) der Fußpunkt des Lotes von M auf g_1 bzw. g_2. Dann sind die Dreiecke MDB und MAC kongruent, denn sie stimmen überein in einer

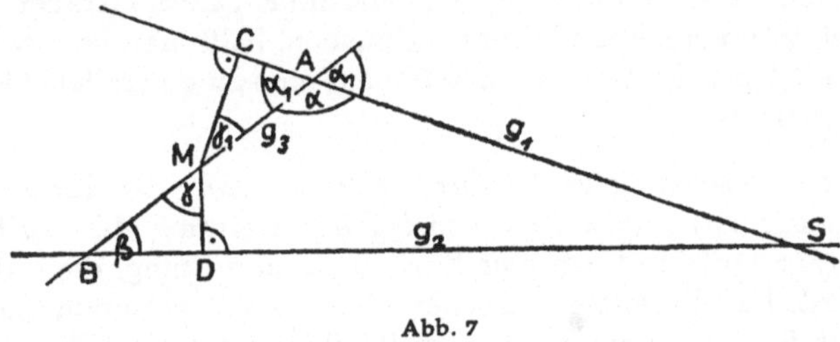

Abb. 7

Seite ($BM = AM$) und zwei Winkeln ($\alpha_1 = \beta$, und die Winkel bei C und D sind beide rechte). Daraus folgt, daß die Winkel $\gamma = \sphericalangle\,BMD$ und $\gamma_1 = \sphericalangle\,CMA$ auch gleich sind. Das heißt aber: γ_1 ist Scheitelwinkel von γ, und auch die Punkte C, M und D müßten auf einer Geraden liegen. Dann wären aber die Geraden g_1 und g_2 zwei verschiedene von einem Punkt S auf eine Gerade (die, auf der die drei Punkte C, M und D liegen) gefällte Lote. Man kann aber (wieder ohne Parallelenpostulat) zeigen, daß man von einem Punkt auf eine Gerade nur *ein* Lot fällen kann. Also kann der Schnittpunkt S nicht existieren und die Geraden g_1 und g_2 haben keinen Punkt gemeinsam. Wir können das Ergebnis dieser Überlegung auch so formulieren: „Durch einen Punkt P gibt es zu einer Geraden g_2 *mindestens* eine Parallele g_1." Man braucht, um das einzusehen, nur P mit einem beliebigen Punkt Q auf g_2 zu verbinden (Abb. 6) und durch P die Gerade g_1 zu zeichnen, die mit der Geraden PQ den gleichen Winkel einschließt wie g_2. Nach dem eben Bewiesenen können sich g_1 und g_2 nicht schneiden. Daß g_1 die *einzige* Nichtschneidende durch P ist, kann allerdings nur mit dem Parallelenpostulat bewiesen werden.

Die Umkehrung des Parallelenpostulates ist also ein beweisbarer Satz. Deshalb haben die Mathematiker zwei Jahrtausende lang versucht, das Postulat selbst zu beweisen. Das ist durchaus verständlich: Die aus dem geometrischen Anfangsunterricht bekannten Sätze sind stets mit Umkehrung beweisbar. Nehmen wir als Beispiel den Satz: „Die Basiswinkel im gleichschenkligen Dreieck sind gleich." Die Umkehrung lautet: „Sind in einem Dreieck zwei Winkel gleich, so sind auch die gegenüberliegenden Seiten gleich." Beide Sätze sind mit Hilfe von Kongruenzbetrachtungen einfach beweisbar. Deshalb versuchte man sich immer wieder am Beweis des Parallelenpostulats. Viele glaubten, eine Lösung gefunden zu haben. Beim näheren Hinsehen stellte sich aber stets heraus, daß der Beweis einen Fehler enthielt, oder aber, daß ein „unerlaubtes Hilfsmittel" benutzt war. Ein solches Hilfsmittel ist zum Beispiel der Satz über die Winkelsumme im Dreieck. Man kann zeigen, daß beide Sätze – das Parallelenpostulat und der Satz über die Winkelsumme – „gleichwertig" sind: Einer ist aus dem anderen beweisbar. Aber damit ist das Problem nicht gelöst. Es geht ja gerade um den Versuch, das 5. Postulat als überflüssig zu erweisen, nicht darum, es durch eine andere Aussage zu ersetzen.

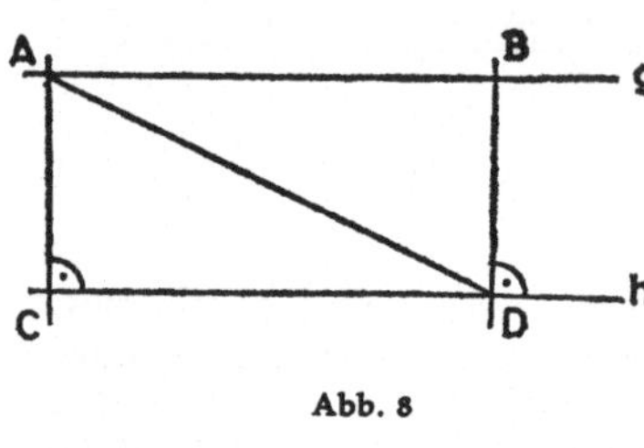

Abb. 8

Ein anderer oft auftretender Fehler bei der Diskussion dieses Problems ist die Gleichsetzung der Parallelen mit der „Abstandslinie": Zwei Geraden (einer Ebene) heißen parallel, wenn sie einander nicht schneiden. Fällt man von zwei Punkten A und B einer Geraden g die Lote AC und BD auf eine zu g parallele Gerade h, dann gilt $AC = BD$ (Abb. 8).

Die Parallele g ist also zugleich der Ort für die (in *einer* der durch h bestimmten Halbebenen gelegenen) Punkte, die von h die Entfernung $AC = a$ haben. – Das beweist man ganz einfach durch eine Kongruenzbetrachtung, die – den Satz über die Wechselwinkel an Parallelen oder den über die Winkelsumme im Dreieck benutzt, auf jeden Fall aber Folgerungen des Parallelenpostulats! Wenn man also die Parallele mit der „Abstandslinie" identifiziert, benutzt man bereits das Parallelenpostulat.

Im Jahre 1763 hat *G. S. Klügel,* ein Schüler *Kaestners,* in seiner Dissertation [III 2] die ihm erreichbaren Beweisversuche für das fünfte Postulat zusammengestellt (achtundzwanzig!) und nachgewiesen, daß sie alle unzureichend sind. Im besten Fall ersetzen sie das Postulat durch eine gleichwertige Aussage.

Dieses vergebliche Bemühen der Mathematiker zweier Jahrtausende, vor allem aber die gescheiterten eigenen Arbeiten an diesem Problem veranlaßten dann den ungarischen Mathematiker *Wolfgang Bolyai* (1775–1856), den Jugendfreund von *C. F. Gauß,* zu jenem Seufzer der Verzweiflung, den wir als Motto über dies Kapitel gesetzt haben.

Es wird kaum einen modernen Mathematiker geben, der mit so viel Pathos von einem ungelösten Problem sprechen würde. Man deutet diese Verzweiflung *Wolfgang Bolyais* wohl richtig, wenn man unterstellt, daß ihm wie *Platon* die Sätze der

Mathematik metaphysische Wahrheiten waren. Und deshalb erregte er sich so über das, was er als einen „Makel" an der Geometrie empfand. Er hat dann die Hoffnung aufgegeben, das Problem zu lösen und warnte seinen Sohn *Johann* [1]):

> „Du darfst die Parallelen auf jenem Wege nicht versuchen; ich kenne diesen Weg bis an sein Ende – auch ich habe diese bodenlose Nacht durchgemessen, jedes Licht, jede Freude meines Lebens sind in ihr ausgelöscht worden – ich beschwöre dich bei Gott, laß die Lehre von den Parallelen in Frieden ... Ich hatte mir vorgenommen, mich für die Wahrheit aufzuopfern; ich wäre bereit gewesen, zum Märtyrer zu werden, damit ich nur die Geometrie von diesem Makel gereinigt dem menschlichen Geschlecht übergeben könnte. Schauderhafte, riesige Arbeiten habe ich vollbracht, habe bei weitem Besseres geleistet, als bisher geleistet wurde, aber keine vollkommene Befriedigung habe ich je gefunden ... Ich bin zurückgekehrt, als ich durchschaut habe, daß man den Boden dieser Nacht von der Erde aus nicht erreichen kann, ohne Trost, mich selbst und das ganze Menschengeschlecht bedauernd."

Ratschläge von Vätern werden von Söhnen meistens nicht befolgt, und auch *Johann Bolyai* schlug die Warnung seines enttäuschten Vaters in den Wind: Er gab die Beschäftigung mit dem Parallelenproblem nicht auf, und es gelang ihm, eine völlig unerwartete Wendung in der Fragestellung herbeizuführen.

Die Beweisversuche zum Parallelenpostulat verliefen durchweg indirekt. Man stellte etwa fest: „Wenn es durch einen Punkt zu einer Geraden mehr als eine Parallele gibt, dann muß dies und das folgen ..." Und hoffte, dadurch auf einen Widerspruch zu kommen.

Der radikale Gedanke *Johann Bolyais* war: Vielleicht gibt es gar keinen Widerspruch? Vielleicht gibt es „wirklich" durch einen Punkt zu einer Geraden unendlich viele Parallelen? Dann müßte – das kann man leicht zeigen – die Winkelsumme im Dreieck kleiner als zwei Rechte sein.

Kein Geringerer als *Gauß* hat den Versuch unternommen, diesen Sachverhalt empirisch nachzuprüfen. Er hat in den Harzbergen mit dem Theodoliten ein großes Dreieck ausgemessen. Die Abweichung der Winkelsumme von zwei Rechten lag aber im Rahmen der Fehlergrenze, so daß aus dem Experiment keine Schlüsse gezogen werden konnten.

Aber die Frage, welche Geometrie im physikalischen Raum gültig ist, sei zunächst zurückgestellt. *Bolyai* hat jedenfalls gezeigt, daß eine Geometrie *denkmöglich* ist, in der das Parallelenpostulat durch die Aussage ersetzt wird, daß es durch einen Punkt zu einer Geraden (in der Ebene) unendlich viele Parallelen gibt.

Johann Bolyai veröffentlichte seine Ergebnisse im Jahre 1831. Er ahnte nicht, daß fünf Jahre vor ihm bereits der in Kasan lehrende russische Mathematiker *Lobatschewsky* seiner Fakultät eine Abhandlung über das gleiche Thema vorgelegt hatte. Und fügen wir der Vollständigkeit wegen hinzu, daß auch *Gauß* sich ebenfalls mit der Idee einer „nichteuklidischen" Geometrie befaßt hatte. Das geht jedenfalls aus einem Brief hervor, den er 1829 an seinen Freund *Bessel* schrieb. Er scheute sich aber, seine Ergebnisse zu veröffentlichen, weil er das „Geschrei der Böotier"

---

[1]) Zitiert nach [III 1].

fürchtete, wie es in dem erwähnten Brief heißt. Diese Sorge war verständlich, denn die neue Geometrie stellte wirklich die Grundlagen des bisherigen mathematischen Denkens überhaupt in Frage. Wie bedeutungsvoll diese neuen Einsichten waren, wurde erst mehrere Jahrzehnte später einem größeren Kreis von Mathematikern klar.

Es ist ja auch durchaus einleuchtend: Dieses sonderbare, offenbar in sich widerspruchsfreie und doch in der gewohnten Anschauung nicht realisierbare Lehrgebäude von *Bolyai* und *Lobatschewsky* war den Zeitgenossen so fremdartig, daß sich nur wenige damit befaßten.

Das wurde erst anders, als es in der zweiten Hälfte des 19. Jahrhunderts gelang, durch gewisse „Modelle" doch noch eine anschauliche Vorstellung von der nichteuklidischen Geometrie zu gewinnen. Wir wollen uns das an dem von dem deutschen Mathematiker *Felix Klein* stammenden Modell klar machen [1]).

Erinnern wir uns an die Schwierigkeiten, die sich beim Definieren der mathematischen Grundbegriffe ergaben (Kap. 2). Die Definitionen *Euklids* erkannten wir als unzulänglich, aber es gelang uns nicht, es besser zu machen. Da wir nicht durch eine gültige Definition gebunden sind, nehmen wir uns die Freiheit, unter „Punkt", „Gerade" und „Ebene" etwas anderes zu verstehen als es sonst üblich ist. Zur Unterscheidung sollen die neuen Objekte unserer Vorstellung „Pseudopunkte" und „Pseudogeraden" heißen, die in einer „Pseudoebene" liegen.

Diese „Pseudoebene" sei das Innere eines (fest gewählten) Kreises (Abb. 9). Die „Pseudopunkte" sind die (gewöhnlichen) Punkte im Innern dieses Kreises (ohne Peripherie!), und als „Pseudogeraden" wollen wir die Sehnen dieses Kreises bezeichnen.

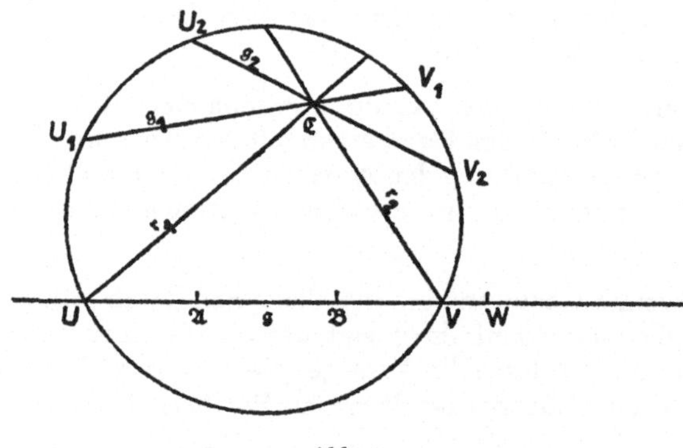

Abb. 9

𝔄 und 𝔅 sind also „Pseudopunkte" der „Pseudogeraden" g, aber die Peripheriepunkte *U* und *V* (und ebenso der außerhalb des Kreises liegende Punkt *W*) sind keine „Pseudopunkte", sie liegen nicht in der von uns geschaffenen nichteuklidischen „Modellwelt".

---

[1]) Ein anderes stammt von *Henri Poincaré*. Siehe darüber und über weitere Sätze aus der nichteuklidischen Geometrie [III 3].

16

Man sieht sofort, daß für unser Modell das Parallelenpostulat nicht gilt: Die beiden in Abb. 9 durch den „Pseudopunkt" gezeichneten „Pseudogeraden" g_1 und g_2 haben mit g keinen „Pseudopunkt" gemeinsam. Daß sich die *euklidischen* Geraden $U_1 V_1$ und $U_2 V_2$ beide mit der *euklidischen* Geraden UV schneiden, spielt hier keine Rolle: Dieser Schnittpunkt liegt außerhalb unserer „Modellwelt", ist kein „Pseudopunkt".

Auch die durch die „Grenzpunkte" U und V gehenden Pseudogeraden $\mathfrak{r}_1$ und $\mathfrak{r}_2$ sind zu g „parallel": Sie haben ja mit g keinen „Pseudopunkt" gemeinsam. $\mathfrak{r}_1$ und $\mathfrak{r}_2$ heißen die beiden „Randparallelen" durch $\mathfrak{C}$ zu g.

Das Parallelenpostulat gilt also in unserer Modellgeometrie nicht. Wohl aber – und das ist eine sehr bemerkenswerte Tatsache! – sind alle anderen Axiome und Postulate erfüllt. Es gilt also in diesem Modell die ganze „absolute Geometrie" (S. 12). Daß z. B. zwei Pseudopunkte genau eine Pseudogerade bestimmen, ist sofort einsichtig. Dagegen muß noch erklärt werden, in welchem Sinne die Kongruenzaussagen in unserem Modell richtig sind.

Wenn man die Pseudostrecke $\mathfrak{AB}$ (über $\mathfrak{B}$) um sich selbst in der üblichen Weise verlängert, kommt man auf den Punkt W. Das ist aber kein „Pseudopunkt" mehr! Man kann also den gewöhnlichen Kongruenzbegriff nicht einfach auf unser Modell übertragen. Wir können aber die Gültigkeit aller Kongruenzaxiome retten, wenn wir eine geeignete „Pseudolänge" in unserm Modell einführen und zwei Strecken dann als „pseudokongruent" bezeichnen, wenn sie die gleiche Pseudolänge haben. Wir erklären die Pseudolänge der Pseudostrecke $\mathfrak{AB}$ durch den absoluten Betrag vom Logarithmus des Doppelverhältnisses der vier (euklidischen) Punkte A, B, U, V [1]):

$$L(\mathfrak{AB}) = \left| \log \left(\frac{\dfrac{UA}{VA}}{\dfrac{UB}{VB}} \right) \right| = \left| \log \frac{UA \cdot VB}{VA \cdot UB} \right|. \tag{1}$$

Der Sinn dieser eigenartigen Festsetzung wird klar, wenn man sich überlegt, welche Eigenschaften ein „vernünftiges Längenmaß" in unserem Modell haben muß. Wenn $\mathfrak{A}$ mit $\mathfrak{B}$ zusammenfällt, muß die Pseudolänge von $\mathfrak{AB}$ gleich 0 werden. Nähert sich aber $\mathfrak{A}$ dem „Grenzpunkt" U oder $\mathfrak{B}$ dem „Grenzpunkt" V, so muß $L(\mathfrak{AB})$ über alle Grenzen wachsen. – Genau das leistet unsere Definition: Fallen die Pseudopunkte $\mathfrak{A}$ und $\mathfrak{B}$ zusammen, so bekommt der Bruch in (1) den Wert 1, und log 1 ist gleich 0. Nähert sich $\mathfrak{A}$ dem Randpunkt U, so wird der Bruch immer kleiner, sein Logarithmus strebt nach $-\infty$, der absolute Betrag des Logarithmus also gegen $+\infty$.

Wir müssen es uns hier versagen, auch noch das entsprechende Maß für die Winkel einzuführen und nachzuweisen, daß bei geeigneter Definition der Pseudokongruenz

---

[1]) Wir schreiben rechts vom ersten Gleichheitszeichen in (1) A und B statt $\mathfrak{A}$ und $\mathfrak{B}$, weil wir hier die *euklidischen* Strecken AU, BU usw. meinen. Die Pseudolänge der nichteuklidischen Strecke $\mathfrak{AB}$ wird also durch einen Ausdruck erklärt, der durch vier *euklidische* Punkte gegeben ist.

für die Winkel in unserem Modell tatsächlich alle Axiome und Postulate der Geometrie gültig sind – mit Ausnahme des Parallelenpostulates [1]).

Das ist ein sehr wichtiges Ergebnis. Denn damit ist gezeigt, daß tatsächlich das euklidische Parallelenpostulat nicht beweisbar ist. *Euklid* hat Recht behalten, und Generationen von Mathematikern waren auf dem Holzwege mit ihren Beweisversuchen: Wenn es nämlich einen Beweis für dieses Postulat aus den Axiomen und Postulaten der absoluten Geometrie gäbe, müßten die Schlüsse dieses Beweises ja Zug um Zug auch in unserm Modell gültig sein. Wir haben uns aber bereits überzeugt, daß es in diesem Modell durch einen Pseudopunkt zu einer Pseudogeraden mehr als eine Parallele gibt.

Damit ist ein Jahrtausende altes Problem auf eine eigenartige Weise gelöst.

Nun liegt hier gewiß der Einwand nahe, daß diese „Pseudogeraden" doch keine „richtigen" Geraden sind. Die Geraden unserer „wirklichen" Welt, aber auch die unserer „reinen Anschauung" im Sinne *Kants* sehen doch anders aus. Das Thema „Geometrie und physikalische Welt" soll später noch ausführlicher behandelt werden. Hier sei nur das festgestellt: Für *Platon* waren die Sätze der Geometrie Einsichten in eine metaphysische Wirklichkeit, und es war für ihn keine Frage, daß es nur *eine* Geometrie gibt. Auch aus der Grundkonzeption *Kants* ergibt sich die gleiche Konsequenz. Die Einsicht, daß eine „nichteuklidische" Geometrie überhaupt denkmöglich ist und in sich ebenso widerspruchsfrei sein muß wie die euklidische

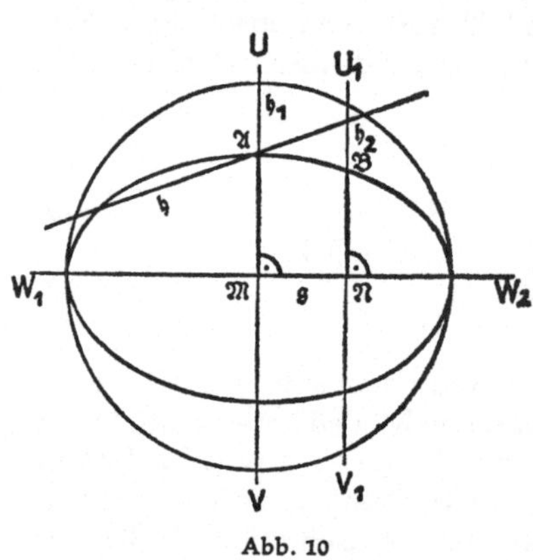

Abb. 10

(auf die sie ja in unserm Modell „abgebildet" wird), bedeutet auf jeden Fall eine Erschütterung der gewohnten Grundauffassungen über das Wesen der mathematischen Erkenntnis. Wir wollen dieses Kapitel nicht abschließen, ohne auf eine interessante Möglichkeit unserer „Modellgeometrie" hinzuweisen. Das Modell gibt uns die Möglichkeit, Denkfehler bei den Beweisversuchen zum Parallelenpostulat auf eine anschauliche Weise erkennbar zu machen. Als ein Beispiel wollen wir noch einmal auf das Problem der „Abstandslinie" (siehe S. 14) zurückkommen. Wir haben schon festgestellt: Es ist keineswegs selbstverständlich, daß die Abstandslinie überhaupt eine Gerade ist. Das macht man sich im Modell leicht klar: Sei (Abb. 10) der Einfachheit wegen ein Durchmesser als „Pseudogerade" g gewählt, $\mathfrak{h}_1$ und $\mathfrak{h}_2$ seien die Senkrechten [2]) in $\mathfrak{M}$ (dem Mittelpunkt des Modellkreises) und $\mathfrak{N}$ (einem beliebigen weiteren Pseudopunkt von g) auf g. Sei ferner $\mathfrak{A}$ ein beliebiger Pseudopunkt auf $\mathfrak{h}_1$ und $l = L (\mathfrak{A}\mathfrak{M})$ die Pseudolänge von $\mathfrak{A}\mathfrak{M}$. Es ist aus dem Modell sofort ersichtlich, daß keine Pseudogerade durch $\mathfrak{A}$ der geometrische Ort für die Punkte sein kann, die von g den gleichen Abstand haben. Jede solche Pseudo-

---

[1]) Siehe z. B. [III 4], für das *Poincaré*-Modell [III 3]!

[2]) Für Durchmesser sind die euklidischen Lote auch Lote im Sinne unserer nichteuklidischen Geometrie, siehe z. B. [III 4].

18

gerade (z. B. $\mathfrak{h}$ in Abb. 10) hat in geeigneter Nähe der Peripherie solche Pseudopunkte, deren Abstand von $\mathfrak{g}$ beliebig groß wird im Sinne unseres nichteuklidischen Längenmaßes (1).

Man kann zeigen [1]), daß die Abstandslinie in unserm Modell eine (euklidische) Ellipse ist. Im gezeichneten Fall ist $\mathfrak{A}$ der Nebenscheitelpunkt dieser Ellipse, die Hauptachse ist $W_1 W_2$, und der Schnitt der Ellipse mit $\mathfrak{h}_2$ liefert den Pseudopunkt auf $\mathfrak{h}_2$ (in der durch $\mathfrak{A}$ bestimmten Halbebene von $\mathfrak{g}$), für den $L\,(\mathfrak{B}\mathfrak{M}) = 1$ gilt.

---

[1]) Siehe wieder [III 4].

IV. Die Problematik des Unendlichen

> *Es hat aber die Betrachtung über das Unbegrenzte eine Schwierigkeit, denn es ergibt sich viel Unmögliches, mag man aufstellen, daß es nicht existiere, oder daß es existiere.*
>
> *Aristoteles* [1]

Die Probleme des Unendlichen haben bereits die griechischen Mathematiker und Philosophen beschäftigt. Es war besonders *Zenon von Elea* (um 460 v. Chr.), der mit seiner spitzen Dialektik den Problemen Formulierungen gab, die klassisch geworden sind.

> „Wenn Vieles ist, so müssen notwendig gerade so viele Dinge sein, als wirklich sind, nicht mehr, nicht minder. Wenn aber so viele Dinge sind, als eben sind, so dürften sie (der Zahl nach) begrenzt sein.
>
> Wenn Vieles ist, so sind die seienden Dinge (der Zahl nach) unbegrenzt. Denn stets sind andere Dinge zwischen den seienden Dingen und wieder andere zwischen jenen. Und somit sind die seienden Dinge (der Zahl nach) unbegrenzt." [2]

Noch bekannter ist die Geschichte von *Achilles* und der Schildkröte: Bei einem Wettlauf gibt *Achilles* dem Tier einen Vorsprung, weil er ja 10mal so schnell läuft wie sein Partner. Aber trotzdem holte er die Schildkröte nicht ein: Denn wenn *Achilles* diesen Vorsprung (von – sagen wir – 10 m) zurückgelegt hat, so ist sie immerhin einen Meter weiter. Hat er auch diese Strecke geschafft, so ist er immer noch $^1/_{10}$ m hinter ihr. Und so geht es weiter: Der schnelle Recke legt auch diese Strecke zurück, aber das Tier ist $^1/_{100}$ m weiter usf.: Nie holt *Achilles* seinen Gegner ein!

In der modernen Sprache könnte man die Argumentation *Zenons* in dieser „Geschichte" so zusammenfassen: Es ist nicht denkbar, daß in einer (endlichen) Strecke, dem Weg vom Start bis zum Treffpunkt, unendlich viele Teile enthalten sind.

Noch auf andere Weise hat *Zenon* begründet, daß es keine Bewegung geben kann, daß der fliegende Pfeil nicht fliegt:

> „Das Bewegte bewegt sich weder in dem Raume, in dem es ist, noch in dem es nicht ist."

---

[1] Zitiert nach [IV 2, S. 65].

[2] Zitiert nach [IV 2, S. 42].

In unserer Zeit wird die Argumentation der Eleaten oft mit einem kurzen Hinweis auf die Errungenschaften der modernen Mathematik abgetan. In einem Scherzgedicht [IV 3] heißt es:

„Die mathematische Wissenschaft
war ihm noch ziemlich schleierhaft

. . . . . .

O, Zenon, Zenon, alter Wicht,
kennst Du den Kowalewski nicht?"

Nun kann in der Tat ein Student des ersten Semesters aus dem „Kowalewski" oder einem andern Lehrbuch der Analysis entnehmen, daß die geometrische Reihe

$$10 + 1 + \frac{1}{10} + \frac{1}{100} + \ldots$$

konvergent ist. Der Grenzwert ist $11^1/_9$, und dieselbe Zahl erhält man, wenn man nach elementarer Methode das gestellte Bewegungsproblem durch ein System von zwei Gleichungen mit zwei Unbekannten löst.

Und doch ist mit dieser Feststellung das Problem noch nicht erledigt. *Hilbert* [IV 1] hat mit Recht darauf hingewiesen, daß mit dem Hinweis auf die Konvergenz

„ein wesentlicher Punkt der Paradoxie nicht getroffen wird, nämlich das Paradoxe, das darin liegt, daß eine unendliche Aufeinanderfolge, deren Vollendung wir in der Vorstellung nicht nur faktisch, sondern auch grundsätzlich nicht vollziehen können, in der Wirklichkeit abgeschlossen vorliegen soll. Tatsächlich gibt es auch eine viel radikalere Lösung der Paradoxie. Diese besteht in der Erwägung, daß wir keineswegs genötigt sind zu glauben, daß die mathematische raum-zeitliche Darstellung der Bewegung für beliebig kleine Raum- und Zeitgrößen noch physikalisch sinnvoll ist, vielmehr allen Grund haben zu der Annahme, daß jenes mathematische Modell die Tatsachen ... im Sinne einer einfachen Begriffsbildung extrapoliert ..."

Infinitesimale Probleme anderer Art ergaben sich schon in der griechischen Mathematik bei der Beschäftigung mit Flächeninhalten und Körpervolumen. Als ein Beispiel wollen wir – in moderner Terminologie – ein Verfahren von *Archimedes* (287 (?)–212 v. Chr.) zur Ermittlung des Parabelinhalts darstellen. Wir betrachten (Abb. 11) die Figur, die von der Parabel $y = x^2$ und den Strecken $[(0,0), (1,0)]$ und $[(1,0), (1,1)]$ gebildet wird. Wenn der für Polygone vertraute Inhaltsbegriff auf Figuren dieser Art erweitert werden soll, dann muß dieser Figur eine positive Zahl als Inhalt zugeordnet werden, die größer ist als der Inhalt eines „einbeschriebenen" und kleiner als der Inhalt eines „umbeschriebenen" Polygons. In Abb. 11 sind solche „vierstufigen Treppenpolygone" eingezeichnet. Der Inhalt des umschriebenen Polygons $\mathfrak{T}_4$ ist offenbar.

$$T_4 = \frac{1}{4}\left(\frac{1}{4}\right)^2 + \frac{1}{4}\cdot\left(\frac{2}{4}\right)^2 + \frac{1}{4}\left(\frac{3}{4}\right)^2 + \frac{1}{4}\left(\frac{4}{4}\right)^2.$$

Der des „einbeschriebenen" $\mathfrak{S}_4$ wird

$$S_4 = \frac{1}{4}\cdot 0^2 + \frac{1}{4}\left(\frac{1}{4}\right)^2 + \frac{1}{4}\left(\frac{2}{4}\right)^2 + \frac{1}{4}\left(\frac{3}{4}\right)^2.$$

Bei n-stufigen Treppenpolygonen (mit gleichen Stufen) erhält man entsprechend

$$T_n = \frac{1}{n}\left(\frac{1}{n}\right)^2 + \frac{1}{n}\left(\frac{2}{n}\right)^2 + \cdots + \frac{1}{n}\left(\frac{n}{n}\right)^2$$

und

$$S_n = \frac{1}{n}\left(\frac{0}{n}\right)^2 + \frac{1}{n}\left(\frac{1}{n}\right)^2 + \cdots + \frac{1}{n}\left(\frac{n-1}{n}\right)^2.$$

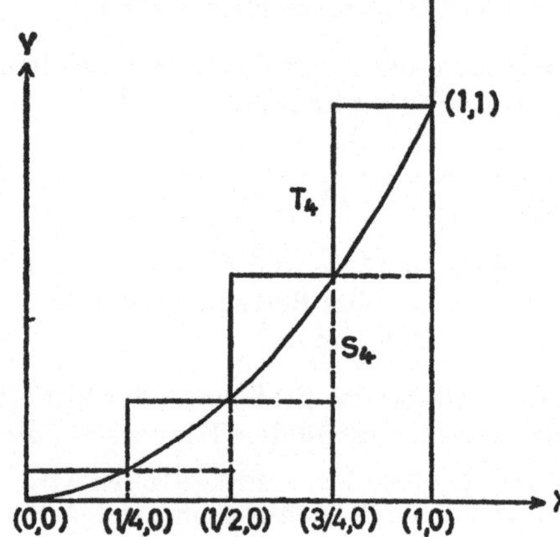

Abb. 11

Dann ist

$$T_n - S_n = \frac{1}{n}.$$

Der Unterschied zwischen um- und einbeschriebenen Treppenpolygonen wird also beliebig klein, wenn man nur n genügend groß wählt. Schreiben wir jetzt

$$T_n = \frac{1}{n^3}(1^2 + 2^2 + \ldots + n^2),$$

$$S_n = \frac{1}{n^3}[1^2 + 2^2 + \ldots + (n-1)^2], \tag{2}$$

und setzen wir in (2) für die Summe der ersten n Quadratzahlen die Formel [1]

$$1^2 + 2^2 + \ldots + n^2 = \frac{1}{6}n(n+1)(2n+1) \tag{3}$$

ein, so ist

$$T_n = \frac{1}{3}\left(1 + \frac{1}{n}\right)\left(1 + \frac{1}{2n}\right) = \frac{1}{3} + \left(\frac{1}{3n} + \frac{1}{6n} + \frac{1}{6n^2}\right),$$

$$S_n = \frac{1}{3}\left(1 - \frac{1}{n}\right)\left(1 - \frac{1}{2n}\right) = \frac{1}{3} - \left(\frac{1}{3n} + \frac{1}{6n} - \frac{1}{6n^2}\right). \tag{4}$$

---

[1] Diese Formel beweist man am einfachsten durch vollständige Induktion: Sie ist richtig für $n = 1$. Addiert man auf beiden Seiten von (3) $(n+1)^2$, so erhält man auf der rechten Seite $\frac{1}{6}(n+1)\cdot(n+2)[2(n+1)+1]$. Das heißt: Aus der Richtigkeit der Formel für n folgt die für $n + 1$.

Da $6\,n < 6\,n^2$, ist S_n offenbar für alle n kleiner als $\tfrac{1}{3}$. T_n ist größer als $\tfrac{1}{3}$. Die einzige Zahl, die (für alle Zahlen n) zwischen T_n und S_n liegt, ist $\tfrac{1}{3}$. Diese Zahl ist also die einzige, die unserer Figur als Inhalt zugeordnet werden kann.

Daß man bei diesem Problem auf die rationale Zahl $\tfrac{1}{3}$ stößt, hat übrigens dazu beigetragen, daß sich immer wieder Mathematiker am Problem der Quadratur des Kreises versuchten. *Archimedes* hat mit Erfolg ähnliche infinitesimale Methoden bei andern Inhaltsproblemen angewandt, und viele Jahrhunderte später haben *Leibniz* (1646–1716) und *Newton* (1642–1707) in der Differential- und Integralrechnung einen Kalkül geschaffen, der zur systematischen Behandlung derartiger infinitesimaler Probleme geeignet ist. Wer also eine pathetische Redeweise liebt, mag vom Triumph des Mathematikers über das Unendliche sprechen und die Einwände der Eleaten als spitzfindige Sophistereien abtun.

Es stellt sich aber in der Geschichte der Mathematik immer wieder heraus, daß der ungesicherte Vorstoß auf neue infinitesimale Probleme kein ungefährliches Unternehmen ist. Man trifft auf Widersprüche, mindestens aber auf die Einsicht, daß die Gesetzlichkeiten der uns bereits vertrauten Kalküle nicht ohne weiteres in dem zu erforschenden Neuland brauchbar sind.

Galilei bringt in seinen „Dialogen" (1638) eine Zuordnung der natürlichen Zahlen zu den Quadratzahlen:

$$
\begin{array}{cccccc}
1 & 2 & 3 & 4 & 5 & \ldots \\
\updownarrow & \updownarrow & \updownarrow & \updownarrow & \updownarrow & \\
1 & 4 & 9 & 16 & 25 & \ldots
\end{array}
$$

Jeder natürlichen Zahl der oberen Reihe ist dabei (durch den Doppelpfeil) die Zahl n^2 der unteren Reihe zugeordnet, und umgekehrt gehört zu jeder Quadratzahl der zweiten die entsprechende Zahl der oberen Zeile. Da aber alle Quadratzahlen auch natürliche Zahlen sind, ist jede Zahl der 2. Reihe auch in der ersten enthalten, ohne daß das Umgekehrte gilt. Man kann also die Zahlen der beiden Reihen durch den Doppelpfeil aneinander binden – sie einander umkehrbar eindeutig zuordnen –, trotzdem gibt es in der ersten Reihe „mehr" Zahlen als in der zweiten. *Galilei* kommt zu dem Schluß, man könne nur sagen, daß beide Mengen unendlich seien, während die Begriffe „größer" und „kleiner" auf unendliche Mengen nicht anwendbar sind.

Dieser Schluß liegt durchaus nahe. Wir werden aber im sechsten Kapitel die geniale Leistung *Cantors* zu würdigen haben, dem es gelungen ist, trotz dieser Feststellung Vergleichsmöglichkeiten zu schaffen für unendliche Mengen.

Vorher aber wollen wir noch einige von *Bolzanos* „Paradoxien des Unendlichen" [IV 5] erwähnen. Sie zeigen, daß das gedankenlose Übertragen von Gesetzen des Rechnens auf formal gebildete unendliche Reihen zu Widersprüchen führt:

Man schreibe eine unendliche Reihe von folgender Form auf:

$$S = + a - a + a - a + \ldots \tag{5}$$

Zur Berechnung der Summe S dieser Reihe könnte man so vorgehen:

$$S = (a - a) + (a - a) + \ldots = 0 + 0 + 0 + \ldots$$

und zu dem Ergebnis kommen: $S = 0$.

Man könnte statt dessen aber auch schreiben:

$$S = a - [(a - a) + (a - a) + \ldots] = a - 0 = a. \qquad (5\,a)$$

Eine andere Folgerung aus (5a) wäre: $S = a - S$, d. h. $S = \dfrac{a}{2}$.

Jetzt haben wir drei verschiedene Ergebnisse, die einander widersprechen. Nun ist das noch kein Grund, an den Möglichkeiten der Mathematik zu verzweifeln. Die Reihe (5) ist einfach eine Sinnlosigkeit.

Das sieht man so ein: Bedenken wir zunächst, daß niemand „bis ins Unendliche" addieren kann. Eine Formel wie

$$s = b_1 + b_2 + b_3 + \ldots \text{ oder } s = \sum_{v=1}^{\infty} b_v$$

besagt doch: Die Folge der Zahlen $s_n = \sum_{v=1}^{n} b_v$, also die Zahlenfolge

$$b_1,$$
$$b_1 + b_2,$$
$$b_1 + b_2 + b_3,$$
$$\ldots$$
$$\ldots$$

ist konvergent und hat die Zahl s zum „Grenzwert". Die Folge

$$a, a - a, a - a + a, \ldots$$

oder
$$a, 0, a, 0, a, 0, \ldots$$

ist aber gar nicht konvergent! (5) ist also „sinnlos".

Wir haben hier allerdings die Terminologie der modernen Analysis benutzt, die in den Tagen *Bolzanos* noch nicht vorlag.

Seine „Antinomien" konnten den Mathematikern des 19. Jahrhunderts jedenfalls demonstrieren, daß es nicht ohne weiteres zulässig ist, die Rechengesetze der endlichen Summen auf formal gebildete unendliche Reihen zu übertragen.

V. Mathematik und Metaphysik

Ohne ein Quentchen Metaphysik läßt sich, meiner Überzeugung nach, keine exacte Wissenschaft begründen.

Georg Cantor[1]

In den Schriften zur Geschichte der exakten Wissenschaften wird das Mittelalter oft als „finster" bezeichnet. Auch für die Mathematik war diese Epoche wenig ergiebig. Was kann man schon aus der Zeit von 500 bis 1500 an bedeutenden Forschungsergebnissen registrieren? Da gibt es einige bemerkenswerte Erkenntnisse der Araber (Anfänge der Gleichungslehre, Trigonometrie). Von den christlichen Gelehrten ist *Nicolaus von Cues* zu nennen, der die Kreisberechnung von *Archimedes* verbessert hat[2]. Und dann haben einige Forscher die Algebra der Araber übernommen und Fortschritte in der Auflösung von Gleichungen gemacht (Gleichungen 3. und 4. Grades).

Schließlich kann man noch die Untersuchungen von *Moschopulos* über magische Quadrate nennen. In summa: Aus tausend Jahren des Mittelalters liegen weniger Ergebnisse vor als aus irgend 10 Jahren unseres Jahrhunderts.

Aber vielleicht ist eine solche Aufrechnung von „Erfolgen" überhaupt ungerecht? Der Mensch des Mittelalters hatte eine andere Denkweise als wir, und wenn er sich überhaupt mit Mathematik beschäftigte, so tat er es oft mit einer ganz anderen Absicht als der moderne Forscher. *Hofmann*[3] sagt dazu mit Recht:

> Wenn man die mittelalterliche Mathematik wirklich verstehen will, muß man sich überhaupt von unseren heutigen Auffassungen freimachen und sich bemühen, die damalige Fachliteratur im Rahmen ihrer eigenen Zeit zu sehen und die interessanten Entwicklungslinien aufzufinden, die sich hier von Generation zu Generation, von Forscher zu Forscher weiterspinnen.

Diese „Entwicklungslinien" führten im Mittelalter nur selten zu exakter Forschung im modernen Sinne. Wenn man sich damals überhaupt mit Mathematik befaßte, dann vor allem, um die Ausdrucksmöglichkeiten der Geometrie und der Zahlenlehre zur Verdeutlichung metaphysischer oder theologischer Aussagen nutzbar zu machen. Auf diese Weise wurden Bezüge zwischen mathematischem und spekulativem Denken hergestellt, deren Auswirkungen noch bei Mathematikern des 19. Jahrhunderts nachweisbar sind.

Aber bevor wir über die mathematischen Bilder und Vergleiche in den anspruchsvollen Schriften der Scholastiker sprechen, wollen wir noch eine andere „Entwick-

---

[1] Auf einem mit Bleistift beschriebenen Blatt des Nachlasses, das wahrscheinlich aus dem Jahre 1913 stammt. Vgl. dazu [VI 8], S. 114.

[2] [II 7], S. 28 ff.

[3] [V 5], S. 4.

lungslinie" aufzeigen, die von der frühen Zahlenmystik über die Pythagoreer bis ins christliche Mittelalter führt. Die Zahlen galten einst als magische Symbole, und wer mit ihnen umzugehen verstand, erhielt „Macht über die Geister". Aber schon bei den Pythagoreern regte der Glaube an die mystische Bedeutung der Zahlen zu exakter Forschung an [1]), und auch im Mittelalter gab es einige bescheidene Ansätze zu zahlentheoretischen Untersuchungen, die durch das Interesse an den magischen Quadraten bestimmt war. *Magische* Quadrate: Wenn schon den einzelnen Zahlen gewichtige Bedeutung zukam [2]), um wieviel mehr mußte man sie solchen Kunstwerken wie „magischen" oder gar „diabolischen" Quadraten mit ihren verzwickten Gesetzmäßigkeiten zusprechen.

Die Beschäftigung mit diesen Quadraten geht weit zurück. Man findet frühe Beispiele schon Jahrtausende vor Christus bei den Chinesen. Abb. 12 a zeigt die schematische Zeichnung eines alten chinesischen Beispiels, Abb. 12 b die übliche Darstellung durch Zahlen.

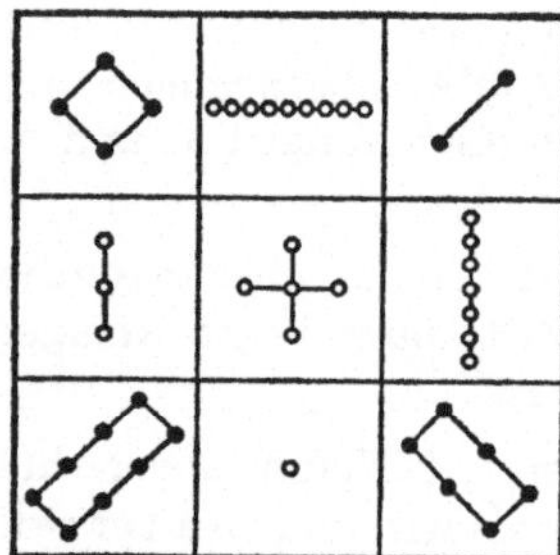

Abb. 12 a

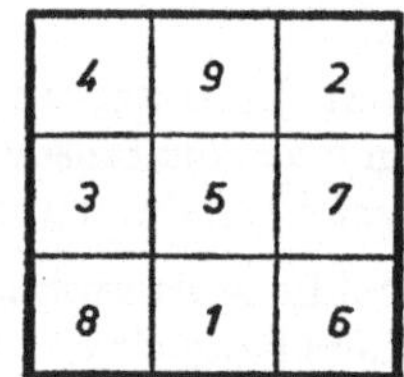

Abb. 12 b

Ein solches magisches Quadrat ist eine quadratische Matrix mit natürlichen Zahlen als Elemente, die folgende Eigenschaften hat:

> Die Summe der Zahlen von irgend zwei Zeilen oder Spalten ist gleich einer (für das Quadrat charakteristischen) Zahl.

> Die Summe der Zahlen in den beiden Diagonalen ist ebenfalls gleich dieser Zahl.

In unserem Beispiel ist diese Zahl 15. Abb. 13 zeigt [3]) magische Quadrate mit $4 \cdot 4 = 16$ bzw. $5 \cdot 5 = 25$ Zahlen. Sie haben beide eine bemerkenswerte zusätzliche Eigenschaft. Wenn man die Ebene mit Quadraten dieses Typs „pflastert", so entsteht ein Zahlenschema, bei dem jeder Ausschnitt von 4 · 4- bzw. 5 · 5-Zahlen

---

[1]) Ein eigenartiges Beispiel für dieses Durcheinander von „Mystik" und Wissenschaft liefert die von *Theon von Smyrna* berichtete Untersuchung über die Inkommensurabilitäten in regulären Polygonen. Vgl. [II 7], S. 10 ff.

[2]) Vgl. dazu [II 3], S. 158 f. Im christlichen Mittelalter wurde die „Deutung" der Zahlen fortgesetzt. 11 stand für „Sünde", weil die Zahl 11 die 10 (10 ist die Zahl der Gebote!) überschreitet.

[3]) Das in Abb. 13 a gezeigte Quadrat ist die „Normalform" (beginnend mit der kleinsten Zahl!) des berühmten magischen Quadrates von *Dürers* Kupferstich „Melancholia".

26

wieder ein magisches Quadrat liefert. Abb. 14 zeigt die „Pflasterung“ durch das Quadrat der Abb. 13b und einige herausgeschnittene magische Teilquadrate. Quadrate mit dieser Eigenschaft nennt man *panmagisch* oder auch *diabolisch* [1]). Die beiden Quadrate der Abbildung 13 sind panmagisch, das in Abb. 12 gezeigte aber nicht.

1	14	4	15
12	7	9	6
13	2	16	3
8	11	5	10

Abb. 13a

17	24	1	8	15
6	13	20	22	4
25	2	9	11	18
14	16	23	5	7
3	10	12	19	21

Abb. 13b

	⋮	⋮	⋮	⋮	⋮	⋮	⋮	⋮	⋮	⋮	⋮	⋮	
…	17	24	1	8	15	17	24	1	8	15	17	24	…
…	6	13	20	22	4	6	13	20	22	4	6	13	…
…	25	2	9	11	18	25	2	9	11	18	25	2	…
…	14	16	23	5	7	14	16	23	5	7	14	16	…
…	3	10	12	19	21	3	10	12	19	21	3	10	…
…	17	24	1	8	15	17	24	1	8	15	17	24	…
…	6	13	20	22	4	6	13	20	22	4	6	13	…
…	25	2	9	11	18	25	2	9	11	18	25	2	…
…	14	16	23	5	7	14	16	23	5	7	14	16	…
…	3	10	12	19	21	3	10	12	19	21	3	10	…
…	17	24	1	8	15	17	24	1	8	15	17	24	…
…	6	13	20	22	4	6	13	20	22	4	6	13	…
	⋮	⋮	⋮	⋮	⋮	⋮	⋮	⋮	⋮	⋮	⋮	⋮	

Abb. 14

Im ausgehenden Mittelalter sprach man den magischen Quadraten medizinische Bedeutung zu [2]). *Paracelsus* soll sie als „Heilmittel“ benutzt haben, vor allem aber hat *Agrippa von Nettersheim* (1486–1535) mit diesen harmlosen Zahlenmatrizen viel Unfug getrieben. Er kannte solche Quadrate mit 3, 4, 5, 6, 7, 8, 9 Zeilen und ordnete sie den sieben „Planeten“ der Astrologie zu: Saturn, Jupiter, Mars, Sonne, Venus, Merkur, Mond. Nun hatten die „Wissenschaftler“ jener Zeit schon seit langem Zuordnungen zwischen diesen Himmelskörpern und Teilen des menschlichen Körpers vorgenommen:

Herz – Sonne,
Gehirn – Mond,
Leber – Jupiter,
Nieren – Venus,

usf.

Wenn man nun ein vierzeiliges Quadrat dem Jupiter zuordnete, den Jupiter aber der Leber, dann hatte man ein „Medikament“ für Leberleiden: Ein Amulett mit einem vierzeiligen magischen Quadrat.

---

[1]) Dieser Name läßt die abgründigen Vorstellungen ahnen, die manche Menschen des Mittelalters mit diesen Zahlenquadraten verbanden.

[2]) Vgl. dazu *Kowalewski* [V 2], S. 37 ff.

Aus welchem Grund man sich auch immer für diese magischen Quadrate interessierte: Es lag nahe, ihre Gesetzlichkeiten zu untersuchen und Verfahren zu schaffen, nach denen man solche Figurationen konstruieren konnte.

Ernsthafte Untersuchungen zu diesem Thema sind von dem byzantinischen Gelehrten *Moschopulos* (13.–14. Jahrhundert) geführt worden. Er gab Konstruktionsregeln für Quadrate mit den Seitenzahlen $n = 2\,m+1$ und $n = 4\,m$ an und benutzte dabei sogar zyklische Permutationen. Wir wollen hier – ohne Beweis – sein Verfahren für den Fall $n = 4\,m$ skizzieren.

Man gehe aus von einem Quadrat mit $n^2 = (4\,m)^2$ zunächst leeren Feldern und unterteile dieses Quadrat in m^2 Quadrate mit der Seitenzahl 4 und der Felderzahl 16 [1]). In jedes Feld, das sich in einer *Diagonale* eines Quadrates der Ordnung 4 befindet, setze man einen Punkt (Abb. 15 für $m = 2$). Dann ordne man den Feldern des Quadrates die natürlichen Zahlen 1, 2, 3, ... zu: dabei schreite man von links nach rechts bzw. von oben nach unten fort. Es werden aber nur die Zahlen notiert, die zu einem Feld mit einem Punkt gehören. Auf diese Weise entsteht in unserem Fall die Abb. 16 a. Jetzt werden die bisher ausgelassenen Zahlen in die noch freien Felder geschrieben, wieder in steigender Ordnung, aber diesmal von rechts unten nach links oben. Zuerst werden also neben die bereits in einem Diagonalfeld stehende 64 die 2 und die 3 gesetzt, usf.

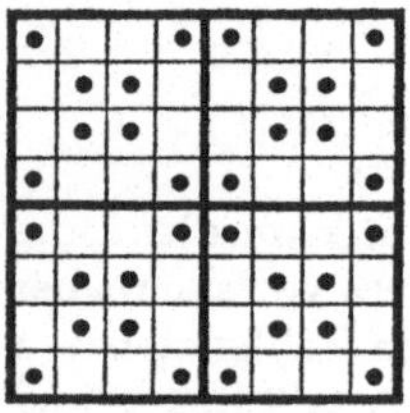

1			4	5			8
	10	11			14	15	
	18	19			22	23	
25			28	29			32
33			36	37			40
	42	43			46	47	
	50	51			54	55	
57			60	61			64

Abb. 16 a

1	63	62	4	5	59	58	8
56	10	11	53	52	14	15	49
48	18	19	45	44	22	23	41
25	39	38	28	29	35	34	32
33	31	30	36	37	27	26	40
24	42	43	21	20	46	47	17
16	50	51	13	12	54	55	9
57	7	6	60	61	3	2	64

Abb. 16 b

Abb. 15

Das entstehende Quadrat ist panmagisch und *symmetrisch.* Das heißt: Für die Elemente a_{ik} unserer quadratischen Matrix gilt

$$a_{ik} + a_{n-i+1,\,n-k+1} = \text{const.}$$

In unserem Fall ist die Konstante 65; man hat z. B.

$$1 + 64 = 11 + 54 = 45 + 20 = 65.$$

Wir wissen heute nicht mehr, welche besonderen Gründe den byzantinischen Forscher zu der eindringenden Beschäftigung mit magischen Quadraten angeregt haben. Welches auch die Ursachen waren: Sie führten hier zu mathematischen Untersuchungen von bleibender Bedeutung.

Es gab nur wenige Wissenschaftler, die am Ausbau der mathematischen Erkenntnisse arbeiteten. Wenn man sich überhaupt mit mathematischen Objekten befaßte,

---

[1]) Solche Quadrate heißen auch *von der Ordnung* 4.

dann tat man es meist, um mit diesen Hilfsmitteln den Aussagen über theologische oder philosophische Fragen Deutlichkeit und Gewicht zu verleihen. Hatte doch schon *Boethius*[1]) gesagt:

> „Unter allen Männern alter Autorität, die, dem *Pythagoras* folgend, in reiner geistiger Einsicht lebten, stand fest, daß niemand in den philosophischen Wissenschaften zum Gipfel der Vollendung gelangen könne, wenn er nicht zuvor das ‚Quadrivium‘ der mathematischen Wissenschaft durchwandert habe. Denn die ‚Philosophie ist die Liebe zur Weisheit‘, d. h. ‚die Erkenntnis und volle Erfassung der wahrhaft seienden Dinge‘; das aber sind die unveränderlichen Zahlen und Größen und ihre unkörperlichen Verhältnisse, an denen die wandelbaren mathematischen Beziehungen der Körperwelt nur zeitlich beschränkten Anteil haben.“

Auch für *Robert Grossetete* (1175–1253) ist „mathematisches Wissen und Können die unabdingbare Voraussetzung für die richtige Behandlung naturphilosophischer Probleme“[2]).

Man ist nun begierig zu erfahren, welchen Gewinn die Denker jener Zeit von der Benutzung mathematischer Symbole hatten. Dazu einige Beispiele.

Boethius sagt im „Trost der Philosophie“ (3. Buch, Predigt XII) über das „göttliche Wesen“:

> Derart ist nämlich die Gestalt des göttlichen Wesens, daß sie weder ins Äußere zerfließt noch etwas Äußeres in sich aufnimmt, sondern, wie *Parmenides* über sie sagt,
>
> *überall gleich der Masse der wohlgerundeten Kugel*
>
> rollt sie den beweglichen Kreis der Dinge, während sie sich selbst unbeweglich hält.

Zitieren wir noch *Meister Eckhart*, der[3]) 1. Mos. 1 so kommentiert:

> „Der eine Gott und die eine ihm eigene Wirksamkeit wird ja in dem vielen Geteilten nicht geteilt, sondern er eint das Viele und sammelt das Geteilte in sich. So wird ja auch das Eine oder die Einheit in den Zahlen nicht geteilt, sondern eint die Zahlen in sich. Dem entspricht die erste These des *Proklos*: ‚alle Vielheit hat irgendwie an dem Einen teil‘.“

Der moderne kritische Leser wird (bei aller Bereitschaft, den Denkern der Vergangenheit gerecht zu werden), nicht an der Tatsache vorbeikommen, daß hier mathematische Begriffe zu ungesicherten „Analogieschlüssen“ benutzt werden. Man kann zum Verständnis solcher Art des „Schließens“ auf die tiefe Gläubigkeit des Mittelalters hinweisen: Der Mensch jener Epoche war davon überzeugt, daß die Welt, die von Gott geschaffene Welt, in Ordnung war. Er rechnete damit, daß eins sich zum andern fügte; er fand es naheliegend, daß mathematische Gesetze ihre Gegenstücke in der himmlischen oder irdischen Wirklichkeit hatten.

Unter den Denkern jener Epoche verdient *Nicolaus von Cues* besonders erwähnt zu werden. Dieser Kirchenfürst hat nicht nur einen bemerkenswerten Beitrag zur

---

[1]) In seiner Schrift: De institutione arithmetica, Buch I, Kap. I.

[2]) Zitiert nach *Hofmann* [V 7], S. 104.

[3]) [V 3], *Buch der Bibelreden*, Kap. 1, Vers 1, Abschn. 15.

Kreisberechnung geleistet [1]); bei diesem Denker finden wir gegen Ende des Mittelalters mit mathematischen Überlegungen fundierte erkenntniskritische Überlegungen.

Nicolaus von Cues ist ein Kind seiner Zeit. Er kennt die Denkweise der Scholastiker
und der großen Mystiker. In seinem Exemplar von *Meister Eckharts* „Opus
tripartitum" ist der Satz angestrichen:

> **Gott ist eine unendliche Kugel, deren Mittelpunkt überall und deren Oberfläche
> nirgends ist.**

Wir finden aber in seinen späteren Schriften einen neuartigen, kritischen Gebrauch
der mathematischen Symbole, der vielleicht ein Ergebnis langen Mühens um das
Quadraturproblem ist. Er ist in seinen reifen Jahren davon überzeugt, daß die
Wahrheit unergründbar ist und begründet seine kritische Haltung durch mathematische Symbole[2]):

> „Die Wahrheit ist nämlich kein Mehr und kein Weniger. Sie besteht in einem
> Unteilbaren. Alles, was nicht das Wahre selbst ist, vermag sie nicht mit Genauig-
> keit zu messen, so wie den Kreis, der in einer gewissen Unteilbarkeit besteht, keine
> nichtkreisförmige Figur zu messen vermag. Der Geist also, der nicht die Wahrheit
> ist, erfaßt die Wahrheit niemals so genau, daß sie nicht ins Unendliche immer
> genauer erfaßt werden könnte. Er verhält sich zur Wahrheit wie das Vieleck zum
> Kreis. Je mehr man die Zahl der Ecken in einem eingeschriebenen Vieleck vermehrt,
> desto mehr gleicht es sich dem Kreise an, ohne ihm je gleich zu werden, wollte man
> auch die Vermehrung der Eckenzahl ins Unendliche fortführen. Das Vieleck müßte
> sich dazu schon umbilden zur Identität mit dem Kreis ... Die Wesenheit der
> Gegenstände, welche die Wahrheit der seienden Dinge ist, ist also in ihrer Reinheit
> unerreichbar."

In den folgenden Jahrhunderten wuchs das Interesse an mathematischer Forschung.
Fermat, Newton und *Leibniz* begründeten die Infinitesimalrechnung und eröffneten
damit ein weites Feld für die Anwendungen der Mathematik auf die Physik, aber
auch für den Ausbau der alten und jungen mathematischen Disziplinen. „Reine
Mathematik" war gefragt, auch die Anwendung mathematischer Systeme auf technische und physikalische Fragestellungen, nicht aber metaphysische Spekulation.

Und doch: Die Frage nach dem, „was die Welt im Innersten zusammenhält", hat
auch die Mathematiker der kommenden Jahrhunderte beschäftigt, und sie versuchten dann gelegentlich, Brücken zu bauen von der exakten Forschung zu den
„ewigen Wahrheiten".

Als Beleg dafür wollen wir aus einer Rede zitieren, die der Berliner Mathematiker
Ernst Eduard Kummer am 4. Juli 1867 zur *Leibniz*-Feier in der Preußischen Akademie gehalten hat [3]):

---

[1]) Vgl. dazu [II 7], S. 28 ff.

[2]) De docta ignoranta, Buch I, Kap. 3.

[3]) Vgl. dazu [VI 8], S. 58 ff. Dort sind auch die unten erwähnten „Thesen" *Kummers* voll
zitiert.

Er sagt am Schluß seines Vortrages über die *Leibnizsche* Reihe

$$\frac{\pi}{4} = 1 - \frac{1}{3} + \frac{1}{5} - \frac{1}{7} + - \cdots :$$

„In der ersten Veröffentlichung hat *Leibniz* dem fertigen Resultate, welches wie bereits gesagt worden als unendliche Reihe in den einzelnen Gliedern nur die ungeraden Zahlen enthält, die Worte hinzugefügt: numero deus impari gaudet! Gott freut sich der ungeraden Zahlen! Wir erkennen aus dieser Äußerung zunächst, daß *Leibniz* selbst die neue unendliche Reihe in ihrer einfachen und dabei unendlich mannigfaltigen Form mit Staunen und mit Verwunderung angeschaut hat, und daß dieselbe auf ihn in ähnlicher Weise gewirkt hat, wie der Anblick des Meeres in seiner Unbegrenztheit, oder der Anblick einer großartigen Gebirgsgegend auf einen Menschen wirkt. Solcher Eindrücke wird auch jeder Mathematiker sich bewußt sein, denn in dem Reiche des Mathematischen herrscht eine eigentümliche Schönheit, welche sowohl mit der Schönheit der Kunstwerke, als vielmehr mit der Schönheit der Natur übereinstimmt und welche auf den sinnigen Menschen, der das Verständnis dafür gewonnen hat, ganz in ähnlicher Weise einwirkt, wie diese. Daß aber *Leibniz* ausruft ‚Gott freut sich über die ungeraden Zahlen‘ hat einen noch tieferen Sinn, denn es spricht sich hierin das Bewußtsein darüber aus, daß das Reich des Mathematischen mit seinem ganzen unendlich mannigfaltigen Inhalte nicht menschliches Machwerk ist, sondern ebenso als Gottes Schöpfung uns objectiv entgegentritt wie die äußere Natur. Auch ist die Freude Gottes an den ungeraden Zahlen bei *Leibniz* vollkommen dieselbe religiöse Anschauung, welche in der Schöpfungsgeschichte der Bibel ausgesprochen ist, wo Gott seine Schöpfungen betrachtet und findet, daß sie gut sind."

Es wäre nicht schwer, durch mancherlei Zitate aus den Schriften von *Leibniz* nachzuweisen, daß *Kummer* richtig interpretiert hat. *Leibniz* und *Kummer* glauben beide, daß das „Reich des Mathematischen" . . . als Gottes Schöpfung uns objektiv entgegentritt wie die äußere Natur. Das bedeutet natürlich nicht, daß *Leibniz* oder gar *Kummer* Neigung gehabt hätten zu einem solchen Gebrauch mathematischer Symbole, wie er im Mittelalter gang und gäbe war. Beide waren exakte Forscher, aber sie wollten doch an einer religiösen Fundierung ihres Lebens *und* ihres Denkens festhalten.

Der *Kummer*-Schüler *Georg Cantor* dachte ähnlich[1]). Aber gerade seine Forschungen (und die Einsichten über die Möglichkeiten von nichteuklidischen Geometrien) haben dahin geführt, daß das 20. Jahrhundert skeptisch geworden ist gegenüber allen Versuchen, der Mathematik eine metaphysische Fundierung zu geben. Schon unter den Zeitgenossen *Cantors* zeichnete sich diese Entwicklung ab: *H. A. Schwarz*[2]) war entsetzt über die Neigung seines Studienfreundes *Cantor*, Aussagen über den Charakter des Unendlichen durch Zitate aus den „Kirchenvätern" zu belegen.

Nur ganz wenige Mathematiker denken heute in den Bahnen *Platons*. Von dem *Cantor*-Schüler *Fraenkel* wird berichtet, daß er Platoniker blieb zu einer Zeit, als das nicht mehr üblich war. Und *Jean-Paul Pier* ist kürzlich in einem Essay gegen

---

[1]) Vgl. dazu [VI 8], besonders die Kapitel V und VIII.

[2]) [VI 8], S. 255.

Hilberts Formalismus zu Felde gezogen, gegen die Deutung der Mathematik als ein Spiel mit „bedeutungslosen" Regeln. Er zitiert den Amerikaner *Everett*:

> „In der reinen Mathematik betrachten wir absolute Wahrheiten, die im göttlichen Gedanken existierten bevor die Himmelssphären ihre Musik hören ließen und die dort noch wohnen werden, wenn der letzte Stern vom Himmel gefallen sein wird."

Soviel Poesie in unserer nüchternen Zeit ist erfrischend. Es bleibt nur zu fragen, wie Mr. *Everett* sein Wissen über solche „ewigen Wahrheiten" begründen will.

Man muß aber heute in der mathematischen Literatur schon lange suchen, bis man auf solche Thesen stößt. Die meisten Mathematiker sind allergisch geworden gegen Versuche, der exakten Forschung ein metaphysisches Fundament zu geben. Das ist keine nihilistische Laune: Diese Haltung resultiert aus den Einsichten, die die Grundlagenforschung in den letzten hundert Jahren gewonnen hat. Davon wird in den folgenden Kapiteln noch die Rede sein. Hier wollen wir einfach eine Entwicklung aufzeigen: Am Anfang stand die Zahlenmagie. Dann wurde die Mathematik zur Beispielsammlung für philosophierende Scholastiker und Mystiker.

Reste des platonischen Denkens finden sich noch häufig im 19., sehr selten im 20. Jahrhundert. In unseren Tagen wirft im Gespräch über Grundlagenfragen gelegentlich die eine Seite der anderen vor, daß sie noch dem metaphysischen Denken der Vergangenheit verhaftet sei. So macht der Formalist *Curry* (vgl. Kap. XI!) den Intuitionisten den Vorwurf, daß sie an *einen* Gott, die „*Intuition*" glauben. Und *Laugwitz* sagte kürzlich den Formalisten nach [1]), daß sie so reden, als ob es *doch* so etwas wie einen platonischen Ideenhimmel gäbe.

---

[1]) In einem Vortrag am 12. April 1965 in Nürnberg: Sinn und Grenzen der axiomatischen Methode.

George Boole
1815–1865

Georg Cantor
1845–1918

David Hilbert
1862–1943

Bertrand Russell
* 1872

Paul Klee: Grenzen des Verstandes

VI. Cantors Begründung der Mengenlehre

„Je le vois, mais je ne le crois pas!"

Cantor

„Ich sehe es, aber ich glaube es nicht!" So schrieb *Georg Cantor* [VI 1, S. 458] am 20. Juni 1877 seinem Freunde *Dedekind*, als er ihm ein neues Ergebnis seiner „Theorie der Mannigfaltigkeiten" übersandte mit der Bitte, den Beweis zu prüfen. Und das ist durchaus verständlich. Viele, die *Cantors* kühnen Wegen in die Bereiche des Unendlichen gefolgt sind, haben an der einen oder andern Stelle gemeint, nicht glauben zu können, was sie die Beweisführung „sehen" läßt.

Cantors Überlegungen greifen das Problem auf, das *Galilei* in seinen Dialogen bereits erwähnt hatte: den „Vergleich" unendlicher Mengen (siehe S. 23). Es gelingt ihm weiter zu kommen als *Galilei*.

Um uns den für *Cantors* Mengenlehre grundlegenden Begriff der „eineindeutigen Zuordnung" recht deutlich zu machen, gehen wir von folgender Frage aus: Eine Expedition mit 43 Teilnehmern befindet sich in einem Negerdorf und möchte die ihnen freundlich gesinnten Schwarzen um 43 Kokosnüsse bitten, um eine also für jedes Mitglied der Expedition. Die Neger können aber nur bis vier zählen. Was darüber hinaus geht, gilt als „viel". Wie kann man trotzdem erreichen, daß die Schwarzen die richtige Zahl von Kokosnüssen bringen? Man kann ihnen etwa 43 Glasperlen geben und sie bitten, für jede Perle eine Kokosnuß zu liefern. Oder noch einfacher: Man fordert sie auf, jedem Expeditionsmitglied eine Frucht zu überreichen. Durch die Zuordnung Kokosnuß–Perle oder auch Kokosnuß–Expeditionsteilnehmer ist die Aufgabe ohne Benutzung von Zahlwörtern gelöst.

Nun sind wir gegenüber dem Unendlichen in einer ähnlichen Lage wie die Neger gegenüber größeren Zahlen: Unendlich ist eben unendlich, und so wie in der Nacht alle Katzen grau sind, so sind nach *Galilei* (siehe S. 23) „Größenordnungen" im Unendlichen nicht erkennbar. Hier kann uns aber (das ja auch schon von *Galilei* angewandte) Verfahren der umkehrbar eindeutigen (oder auch: eineindeutigen) Zuordnung weiterhelfen. *Georg Cantor* nennt zwei Mengen von „gleicher Mächtigkeit", wenn eine umkehrbar eindeutige Zuordnung zwischen ihren Elementen möglich ist. Eine Menge $\mathfrak{A}$ heißt „von. kleinerer Mächtigkeit" als eine Menge $\mathfrak{B}$, wenn eine solche Zuordnung zwischen $\mathfrak{A}$ und einer Teilmenge von $\mathfrak{B}$, nicht aber zwischen $\mathfrak{A}$ und $\mathfrak{B}$ selbst möglich ist.

Offenbar sind endliche Mengen genau dann von gleicher Mächtigkeit, wenn die Anzahl ihrer Elemente gleich ist. Zwischen den 43 Expeditionsteilnehmern unseres Beispiels und ihren Kokosnüssen können wir die „Zuordnung" handgreiflich vollziehen, indem wir jedem Teilnehmer seine Nuß in die Hand geben. Mit 43 Menschen und 44 Kokosnüssen geht das nicht: Entweder eine Nuß bleibt übrig (dann haben wir eine eineindeutige Zuordnung der Menge der Expeditionsteilnehmer auf eine *Teilmenge* der 44 Nüsse!), oder aber die Zuordnung ist nicht mehr „eineindeutig"; wenn etwa der Chef zwei bekommt.

Wenn wir diese *Cantorsche* Terminologie auf das Problem von *Galilei* anwenden, werden wir sagen müssen, daß die Menge der natürlichen Zahlen und die Menge der Quadratzahlen von gleicher Mächtigkeit sind, obwohl die zweite Menge eine echte Teilmenge der ersten ist. Eine Menge, die von gleicher Mächtigkeit ist wie die der natürlichen Zahlen, heißt auch „abzählbar". Die Zuordnung zu den natürlichen Zahlen kann man sich ja so deuten, daß man die Elemente der Menge fortlaufend numeriert. Bei der Menge der Quadratzahlen

$$1, 4, 9, \ldots, n^2, \ldots$$

ist offenbar einfach n die der Zahl n^2 zugeordnete „Nummer".

Bei dem Versuch, solche Zuordnungen zwischen unendlichen Mengen zu vollziehen, kommt man nun zunächst zu der enttäuschenden Einsicht, daß anscheinend wirklich in der „Nacht des Unendlichen alle Katzen grau" sind. Das will sagen: Man findet Zuordnungsmöglichkeiten der gewünschten Art bei sehr verschieden strukturierten Mengen und möchte mit *Galilei* an der Möglichkeit verzweifeln, „Größenunterschiede" bei unendlichen Mengen zu registrieren.

Wir wollen z. B. zeigen, daß die Menge aller (positiven) rationalen Zahlen $\dfrac{p}{q}$ (p und q ganz) abzählbar ist [1]). Die natürlichen Zahlen sind in dieser Menge enthalten, aber da zwischen irgend zwei ganzen Zahlen immer unendlich viel rationale liegen, möchte man meinen, daß es „viel mehr" rationale gibt als ganze. Es zeigt sich aber, daß im Sinne unserer Definition beide Mengen „von gleicher Mächtigkeit" sind.

Wir zeigen zunächst, daß die rationalen Zahlen zwischen 0 und 1 (einschließlich 0, ohne die 1), also die *echten* Brüche $\dfrac{p}{q}$ abzählbar sind. Wir setzen einfach die 0 an den Anfang und ordnen dann die Brüche $\dfrac{p}{q}$ (mit teilerfremden Zahlen p und q) nach wachsenden Nennern, bei gleichem Nenner nach wachsendem Zähler:

Rationalzahl	0	$\dfrac{1}{2}$	$\dfrac{1}{3}$	$\dfrac{2}{3}$	$\dfrac{1}{4}$	$\dfrac{3}{4}$	$\dfrac{1}{5}$	$\dfrac{2}{5}$	$\dfrac{3}{5}$ $\ldots$
„Nummer"	1	2	3	4	5	6	7	8	9 $\ldots$

$$(1)$$

Die Brüche $\dfrac{p}{q}$, die man noch kürzen kann, sind dabei natürlich fortgelassen. So fehlt $\frac{2}{4}$, weil ja $\frac{2}{4} = \frac{1}{2}$ ist und die Zahl $\frac{1}{2}$ schon unter der Nummer 2 registriert ist.

---

[1]) Der Einfachheit wegen beschränken wir uns auf die positiven Zahlen. Man kann das Verfahren aber leicht so abändern, daß auch die negativen Zahlen mit erfaßt werden.

Auf diese Weise erhält offenbar jede rationale Zahl zwischen 0 und 1 eine wohlbestimmte Nummer. Natürlich kann man ebenso alle Brüche zwischen 27 und 28
„abzählen". Addiert man zu den Brüchen der ersten Reihe von (1) die Zahl 1 (bzw.
27), so erhält man gerade die rationalen Zahlen zwischen 1 und 2 bzw. 27 und 28),
die dann durch die darunterstehenden Nummern „abgezählt" werden.

Man kann sich nun alle positiven rationalen Zahlen in ein Zahlenschema geordnet denken, das in der ersten Zeile die echten Brüche in der oben gewonnenen Ordnung enthält, in der zweiten Zeile die zwischen 1 und 2, in der dritten die zwischen 3 und 4, usf. (Abb. 17).

Eine solche Ordnung in ein (nach rechts und unten unbegrenztes) Schema ist noch keine „Abzählung". Wenn man etwa die erste Zeile numeriert, kommt man nie zu einem Ende, und man würde die folgenden Zeilen überhaupt nicht erfassen. Das geschieht aber, wenn man diagonal abzählt in der Richtung der Pfeile Pf 1, Pf 2 usf. in Abb. 17. Man erhält dann folgende „Abzählung" *aller* positiven rationalen Zahlen:

0	$\frac{1}{2}$	$\frac{1}{3}$	$\frac{2}{3}$	$\frac{1}{4}$	$\frac{3}{4}$
1	$1+\frac{1}{2}$	$1+\frac{1}{3}$	$1+\frac{2}{3}$	$1+\frac{1}{4}$	$1+\frac{3}{4}$
2	$2+\frac{1}{2}$	$2+\frac{1}{3}$	$2+\frac{2}{3}$	$2+\frac{1}{4}$	$2+\frac{3}{4}$
3	$3+\frac{1}{2}$	$3+\frac{1}{3}$	$3+\frac{2}{3}$	$3+\frac{1}{4}$	$3+\frac{3}{4}$
4	$4+\frac{1}{2}$	$4+\frac{1}{3}$	$4+\frac{2}{3}$	$4+\frac{1}{4}$	$4+\frac{3}{4}$

Abb. 17

Rationalzahl	0	$\frac{1}{2}$	1	$\frac{1}{3}$	$\frac{3}{2}$	2	$\frac{2}{3}$	$\frac{4}{3}$	$\frac{5}{2}$	3	$\ldots$
„Nummer"	1	2	3	4	5	6	7	8	9	10	$\ldots$

Auf diese Weise erhalten wir eine eineindeutige Zuordnung der positiven rationalen Zahlen zu den natürlichen. Beide Mengen sind also von gleicher Mächtigkeit.

Nun hat aber *Georg Cantor* gezeigt, daß die Menge der *reellen* Zahlen nicht mehr abzählbar ist [1]. Wir wollen nach dem von *Cantor* in einer späteren Arbeit entwickelten „Diagonalverfahren" zeigen, daß schon die Menge der reellen Zahlen zwischen 0 und 1 von höherer Mächtigkeit ist als die Menge der natürlichen Zahlen.

Diese reellen Zahlen können dargestellt werden durch unendliche Dezimalbrüche, die natürlich auch von einer gewissen Stelle an lauter Nullen enthalten können. Solche Zahlen kann man aber auch durch Dezimalbrüche mit der Periode 9 ersetzen, z. B. 0,5 = 0,5 000 000 . . . = 0,4 999 999 . . .

---

[1] Wir bringen hier wie üblich den Beweis mit dem Diagonalverfahren, weil für unsern Zweck der einfachste Beweis angemessen ist. Der erste von *Cantor* angegebene Beweis [VI 1, S. 115] benutzt eine andere Schlußweise.

Um eine umkehrbar eindeutige Zuordnung der reellen Zahlen zu den Dezimalbrüchen zu erhalten, wollen wir verabreden, daß wir solche Zahlen durch den Dezimalbruch mit der Periode 9 darstellen. Wären nun die reellen Zahlen zwischen 0 und 1 abzählbar, so müßten sie sich durch eine numerierte Menge von Dezimalbrüchen darstellen lassen:

$$\alpha_1 = 0,\ a_{11}\,a_{12}\,a_{13}\ldots$$
$$\alpha_2 = 0,\ a_{21}\,a_{22}\,a_{23}\ldots \tag{2}$$
$$\alpha_3 = 0,\ a_{31}\,a_{32}\,a_{33}\ldots$$
$$\cdots$$

Dabei sind a_{11}, a_{12}, $a_{13}\ldots$ die Ziffern (0 bis 9) des ersten Dezimalbruches einer solchen Abzählung, a_{21}, a_{22}, $a_{23}\ldots$ die des zweiten usw. Wir behaupten, daß in einem solchen Schema nicht alle reellen Zahlen zwischen 0 und 1 erfaßt sein können [1]). Um das zu begründen, brauchen wir nur einen Dezimalbruch $0,\ b_1\,b_2\,b_3\,b_4\ldots$ anzugeben, der bestimmt *nicht* in der Abzählung (2) enthalten ist.

Wir bestimmen die Ziffern b_ν eines solchen Dezimalbruches durch folgende Vorschrift:

$$b_\nu = 2, \text{ wenn } a_{\nu\nu} = 1 \text{ ist,}$$
$$b_\nu = 1, \text{ wenn } a_{\nu\nu} \neq 1 \text{ ist.} \tag{3}$$

Unser so definierter Dezimalbruch $\beta = 0,\ b_1\,b_2\,b_3\,b_4\ldots$ (der nur die Ziffern 2 und 1 enthält) kann nicht in der Abzählung (2) enthalten sein. Wäre nämlich $\beta = \alpha_n$, so müßten doch β und α_n in allen Ziffern übereinstimmen. Das kann aber nicht sein, weil durch unsere Vorschrift (3) bestimmt die n-te Ziffer beider Dezimalbrüche verschieden ist.

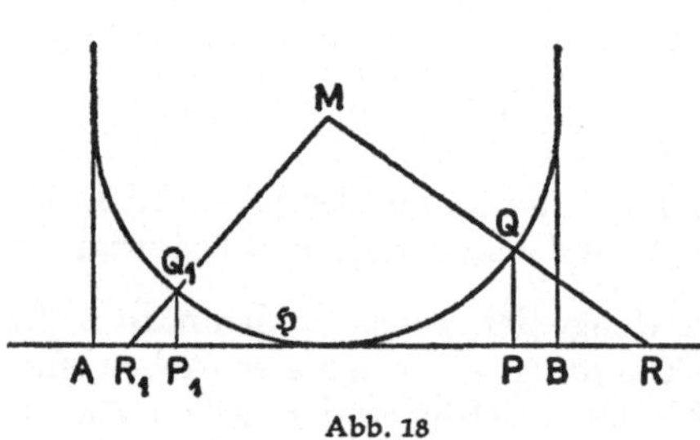

Abb. 18

Die reellen Zahlen zwischen 0 und 1 oder die Punkte des Intervalles (0,1) (vgl. Fußnote [1])) der Zahlengeraden sind also nicht „abzählbar". Man kann nun leicht zeigen, daß auch die Menge *aller* Punkte einer Geraden von der gleichen Mächtigkeit ist wie die Menge der Punkte einer Strecke. Um das einzusehen, zeichnet man einen Halbkreis $\mathfrak{H}$, der die gegebene Strecke AB im Mittelpunkt berührt (Abb. 18).

---

[1]) Bei unserer Vorschrift über die Zuordnung zu den Dezimalbrüchen ist offenbar $1 = 0,99\ldots$ mit erfaßt, nicht aber die Null. Das ist aber für den Gang des Beweises nicht wesentlich. Man kann leicht zeigen, daß das Zufügen oder Wegnehmen von endlich vielen Elementen einer unendlichen Menge die Mächtigkeit nicht ändert. Siehe z. B. [VI 2]. Die Menge der reellen Zahlen x, für die $0 < x < 1$ gilt, bezeichnet man auch als das *offene* Intervall (0; 1). Das *abgeschlossene* Intervall ($0 \leqq x \leqq 1$) wird durch eckige Klammern charakterisiert: [0; 1]. Sinngemäß bezeichnen wir die Menge der reellen Zahlen x, für die $0 < x \leqq 1$ gilt, mit (0; 1].

Die Senkrechten auf AB liefern eine eineindeutige Zuordnung der inneren Punkte P der Strecke AB auf die Punkte Q des (offenen) Halbkreises $\mathfrak{H}$. Die Strahlen durch den Mittelpunkt M von $\mathfrak{H}$ liefern dann eine umkehrbar eindeutige Abbildung der Punkte Q des Halbkreises $\mathfrak{H}$ auf die Punkte R der durch AB gegebenen Geraden $\mathfrak{g}$. Durch diese beiden eineindeutigen Abbildungen ist eine geeignete Zuordnung zwischen den Punkten P der Strecke und den Punkten R der Geraden gegeben. Beide Mengen sind also von gleicher Mächtigkeit. Man nennt diese Mächtigkeit die des Kontinuums.

Es scheint nun alle unsere Vorstellungen über die Dimension in der Geometrie durcheinander zu bringen, daß auch die Menge der Punkte eines Quadrats und weiter die Menge aller Punkte in der Ebene von der gleichen „Mächtigkeit des Kontinuums" sind. Diese Einsicht war es, die *Cantor* zu jenem Satz veranlaßte, der als Motto über unserem Kapitel steht.

Wir wollen zuerst zeigen, daß die Punkte eines Quadrats von der Seitenlänge 1 den Punkten einer Strecke von der Länge 1 eineindeutig zugeordnet werden können. Wir wählen die Strecke $(0,1]$ auf der x-Achse, das Quadrat sei gegeben durch die Punkte mit den Koordinaten x und y, für die $0 < x \leqq 1$ und $0 < y \leqq 1$ gilt[1]) Sei nun $\xi = 0, a_1 \, a_2 \, a_3 \ldots$ eine reelle Zahl unserer Strecke. Dabei sollen diesmal die a_ν „Zifferblöcke" sein: Jede Null oder jede endliche Folge von Nullen wird mit der folgenden von Null verschiedenen Ziffer zu einem „Block" zusammengefaßt. Jede von Null verschiedene Ziffer, der keine Null vorangeht, gilt für sich allein als ein „Zifferblock". Also für den Dezimalbruch

$$0,02 \mid 001 \mid 3 \mid 4 \mid 05 \mid \ldots$$

sind die zwischen den senkrechten Strichen stehenden Ziffern die „Blöcke":

$$a_1 = 02, \, a_2 = 001, \, a_3 = 3, \, a_4 = 4, \, a_5 = 05 \ldots$$

Diesem durch die Zahl ξ repräsentierten Punkt der x-Achse wird nun der Punkt Q des Quadrats zugeordnet mit den Koordinaten

$$x = 0, a_1 \, a_3 \, a_5 \, a_7 \ldots, \quad y = 0, a_2 \, a_4 \, a_6 \, a_8 \ldots$$

Umgekehrt gehört zu jedem Quadratpunkt mit

$$x = 0, c_1 \, c_2 \, c_3 \, c_4 \ldots, \quad y = 0, d_1 \, d_2 \, d_3 \, d_4 \ldots,$$

genau ein Punkt P der x-Achse mit den Koordinaten

$$\xi = 0, c_1 \, d_1 \, c_2 \, d_2 \ldots, \quad \eta = 0.$$

---

[1]) Die beiden auf den Achsen gelegenen Seiten des Quadrats zählen also nicht mit, ebenso wie bei der Strecke $(0,1]$ nicht der Endpunkt $(0,0)$. Man kann leicht zeigen, daß die Hinzunahme der beiden auf den Achsen liegenden Seiten oder das Weglassen des ganzen Randes die Mächtigkeit nicht ändert. Für die von 0 verschiedenen rationalen Zahlen mit endlichen Dezimalbrüchen werden wieder die unendlichen Brüche mit der Periode 9 gewählt, also z. B. $0,09999 \ldots$ statt $0,1$ usf.

Diese Zuordnung ist offenbar eineindeutig [1]).

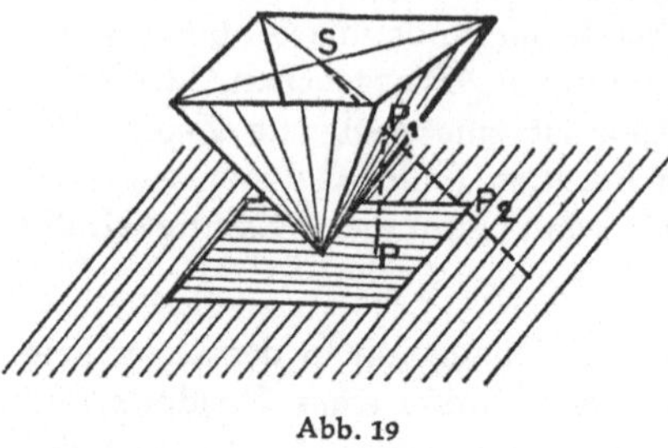

Abb. 19

Wir können jetzt einen Schritt weiter gehen und zeigen, daß die Menge der Punkte eines Quadrates von der gleichen Mächtigkeit ist wie die Menge aller Punkte der Ebene.

In der Ebene sei ein Quadrat gegeben (Abb. 19).

Wir stellen eine gerade Pyramide, deren Grundfläche dem vorgegebenen Quadrat kongruent ist, so auf das Quadrat, daß die Spitze der Pyramide auf dem Mittelpunkt des Quadrates steht. Jetzt nehmen wir eine ähnliche Zuordnung wie oben vor: P sei ein Punkt des Quadrates. Durch senkrechte Projektion wird diesem Punkt auf dem Mantel der Pyramide der Punkt P_1 zugeteilt. Damit haben wir eine Abbildung der inneren Punkte des Quadrates auf die 4 untereinander kongruenten Manteldreiecke (Spitze zählt mit, Grundseitenkanten der Pyramide dagegen nicht). Wir betrachten S, den Mittelpunkt der Pyramidengrundfläche, als Projektionszentrum und ziehen den Strahl $S P_1$, der die Ebene, in der das vorgegebene Quadrat liegt, in P_2 schneidet. Dadurch ist eine eineindeutige Zuordnung zwischen den Punkten des Quadrates und des Pyramidenmantels einerseits und zwischen den Punkten des Pyramidenmantels und den Punkten der Ebene andererseits hergestellt. Daraus folgt aber, daß auch zwischen den Punkten des Quadrates und den Punkten der ganzen Ebene eine eineindeutige Zuordnung besteht.

Unser Ergebnis ist deshalb so erstaunlich, weil hier eine eineindeutige Zuordnung von geometrischen Gebilden verschiedener „Dimension" gelungen ist. Diese Abbildung ist aber unstetig. Man kann zeigen, daß mit stetigen Funktionen eine solche Abbildung nicht möglich ist. Auf diese Weise kann der Dimensionsbegriff „gerettet" werden.

Es liegt nahe, nach Mengen von noch höherer Mächtigkeit zu fragen. Man kann zeigen, daß auch die Punkte des ganzen dreidimensionalen Raumes eineindeutig auf eine Strecke abgebildet werden können, und auch der n-dimensionale Raum (n eine beliebige natürliche Zahl) liefert keine Menge von höherer Mächtigkeit.

---

[1]) Man könnte die Einführung der Zifferblöcke für überflüssig halten und die entsprechende Zuordnung mit den Ziffern selbst vornehmen. Dann würde es aber geschehen, daß einer Zahl $0,a_1 0 a_3 0 a_5 \ldots$ mit lauter Nullen etwa für die Ziffern gerader Nummer (von einer gewissen Stelle an) ein Zahlenpaar x, y zugeordnet wird, bei dem y ein *endlicher* Dezimalbruch ist. Solche Zahlen haben wir aber auch aus gutem Grund ausgeschlossen: Würde man sie zulassen, so wäre die Zuordnung der Punkte nicht mehr eineindeutig: Die Zahlen

$$\xi_1 = \tfrac{1}{110} = 0,00909\ldots, \quad \xi_2 = \tfrac{1}{10} = 0,10\ldots$$

wären z. B. dem gleichen Zahlenpaar

$$Q_1 = (0,09\ldots; 0) = (0,1; 0), \quad Q_2 = (0,1; 0)$$

zugeordnet. Auf diese Weise würde sich also sogar eine Zuordnung der Punkte des Quadrats auf eine *Teilmenge* der Streckenpunkte durchführen lassen!

Cantor hat aber bewiesen, daß die *Menge der Teilmengen einer Menge immer von höherer Mächtigkeit ist als die Menge selbst.* Daraus ergibt sich dann, daß zu jeder Menge eine andere von höherer Mächtigkeit existiert. Für endliche Mengen ist dieser Satz ohne weiteres einleuchtend.

So hat die aus drei Elementen 1, 2 und 3 bestehende Menge: $\{\,1\,;2\,;3\,\}$ folgende acht Teilmengen [1]):

$$\emptyset,\ \{1\},\{2\},\{3\},\{1\,;2\},\{1\,;3\},\{2\,;3\},\{1\,;2\,;3\}.$$

Daß allgemein die Menge $\mathfrak{T}$ der Teilmengen einer gegebenen Menge $\mathfrak{M}$ von höherer Mächtigkeit ist als die Menge $\mathfrak{M}$ selbst, kann man so beweisen: Angenommen, $\mathfrak{T}$ und $\mathfrak{M}$ wären von der gleichen Mächtigkeit. Dann gäbe es also eine eineindeutige Zuordnung zwischen den Elementen [2]) $x \in \mathfrak{M}$ und den Teilmengen $t \in \mathfrak{T}$:

$$x \longleftrightarrow t. \tag{4}$$

Das kann man auch so ausdrücken: Jeder Teilmenge t kann ein durch die Zuordnung (4) wohlbestimmter Index x angehängt werden: $t = t_x$. Bei „abzählbaren" Mengen ist das ja durchaus üblich: Man bezeichnet Zahlen*folgen* mit a_n oder b_n usw., wobei n die natürlichen Zahlen durchläuft. Im allgemeinen Fall treten alle Elemente x der gegebenen Menge $\mathfrak{M}$ als „Index" auf.

Es kann nun Elemente x geben, die gerade in der Teilmenge enthalten sind, die x als Index hat:

$$x \in t_x. \tag{5}$$

Wir wollen solche Elemente $x \in \mathfrak{M}$, für die (5) gilt, als „reguläre" Elemente bezeichnen. Es mag solche „regulären" Elemente geben. Sicher ist aber, daß es – wenn, wie angenommen, $\mathfrak{M}$ und $\mathfrak{T}$ von gleicher Mächtigkeit sind – auch „nicht reguläre" Elemente $x \in \mathfrak{M}$ geben muß. Denn zu den Teilmengen von $\mathfrak{M}$ gehören auch u. a. die Mengen, die nur aus einem Element bestehen. Seien $t' = \{\,a\,\}$ und $t'' = \{\,b\,\}$ zwei solche Mengen, die nur aus dem einen Element a bzw. b bestehen. Dann gibt es aber auch eine Teilmenge $t^* = \{\,a\,;b\,\}$, eine Teilmenge also, die gerade aus diesen *beiden* Elementen besteht. Nach unserer Annahme hat auch diese Menge einen „Index". Wenn alle Elemente „regulär" sind, muß natürlich t' den Index a und t'' den Index b haben. Also muß der Index c von t^* ein Element sein, das *nicht* in t^* enthalten ist. (Da ja t^* nur die beiden „schon vergebenen" Elemente a und b enthält!)

c ist also ein „nicht reguläres" Element von $\mathfrak{M}$. Sei $\mathfrak{N}$ *die Menge der „nicht regulären" Elemente von* $\mathfrak{M}$. Unsere bisherigen Überlegungen haben dann gezeigt, daß diese Menge nicht leer sein kann. $\mathfrak{N}$ ist dann eine nicht leere Teilmenge von t. Der zugehörige Index sei u: $\mathfrak{N} = t_u$.

---

[1]) Die kein Element enthaltende sogenannte „leere Menge" $\emptyset$ und die Menge $\mathfrak{M}$ selbst zählen als Teilmengen mit!

  Man zeigt leicht durch vollständige Induktion, daß eine endliche Menge von n Elementen 2^n Teilmengen hat.

[2]) „x ist ein Element der Menge $\mathfrak{M}$" schreibt man auch so: $x \in \mathfrak{M}$.

Wir fragen nun: Ist u ein „reguläres" Element von $\mathfrak{M}$ oder nicht? Wenn u „regulär" ist, gilt also $u \in t_u = \mathfrak{R}$. $u \in \mathfrak{R}$ heißt aber: u ist *nicht* „regulär". Das ist ein Widerspruch. – Nehmen wir umgekehrt an, u sei „nicht regulär", dann müßte ja (nach Definition von $\mathfrak{R}$) u zu $\mathfrak{R} = t_u$ gehören, also doch „regulär" sein! Wir kommen also in jedem Fall zu einem Widerspruch. Die Annahme, daß $\mathfrak{M}$ und $\mathfrak{T}$ von gleicher Mächtigkeit seien, hat sich also als falsch herausgestellt.

Andererseits ist $\mathfrak{M}$ zu einer gewissen Teilmenge von $\mathfrak{T}$ äquivalent. Jedes Element $m \in \mathfrak{M}$ bestimmt doch eine „Teilmenge" $\{m\}$, die eben aus diesem einen Element besteht. Die Menge dieser (aus einem Element bestehenden) Teilmengen ist natürlich zu $\mathfrak{M}$ selbst äquivalent. Wir haben also das Ergebnis: $\mathfrak{M}$ ist nicht zu $\mathfrak{T}$ selbst, wohl aber zu einer gewissen Teilmenge von $\mathfrak{T}$ äquivalent. Das heißt aber: $\mathfrak{M}$ ist von kleinerer Mächtigkeit als $\mathfrak{T}$.

Als einen Spezialfall des eben bewiesenen Satzes erhält man folgende Aussage: *Die Menge $\mathfrak{F}$ der für alle reellen Zahlen x erklärten Funktionen $x \to f(x)$, die nur die Werte 0 oder 1 annehmen, ist von höherer Mächtigkeit als das Kontinuum.*

Es besteht nämlich eine eineindeutige Zuordnung zwischen den Funktionen dieser Menge und den Teilmengen der Menge der reellen Zahlen. Die Menge t der reellen Zahlen x, für die $f(x) = 1$ ist, ist ja eine Teilmenge der Menge $\mathfrak{R}$ aller reellen Zahlen. Umgekehrt kann jeder solchen Teilmenge t eine wohlbestimmte Funktion zugeordnet werden, die gerade in den Punkten dieser Teilmenge den Wert 1, sonst aber den Wert 0 annimmt. Nach dem allgemeinen „Teilmengensatz" folgt dann, daß $\mathfrak{F}$ von höherer Mächtigkeit ist als $\mathfrak{R}$.

Wir haben bisher von „Mengen" oder „Mannigfaltigkeiten" gesprochen, ohne diese Begriffe zu definieren. Das hat seinen guten Grund: Auch *Cantor* hat in seinen ersten Arbeiten eine solche Erklärung nicht für erforderlich gehalten. Erst der weitere Ausbau seiner Theorie – und die Auseinandersetzung mit seinen Kritikern! – ließ eine Präzisierung der Begriffe wünschenswert erscheinen.

Cantors „Beiträge zur Begründung der transfiniten Mengenlehre" [VI 1, S. 282] aus dem Jahre 1895 beginnen mit folgender Definition:

> „Unter einer ‚Menge' verstehen wir jede Zusammenfassung M von bestimmten wohlunterschiedenen Objekten m unserer Anschauung oder unseres Denkens (welche die ‚Elemente' von M genannt werden) zu einem Ganzen."

Die „Elemente" seiner „Mengen" brauchen also nicht die üblichen Gegenstände der mathematischen Forschung zu sein: Zahlen, Punkte usw. Er läßt ausdrücklich alle „wohlunterschiedenen" Objekte der Anschauung oder des Denkens zu.

Bereits in einer früheren Arbeit [1] findet sich in einer Anmerkung eine ähnliche Definition, bei der er sich auf *Platon* bezieht:

> „... ich glaube hiermit etwas zu definieren, was verwandt ist mit dem platonischen εἶδος oder ἰδέα, wie auch mit dem, was *Platon* in seinem Dialoge „Philebos oder das höchste Gut" μιϰτόν nennt."

---

[1] Grundlagen einer allgemeinen Mannigfaltigkeitslehre, Leipzig 1883, S. 165, oder [VI 1, S. 204].

Die kühnen Begriffsbildungen *Cantors* haben nicht bei allen seinen Zeitgenossen
Zustimmung gefunden. Zwar haben sich Mathematiker wie *Dedekind* und *Weierstraß* seine Gedankengänge weitgehend zu eigen gemacht, aber der damals in
Berlin wirkende Zahlentheoretiker *Kronecker* hat *Cantors Werk* völlig abgelehnt,
und an seinem Widerspruch ist *Cantor* immer wieder gescheitert, wenn er sich um
eine Professur in Berlin bewarb. So ist er bis zu seinem Tode im Jahre 1918 Professor an der kleinen Universität Halle geblieben.

Der Widerspruch *Kroneckers* richtete sich nicht nur gegen die Allgemeinheit der
*Cantor*schen Begriffsbildungen. Er hielt es nicht für zulässig, das „Unendliche" als
„in actu" gegeben hinzunehmen. Für ihn gab es nur das „Potential-Unendlich"
etwa als die Möglichkeit, unbegrenzt weiter zu zählen. Deshalb waren ihm bereits
die Irrationalzahlen der *Dedekind*schen Theorie suspekt; und über die unendlichen
Reihen sagte er [IV 2, S. 327]:

> „Selbst der allgemeine Begriff einer unendlichen Reihe, z. B. einer solchen, die nach
> bestimmten Potenzen von Variablen fortschreitet, ist meines Erachtens nur mit
> dem Vorbehalte zulässig, daß in jedem speziellen Falle auf Grund des arithmeti-
> schen Bildungsgesetzes der Glieder ... gewisse Voraussetzungen als erfüllt nach-
> gewiesen werden, welche die Reihen wie endliche Ausdrücke anzuwenden ge-
> statten ..."

Cantor hat sich gegen diese Auffassung energisch zur Wehr gesetzt. In den „Grundlagen einer allgemeinen Mannigfaltigkeitslehre" würdigt er zunächst jene kritische
Auffassung, die nur die rationalen Zahlen als real gelten lassen will, als ein „ziemlich nüchternes und naheliegendes Prinzip", das aber

> „als Richtschnur empfohlen wird. Es soll dazu dienen, den Flug der mathema-
> tischen Spekulations- und Konzeptionslust in die wahren Grenzen zu weisen, wo
> sie keine Gefahr läuft, in den Abgrund des Transzendenten zu geraten, dorthin,
> wo, wie zur Furcht und heilsamen Schrecken gesagt wird, ‚alles möglich' sein soll."

Dies zugestanden, ist er keineswegs der Auffassung, daß er selbst in Gefahr stehe,
in einen solchen „Abgrund des Transzendenten" zu fallen. Er führt vielmehr gute
Gründe an, daß gerade durch die Ergebnisse seiner Arbeit das uralte Mißtrauen
gegen das sich allen mathematischen Möglichkeiten entziehende „Unendlich" nun-
mehr gegenstandslos geworden sei:

> „Sehen wir uns in der Geschichte um, so zeigt sich, daß ähnliche Ansichten öfter
> vertreten waren und schon bei *Aristoteles* vorkommen. Bekanntlich findet sich im
> Mittelalter durchgehends bei allen Scholastikern das ‚infinitum actu non datur' als
> unumstößlicher, von *Aristoteles* herstammender Satz vertreten. Wenn man aber
> die Gründe betrachtet, welche *Aristoteles* gegen die reale Existenz des Unendlichen
> vorführt, so lassen sie sich der Hauptsache nach auf eine Voraussetzung zurück-
> führen, die eine petitio principii involviert, auf die Voraussetzung nämlich, daß es
> nur endliche Zahlen gebe, was er daraus schloß, daß ihm nur Zählungen an end-
> lichen Mengen bekannt waren. Ich glaube aber oben schon bewiesen zu haben, und
> es wird sich im folgenden dieser Arbeit noch deutlicher zeigen, daß ebenso
> bestimmte Zählungen wie an endlichen auch an unendlichen Mengen vor-
> genommen werden können, vorausgesetzt, daß man den Mengen ein bestimmtes
> Gesetz gibt, wonach sie zu wohlgeordneten Mengen[1] werden."

---

[1] Wegen des Begriffes der Wohlordnung siehe z. B. [VI 2].

Von der Frage nach der Möglichkeit des Aktual-Unendlichen wird in den nächsten Kapiteln noch öfter die Rede sein. Wir wollen uns hier darauf beschränken, noch einige Bemerkungen über den philosophischen Standort *Cantors* anzufügen.

Nach *Cantor* können die Zahlen aus einem doppelten Grunde als „wirklich" angesehen werden: Auf Grund von Definitionen nehmen sie in unserem Verstand einen ganz bestimmten Raum ein und „modifizieren die Substanz unseres Geistes".

Dieser „immanenten" Realität steht aber eine „transiente" gegenüber: Die Zahlen sind auch ein Ausdruck oder Abbild von Vorgängen oder Beziehungen in der realen Außenwelt. In der „Einheit des Alls" ist der Zusammenhang dieser beiden Realitäten begründet. Es ist aber *nicht* die Aufgabe der Mathematik, diesem Zusammenhang nachzugehen.

Weil die Mathematik das Recht hat, nur auf die immanente Realität ihrer Begriffe Rücksicht zu nehmen, will ihr *Cantor* den Ehrennamen „freie Mathematik" geben, eine Bezeichnung, die er für glücklicher hält als „reine Mathematik". *Fraenkel* sagt dazu in seiner Biographie *Cantors* [VI 1, S. 479] so:

> „Wenn *Cantor* hier Eigenart und Bedeutung der Mathematik (und damit, das darf man wohl hinzufügen, auch der theoretischen Logik) rein verstandesmäßig zeichnet, nämlich kurz: als *die* nicht-metaphysische Wissenschaft, so ist sein Verhältnis zu ihr keineswegs einseitig gewesen."

Wir möchten hinzufügen: Es war sogar recht vielseitig. Es mag richtig sein, daß *Cantor* die Möglichkeit sah, die Mathematik als *die nicht*-metaphysische Wissenschaft zu betreiben. Es ist aber eine Tatsache, daß nicht nur viele seiner Lebensäußerungen sein Interesse für metaphysische Fragen bekunden, sondern daß – wie bei *Platon*, auf den er sich ja bei der Definition der Menge ausdrücklich bezieht – in seinen Argumentationen oft ein kurzer Weg aus der Mathematik in die Metaphysik führt.

So sagt er über den „absolut unendlichen Zahleninbegriff" [VI 1, S. 205]:

> „Es verhält sich damit ähnlich, wie *Albrecht von Haller* von der Ewigkeit sagt: ‚Ich zieh sie ab (die ungeheure Zahl) und Du (die Ewigkeit) liegst ganz vor mir'."

Hier ist der Bezug auf die „Ewigkeit" kaum mehr als der Versuch, einen mathematischen Sachverhalt zu illustrieren. In seinem Briefwechsel mit dem Kardinal *Franzelin* wird aber die Grundkonzeption *Cantors* über das Aktual-Unendliche mit theologischen Argumenten verteidigt [VI 1, S. 400]:

> „Daß aber ein ‚Infinitum creatum' als existent angenommen werden muß, läßt sich mehrfach beweisen. Um Ew. ... nicht zu lange aufzuhalten, möchte ich mich in dieser Sache auf zwei kurze Andeutungen beschränken: Ein Beweis geht vom Gottesbegriff aus und schließt zunächst aus der höchsten Vollkommenheit Gottes Wesens auf die Möglichkeit der Schöpfung eines Transfinitum ordinatum, sodann aus seiner Allgüte und Herrlichkeit auf die Notwendigkeit der tatsächlich erfolgten Schöpfung eines Transfinitum. Ein anderer Beweis zeigt a posteriori, daß die Annahme eines Transfinitums in natura naturata eine bessere, weit vollkommenere Erklärung der Phänomene, im Besonderen der Organismen und psychischen Erscheinungen ermöglicht als die entgegengesetzte Hypothese ..."

Dieser Brief ist von *Cantor* veröffentlicht in seiner Abhandlung „Mitteilung zur Lehre vom Transfiniten", in der er erwähnt, der zitierte Brief sei die Antwort auf den kirchlichen Einwand, seine Lehre vom Transfiniten führe „zum Irrtum des Pantheismus".

Cantors Argumentation erinnert an einen Satz von *Leibniz* [X 1, vol. II, S. 243], der das Aktual-Unendliche ebenfalls aus „der Vollkommenheit des Schöpfers" begründen will.

Zum Schluß dieses Kapitels sei eine von *Emmy Noether* berichtete Anekdote [1] wiedergegeben, die vielleicht geeignet ist, *Cantor* zu charakterisieren:

> „*Dedekind* äußerte hinsichtlich des Begriffs der Menge: er stelle sich eine Menge vor wie einen geschlossenen Sack, der ganz bestimmte Dinge enthalte, die man aber nicht sehe, und von denen man nichts wisse, außer daß sie vorhanden und bestimmt seien. Einige Zeit später gab *Cantor* seine Vorstellung einer Menge zu erkennen: Er richtete seine kolossale Figur auf, beschrieb mit erhobenem Arm eine großartige Geste und sagte mit einem ins Unbestimmte gerichteten Blick: ‚Eine Menge stelle ich mir vor wie einen Abgrund'."

---

[1] *Dedekinds* gesammelte Werke, Braunschweig 1932, Bd. III, S. 449.

VII. Antinomien und Paradoxien

Aus dem Paradies, das Cantor uns geschaffen, soll uns niemand vertreiben können.

Hilbert [IV 2, S. 371]

Die *Cantor*schen Definitionen des Begriffes „Menge" (S. 40) sind von einer bemerkenswerten Allgemeinheit. So kann man eine Menge bilden aus folgenden drei „wohlunterschiedenen Objekten": der Zahl 3, einem Quadrat von der Seitenlänge 1 und dem Doktordiplom *Georg Cantors*. Das mag noch angehen, aber beunruhigend wird es, wenn man auf Grund der *Cantor*schen Definition die „Menge aller Mengen" bildet, oder auch „die Menge aller abstrakten Begriffe".

Die „Menge aller Mengen" müßte doch die umfassendste Menge sein, die denkbar ist, und doch gibt es nach dem *Cantor*schen Teilmengensatz (s. S. 39) zu jeder Menge eine Menge von größerer Mächtigkeit, nämlich die der Teilmengen der gegebenen Menge. Bevor solche Antinomien von anderen Mathematikern in der Literatur behandelt wurden, hat *Cantor* selbst Probleme dieser Art gesehen. Er schreibt davon in den Jahren 1896 und 1899 an *Hilbert* und *Dedekind*. Mengen dieser Struktur nennt er „inkonsistente" oder „absolut unendliche" Systeme. Eine Mengendefinition soll nur dann zulässig sein, „wenn die Gesamtheit der Elemente einer Vielheit ohne Widerspruch als zusammenseiend gedacht werden kann" [VI 1, S. 470].

Wir wollen aber den Versuch noch zurückstellen, einen Ausweg aus diesen Schwierigkeiten zu finden und zunächst noch andere Beispiele von mengentheoretischen Antinomien betrachten.

Russell definiert die *Menge $\Re$ aller Mengen, die sich selbst nicht als Element enthalten*. Zu dieser Menge gehören als Elemente offenbar alle Mengen, die im Kapitel VI definiert wurden. Eine Menge von Zahlen z. B. ist etwas anderes als eine Zahl. Eine solche Menge enthält sich *nicht* als Element. Sie gehört also zur Menge $\Re$. Dagegen ist „die Menge aller abstrakten Begriffe" selbst ein abstrakter Begriff. Diese Menge enthält also *sich selbst als Element*. Das gleiche gilt für die *Menge aller Mengen*.

Und nun fragen wir: *Enthält die Menge $\Re$ sich selbst als Element?* Wäre es so, dann wäre $\Re$ also eine Menge, die sich selbst als Element enthält. $\Re$ sollte doch aber gerade die Menge aller Elemente sein, die sich *nicht* selbst als Element enthalten. Also ist die Annahme falsch, und $\Re$ enthält sich *nicht* als Element. Aber dann muß sich ja $\Re$ doch als Element enthalten, denn $\Re$ ist ja . . .

Es gibt zwei scherzhafte Einkleidungen dieser Antinomie, die wir nicht unterschlagen wollen: Die erste stammt von *Skolem* [VII 1], die zweite von *Russell* selbst [1]).

    1. In einer großen Bibliothek gibt es Katalogbände, in denen alle Bücher registriert sind. Auch die Katalogbände seien dabei notiert. Es kann dann solche Kataloge geben, „die sich selber registrieren", und solche, für die das nicht gilt.
Es sei $\Re$ ein Katalogband, der alle die Kataloge registriert, die sich „nicht selber registrieren".
Registriert $\Re$ sich selbst?

    2. Ein Dorfbarbier rasiert „alle Leute des Dorfes, die sich nicht selber rasieren". Rasiert sich der Barbier selber?

Es ist nützlich, die *Russell*sche Antinomie einmal in der mathematischen Formelsprache auszudrücken. Wenn a ein Element einer Menge $\mathfrak{M}$ ist, so schreibt man (siehe [2]), S. 39): $a \in \mathfrak{M}$. Also: ist $\mathfrak{N}$ die Menge der natürlichen Zahlen, so gilt z. B. $2 \in \mathfrak{N}$, aber es gilt *nicht*: $\pi \in \mathfrak{N}$, denn π ist keine natürliche Zahl.

Die Negation drücken wir durch das Zeichen $\neg$ aus. Also: $\neg\,(\pi \in \mathfrak{N})$ heißt: die Aussage

$$\pi \in \mathfrak{N}$$

ist falsch. Die Eigenschaft der *Russell*schen Menge kann dann so geschrieben werden:

$$(\mathfrak{X} \in \mathfrak{R}) \Leftrightarrow \neg\,(\mathfrak{X} \in \mathfrak{X}). \tag{1}$$

Der Doppelpfeil zwischen den beiden Aussagen (lies: äquivalent) bedeutet: Die beiden Aussagen haben den gleichen Wahrheitswert: beide sind wahr oder beide sind falsch.

In der Tat: Gehört $\mathfrak{X}$ zur *Russell*schen Menge $\mathfrak{R}$ (linke Seite von (1)), so ist $\mathfrak{X}$ eine Menge, die sich nicht als Element enthält. Die rechte Seite von (1) besagt: Die Aussage „$\mathfrak{X}$ enthält sich selbst als Element" ist falsch. Beide Aussagen sind äquivalent.

Setzen wir jetzt für $\mathfrak{X}$ in (1) $\mathfrak{R}$ *ein*, so folgt:

$$(\mathfrak{R} \in \mathfrak{R}) \Leftrightarrow \neg\,(\mathfrak{R} \in \mathfrak{R}). \tag{2}$$

Das ist die formelmäßige Fassung einer Antinomie: denn (2) besagt doch, daß eine Aussage ihrer Negation äquivalent ist.

Eine ähnliche Antinomie wurde kürzlich von *Shen Yuting* [VII 4] angegeben: Er nennt eine Menge $\mathfrak{M}$ „grundlos" (ungrounded), wenn es eine Folge von (nicht notwendig verschiedenen) Mengen $\mathfrak{A}_1, \mathfrak{A}_2, \mathfrak{A}_3 \ldots$ gibt, für die

$$\ldots \mathfrak{A}_3 \in \mathfrak{A}_2 \in \mathfrak{A}_1 \in \mathfrak{M} \tag{3}$$

gilt. Jede andere Menge heißt „Grundmenge" (grounded). Als ein Beispiel für eine grundlose Menge kann jede Menge gelten, die sich selbst als Element enthält. Denn dann gilt doch

$$\ldots \mathfrak{M} \in \mathfrak{M} \in \mathfrak{M}.$$

Sei nun $\mathfrak{G}$ die Menge aller „Grundmengen". Frage: Ist $\mathfrak{G}$ selbst eine „Grundmenge" oder nicht?

---

[1]) Siehe [VII 2, S. 49 ff.]. Dort finden sich auch weitere Literaturangaben über die *Russell*sche Antinomie. Über weitere Antinomien siehe auch [VI 5], [VII 3], [IV 1].

Nehmen wir zuerst an, daß $\mathfrak{G}$ „grundlos" sei. Es gibt also eine Folge $\mathfrak{A}_\nu$ von Mengen, für die

$$\ldots \mathfrak{A}_2 \in \mathfrak{A}_1 \in \mathfrak{G} \tag{4}$$

gilt. Da also $\mathfrak{A}_1 \in \mathfrak{G}$ (und $\mathfrak{G}$ gerade die Menge aller Grundmengen ist!), müßte $\mathfrak{A}_1$ eine Grundmenge sein. Aber nach (4) gibt es eine Folge $\mathfrak{A}_\nu$ ($\nu = 2, 3, \ldots$) mit der Eigenschaft

$$\ldots \mathfrak{A}_4 \in \mathfrak{A}_3 \in \mathfrak{A}_2 \in \mathfrak{A}_1.$$

Danach wäre $\mathfrak{A}_1$ doch „grundlos". Wir kommen also auf einen Widerspruch. Nehmen wir jetzt an, $\mathfrak{G}$ selbst sei eine Grundmenge. Da $\mathfrak{G}$ die Menge *aller* Grundmengen ist, gilt $\mathfrak{G} \in \mathfrak{G}$, oder auch

$$\ldots \in \mathfrak{G} \in \mathfrak{G} \in \mathfrak{G}.$$

Also ist $\mathfrak{G}$ doch „grundlos".

Eine andere bemerkenswerte Antinomie hat *H. Poincaré* formuliert. Er fragt ([VII 8], S. 101 f.):

> *Welches ist die kleinste ganze Zahl, die sich nicht durch einen Satz von weniger als hundert französischen Wörtern definieren läßt? Und vor allem, gibt es eine solche Zahl?*

> *Ja*, denn aus hundert französischen Wörtern kann man nur eine endliche Zahl von Sätzen bilden, da die Zahl der Wörter des französischen Wörterbuches begrenzt ist. Unter diesen Sätzen wird es solche geben, die überhaupt keinen Sinn haben, oder die keine ganze Zahl festlegen; aber jeder dieser Sätze kann höchstens eine einzige ganze Zahl festlegen. Die Anzahl der ganzen Zahlen, die auf diese Weise definiert werden können, ist mithin begrenzt; folglich gibt es sicherlich ganze Zahlen, welche so nicht definiert werden können; und unter diesen wieder gibt es gewiß eine, welche kleiner ist als alle anderen.

> *Nein*, denn gäbe es eine solche Zahl, so würde schon ihre bloße Existenz einen Widerspruch in sich schließen, weil sie durch einen Satz definiert wäre, der weniger als hundert Wörter enthält, nämlich gerade durch den Satz, der aussagt, daß sie auf die oben angegebene Weise nicht definiert werden kann.

Poincaré gibt selbst die „Auflösung" dieses Widerspruches:

> Die dargelegte Betrachtung beruht auf einer Einteilung der ganzen Zahlen in zwei Klassen, in die, die durch einen Satz von weniger als hundert Wörtern festgelegt werden können, und in die, die es nicht können. Wenn wir die Frage stellen, so erklären wir damit implizite, daß diese Klassifikation unveränderlich ist, und daß wir die Betrachtung nicht beginnen, bevor wir sie nicht endgültig festgelegt haben. *Aber das ist gar nicht möglich. Die Klassifikation ist nicht früher abgeschlossen,* bevor wir nicht alle Sätze von weniger als hundert Wörtern daraufhin untersucht und diejenigen ausgeschieden haben, die keinen Sinn ergeben, sowie auch, bevor wir nicht den Sinn derer festgelegt haben, die einen Sinn ergeben. *Aber unter diesen Sätzen gibt es auch solche, welche erst nach Abschluß der Klassifikation einen Sinn gewinnen können, nämlich jene, in denen von dieser Klassifikation selbst die Rede ist.* Wir fassen zusammen: *Die Klassifikation der ganzen Zahlen kann nicht abgeschlossen werden, bevor die Sortierung der Sätze beendet ist, und diese Sortierung kann nicht beendet werden, bevor die Klassifikation nicht fest*gestellt ist; es wird daher weder die Klassifikation noch die Sortierung jemals endgültig abgeschlossen werden können.

Es liegt nahe, den mengentheoretischen Antinomien auf ähnliche Weise zu Leibe zu rücken. Das hat *Schoenflies* [VII 9] schon bald nach Bekanntwerden der Antinomien getan. Er argumentierte so:

Nach dem Satz vom Widerspruch ist von den beiden Sätzen

(A) *Dem Begriff $\mathfrak{A}$ kommt die Eigenschaft $\mathfrak{B}$ zu*

(B) *Dem Begriff $\mathfrak{A}$ kommt die Eigenschaft $\mathfrak{B}$ nicht zu*

stets genau einer richtig. Der Satz (B) gilt als bewiesen, wenn die Annahme (A) auf einen Widerspruch führt. Das ist das Prinzip des indirekten Beweises.

Was aber, wenn beide Sätze (A) und (B), auf Widersprüche führen? Dann ist nur der Schluß möglich, daß der Begriff $\mathfrak{A}$ *in sich widerspruchsvoll* ist. Da man sich in der Mathematik normalerweise nicht mit solchen Begriffen befaßt, kommen solche Antinomien nicht vor. Sie sind aber denkbar, und man müßte beim Auftreten einer Antinomie den Schluß ziehen, daß der Begriff *inkonsistent* (in sich widerspruchsvoll) ist. Daß solche Begriffsbildungen ausgeschlossen sind, liegt für die Mengenlehre schon in der *Cantor*schen Forderung begründet, daß die Mengen „wohldefiniert" sein sollen. In sich widerspruchsvolle Begriffe sind eben nicht „wohldefiniert".

Um die Überlegungen von *Schoenflies* zu verdeutlichen, haben wir [1]) mit Hilfe des *Euler*schen Polyedersatzes

$$e - k + f = 2 \tag{5}$$

für die Ecken, Kanten und Flächen eines Polyeders für das reguläre [2]) Fünfflach bewiesen:

Die Zahl k der Kanten ist 9.

Die Zahl k der Kanten ist $\neq$ 9.

Die „Auflösung" dieser Antinomie ist einfach für den, der über die Grundlagen der Geometrie einigermaßen Bescheid weiß. Es gibt (das kann man leicht aus (5) beweisen) genau *fünf* reguläre Polyeder:

Tetraeder, Hexaeder, Oktaeder, Dodekaeder, Ikosaeder.

Andere gibt es nicht. Der Begriff „reguläres Fünfflach" ist in sich widerspruchsvoll.

Gerade darauf kommt es uns an. Mit in sich widerspruchsvollen Begriffen kann man Antinomien herzaubern. Es gibt Fälle, in denen die Inkonsistenz eines Begriffes sofort ersichtlich ist (in unserem Beispiel für jeden, der über die Grundlagen der Geometrie gut Bescheid weiß); in anderen Fällen (z. B. im Neuland der Mengenlehre) ist die Inkonsistenz eines Begriffes nicht sofort zu erkennen. Sie erweist sich durch das Auftreten von Antinomien.

An dieser Stelle wird auch die Zweifelhaftigkeit dieses Ausweges offenbar. Wir haben der *Russell*schen Menge nicht sofort angesehen, daß sie „in sich widerspruchsvoll" ist. Wer sagt uns, daß uns nicht an anderer Stelle Ähnliches passieren kann?

---

[1]) Vgl. dazu [VI 8], S. 149 f.

[2]) Ein Polyeder heißt *regulär*, wenn jede der „Flächen" gleich viel Kanten hat und in allen Ecken gleich viel Kanten zusammenstoßen.

47

Um das zu erreichen, kann man versuchen, die *Zulassung von Mengen* in unserer Theorie in geeigneter Weise einzuschränken. Dazu dient die folgende Überlegung.

Bei unseren Beispielen traten immer wieder Mengen von Mengen auf. Wir wollen im folgenden solche Objekte, die nicht selber Mengen sind, als „Urelemente" bezeichnen, und die Mengen, deren Elemente „Urelemente" sind, als „Mengen erster Ordnung". Beispiele solcher Urelemente sind etwa Zahlen und Punkte, und die im Kapitel VI betrachteten Mengen sind sämtlich Mengen erster Ordnung.

Mengen, deren Elemente Mengen erster Ordnung sind, heißen Mengen zweiter Ordnung usf. Betrachten wir folgende Mengen:

$$\mathfrak{A} = \{1, 2\}; \quad \mathfrak{B} = \{\{1, 2\}, \{3, 4\}\}; \quad \mathfrak{C} = \{1, 2, 3, 4\}.$$

$\mathfrak{A}$ und $\mathfrak{C}$ sind Mengen erster Ordnung. $\mathfrak{B}$ ist eine Menge zweiter Ordnung. Es gilt $\mathfrak{A} \in \mathfrak{B}$, aber *nicht* $\mathfrak{B} \in \mathfrak{C}$. Denn die Elemente von $\mathfrak{B}$ sind ja die Mengen $\{1, 2\}$, $\{3, 4\}$ und nicht die Zahlen 1, 2, 3, 4. Auch die Aussage $\mathfrak{A} \in \mathfrak{C}$ ist natürlich falsch. $\mathfrak{A}$ ist nicht (als Element) in $\mathfrak{C}$ enthalten, wohl aber ist $\mathfrak{A}$ eine Teilmenge von $\mathfrak{C}$. Das heißt: Jedes Element von $\mathfrak{A}$ ist auch ein Element von $\mathfrak{C}$. Diesen Sachverhalt schreiben wir auch so: $\mathfrak{A} \subset \mathfrak{C}$. Man beachte, daß die Relation $\subset$ transitiv ist, die des Elementseins ($\in$) dagegen nicht: Aus $\mathfrak{A} \subset \mathfrak{M}$, $\mathfrak{M} \subset \mathfrak{N}$ folgt $\mathfrak{A} \subset \mathfrak{N}$, aber aus $\mathfrak{A} \in \mathfrak{M}$, $\mathfrak{M} \in \mathfrak{N}$ folgt nicht allgemein $\mathfrak{A} \in \mathfrak{N}$.

Natürlich könnte man eine Menge definieren, deren Elemente etwa aus einer Zahl a und einer Menge bestehen, die a enthält; z. B. $\mathfrak{D} = \{1, \{1, 2\}\}$.

Wir wollen eine Menge *homogen* nennen, wenn ihre Elemente entweder Urelemente sind oder Mengen gleicher Ordnung. Unsere Beispiele $\mathfrak{A}$, $\mathfrak{B}$, $\mathfrak{C}$ sind homogene Mengen, $\mathfrak{D}$ ist es nicht.

Eine Menge, die sich selbst als Element enthält, ist offenbar nicht homogen. Bei allen oben besprochenen Antinomien traten aber solche Mengen auf. Man kann alle diese Antinomien vermeiden, wenn man mit *Bertrand Russell* fordert: *Nur homogene Mengen sind zulässig.*

Man kann aber auch inhomogene Mengen zulassen, wenn man fordert, daß die Elemente einer Menge (ob sie nun selbst Mengen sind oder Urelemente) „vorher" konstruiert seien, d. h. ihre Definition muß unabhängig sein von der Zusammenfassung dieser Elemente zur Menge (VII 2, S. 50). Auch auf diese Weise werden die Mengen ausgeschlossen, die sich selbst als Element enthalten.

Baut man eine solche Sicherung in die Mengenlehre ein, so werden in der Tat alle bisher bekannten Antinomien vermieden. Nun kann man hier allerdings einwenden, daß *Russell* verglichen werden könne mit dem Mann im Vordergrunde von *Pieter Bruegels* Darstellung der Sprichwörter: „Er schüttet den Brunnen zu, nachdem das Kalb ertrunken ist." *Dieser Brunnen* ist zugeschüttet – aber sind wir sicher, daß es im Gelände *Cantors* nicht noch andere Abgründe gibt, die vorwitzigen mathematischen Kälbern gefährlich werden könnten? In einigen Jahrzehnten der Forschung hat man keine gefunden. Aber das sagt noch nicht, daß das nicht doch einmal geschehen könnte. Aber da ist die Mengenlehre in keiner andern Lage als etwa die Analysis. Man kennt keine Widersprüche in diesem Gebiet der Mathematik. Aber *könnten* nicht einmal welche auftauchen?

Kann man *beweisen*, daß eine mathematische Theorie widerspruchsfrei ist? Wir werden auf diese Frage noch später (Kap. XIII) eingehen. Begnügen wir uns mit der Feststellung: Durch die *Russellsche* „Sicherung" werden die Antinomien in der Mengenlehre ausgeschaltet, und *Cantors* kühner Vorstoß in die Bezirke des Unendlichen erscheint gerechtfertigt. Wir verstehen *Hilbert,* wenn er sich nicht mehr „aus dem von *Cantor* geschaffenen Paradies" vertreiben lassen will (S. 44).

Die Abwehrstellung *Hilberts* richtet sich nun freilich nicht gegen die von der Diskussion der Antinomien drohenden Gefahren. Wir erinnern uns, daß lange vor der Entdeckung dieser Widersprüche *Kronecker* grundsätzliche Bedenken gegen *Cantors* Arbeiten mit dem Aktual-Unendlichen hatte. Von den Anhängern dieser Auffassung stammen auch die Bedenken gegen das (von *Zermelo*) eingeführte *Auswahlaxiom* der Mengenlehre, über das wir noch einiges sagen wollen.

Das *Zermelosche* Axiom kann so formuliert werden:

> „Es sei $\mathfrak{M}$ eine Menge durchschnittsfremder [1]) Mengen $\mathfrak{m}$. Dann gibt es eine Menge $\mathfrak{z}$, die aus jeder der Mengen $\mathfrak{m}$ genau ein Element (und keine weiteren Elemente) enthält."

Dieser Satz erscheint durchaus einleuchtend: Jede der Mengen $\mathfrak{m}$ schickt einen „Repräsentanten" (ein Element $m \in \mathfrak{m}$) in die „Auswahlmenge" $\mathfrak{z}$. Sei etwa $\mathfrak{M}$ die (abzählbare) Menge der Intervalle rationaler Zahlen zwischen den benachbarten nichtnegativen ganzen Zahlen:

$$\mathfrak{M} = \{\mathfrak{m}_0, \mathfrak{m}_1, \ldots \mathfrak{m}_\nu, \ldots\}$$

$$\frac{p}{q} \in \mathfrak{m}_\nu, \text{ wenn } \nu < \frac{p}{q} \leq \nu + 1.$$

Dann können wir als Menge $\mathfrak{z}$ die Menge der natürlichen Zahlen wählen, denn jede Menge $\mathfrak{m}_\nu$ enthält die Zahl $\nu + 1$. Man kann auch die Zahlen $\nu + \frac{1}{2}$ als „Repräsentanten" wählen.

Die Vertreter einer „konstruktiven" Mathematik haben nun das Bedenken, daß (im Gegensatz zu unserm Beispiel) im allgemeinen *kein* Verfahren angegeben werden kann, nach dem die Auswahl zu realisieren sei. Auf diese Weise ist es möglich, weitreichende reine „Existenzaussagen" über Mengen zu machen. Man findet also Sätze, die anfangen mit „Es gibt eine Menge, die . . .", ohne daß ein Verfahren bekannt wäre, die Zusammensetzung dieser Mengen zu ergründen, deren Existenz ausgesagt wird.

Bevor wir auf Beispiele eingehen, wollen wir einen von *Russell* stammenden Spaß zu diesem Thema berichten. Man stelle sich einen reichen Mann vor, der unendlich viele (neue) Paar Schuhe und Strümpfe besitzt. Jemand erhält den Auftrag, aus jedem dieser Paare eins herauszugreifen. Er soll aber einen genauen Auftrag bekommen, der ihm vorschreibt, welchen Gegenstand er auswählt. Bei den Schuhen geht das ohne weiteres – wir können etwa sagen, daß alle rechten Schuhe auszuwählen seien. Aber bei den Strümpfen geht das nicht, denn man kann da nicht den rechten vom linken unterscheiden.

---

[1]) Zwei Mengen heißen „durchschnittsfremd", wenn es kein Element gibt, das beiden gleichzeitig angehört. (Beispiel: Die Mengen $\mathfrak{G}$ und $\mathfrak{U}$ der geraden und ungeraden natürlichen Zahlen.)

Mit Hilfe des *Zermelo*-Axioms kann man nun eine Reihe von Sätzen beweisen, die „paradox" erscheinen. Um ein Beispiel anzuführen: Zwei beliebige Punktmengen 𝔄 und 𝔅 auf einer Kugel 𝔎 sollen „kongruent" heißen, wenn es eine Drehung der Kugel um den Mittelpunkt gibt, die 𝔄 in 𝔅 überführt. Das ist offenbar eine sinnvolle Verallgemeinerung des elementaren Kongruenzbegriffes für Vielecke (in der Ebene oder auf der Kugel). Dann gilt folgender mit Hilfe des Auswahlaxioms zu beweisender Satz [1]:

Die Oberfläche jeder Kugel 𝔎 läßt sich als die Vereinigungsmenge [2] von vier paarweise durchschnittsfremden Mengen darstellen:

$$\mathfrak{K} = \mathfrak{Q} \cup \mathfrak{R} \cup \mathfrak{S} \cup \mathfrak{T}.$$

Die Menge 𝔔 ist abzählbar, während 𝔖, 𝔖 und 𝔗 paarweise kongruent sind:

$$\mathfrak{R} \equiv \mathfrak{S} \equiv \mathfrak{T}.$$

Gleichzeitig gilt:

$$\mathfrak{R} \equiv \mathfrak{S} \cup \mathfrak{T}.$$

Das Erstaunliche an dieser Aussage ist der letzte Satz. Daß 𝔖 den (punktfremden!) Mengen 𝔖 und 𝔗 kongruent sein soll und *außerdem* der Vereinigungsmenge 𝔖 ∪ 𝔗, ist „paradox". Das heißt: Es widerspricht völlig unseren Vorstellungen über die Kongruenz, die wir aus der Geometrie der (ebenen oder sphärischen) Dreiecke mitbringen.

Nun darf man nicht übersehen, daß die Punktmengen 𝔖 und 𝔗 unseres Satzes eine wesentlich kompliziertere Struktur haben als die geradlinig begrenzten Figuren der Elementargeometrie. Ja, es ist unmöglich, den Aufbau der einzelnen Mengen zu charakterisieren, etwa durch Angabe der Koordinaten der Punkte, die zu 𝔖, 𝔖 oder 𝔗 gehören. Man kann nur als Folge des durchaus einleuchtenden *Zermelo*schen Axioms beweisen: *Es gibt* solche Mengen.

Man mag gegen das *Zermelo*sche Axiom Bedenken haben, weil es nicht „konstruktiv" ist. Aber es wäre ein Fehler, wenn man es deshalb ablehnen wollte, weil es zu „paradoxen" Folgerungen führt.

Im allgemeinen Sprachgebrauch werden die Begriffe „Paradoxie" und „Antinomie" oft synonym gebraucht. So spricht man auch von den „Paradoxien" der Mengenlehre, wenn man die oben besprochenen Widersprüche meint.

Wir wollen unter *Antinomie* eine in sich widerspruchsvolle Behauptung verstehen, die formal dargestellt werden kann als Äquivalenz zwischen einer Aussage und ihrer Negation (siehe (2) S. 45). *Paradox* wollen wir einen richtigen Satz nennen, der auf Grund früher gewonnener Einsichten unrichtig *zu sein scheint*. Wenn wir also von „Paradoxien" sprechen, so stellen wir ein psychologisches Faktum fest. Der Begriff ist deshalb durchaus nicht präzis: Was dem einen „paradox" erscheint, kann dem anderen völlig „einsichtig" sein. Für *Galilei* war die eineindeutige Zuordnung zwischen den natürlichen Zahlen und den Quadratzahlen (S. 23) eine solche Paradoxie, weil bei einer endlichen Menge eine Abbildung der ganzen Menge

---

[1]) Siehe [VII 6, S. 321]. Ähnliche Sätze in [VII 7] mit weiteren Literaturangaben.

[2]) 𝔐 heißt die Vereinigungsmenge von *n* Mengen $\mathfrak{M}_\nu$ (im Zeichen: $\mathfrak{M} = \mathfrak{M}_1 \cup \ldots \cup \mathfrak{M}_n$), wenn 𝔐 genau die Elemente *x* enthält, die zu *irgendeiner* der Mengen $\mathfrak{M}_\nu$ gehören.

auf eine echte Teilmenge nicht möglich ist. Wer sich aber mit den Gesetzlichkeiten der Mengenlehre vertraut gemacht hat, wird die *Galileische* Entdeckung nicht mehr so erregend finden.

Der Satz über die Punktmengen auf der Kugel erscheint uns deshalb so „unglaubwürdig", weil er uns verwehrt, die uns bekannten Sätze über kongruente „Figuren" einfach auf allgemeine Punktmengen zu übertragen. *Und gerade dies ist die pädagogische Funktion der mathematischen „Paradoxien": daß sie uns klarmachen, daß solche Verallgemeinerungen durchaus unzulässig sein können.*

Der recht lange Beweis des erwähnten Satzes kann hier nicht geführt werden [1]. Wohl aber wollen wir diese Paradoxie durch den Hinweis auf verwandte, aber wesentlich einfacher zu beweisende Sätze „plausibel" machen.

Weisen wir zunächst auf die bekannte Tatsache hin, daß eine eineindeutige Zuordnung möglich ist zwischen der Menge $\mathfrak{N}$ der natürlichen Zahlen und der Menge $\mathfrak{G}$ der geraden bzw. der Menge $\mathfrak{U}$ der ungeraden Zahlen. Man kann doch $\mathfrak{G}$ und $\mathfrak{U}$ so abzählen:

$\mathfrak{N}$	1	2	3	4	...	n	...
$\mathfrak{G}$	2	4	6	8	...	$2n$	...
$\mathfrak{U}$	1	3	5	7	...	$2n-1$	...

Andererseits ist $\mathfrak{N} = \mathfrak{G} \cup \mathfrak{U}$, und $\mathfrak{G}$ und $\mathfrak{U}$ sind durchschnittsfremd. Es gilt also [2]:

$$\mathfrak{N} \sim \mathfrak{G}, \quad \mathfrak{N} \sim \mathfrak{U}, \quad \mathfrak{N} \sim \mathfrak{G} \cup \mathfrak{U}.$$

Ähnliches wird in dem Satz über die Punktmengen auf der Kugel für die Mengen $\mathfrak{N}$, $\mathfrak{G}$ und $\mathfrak{T}$ ausgesagt. Der Unterschied ist nur, daß dort die Zuordnung eine „Kongruenz" ist, während das ja bei diesem Beispiel nicht zutrifft.

Es ist aber nicht schwer, eine abzählbare Menge [3] $\mathfrak{C}$ anzugeben, die in zwei durchschnittsfremde Mengen $\mathfrak{A}$ und $\mathfrak{B}$ zerlegt werden kann, für die $\mathfrak{C} \equiv \mathfrak{A}$, $\mathfrak{C} \equiv \mathfrak{B}$ und natürlich auch $\mathfrak{C} \equiv \mathfrak{A} \cup \mathfrak{B}$ gilt [4].

Eine solche Menge $\mathfrak{C}$ liefern uns die komplexen Zahlen von der Form

$$\zeta = a_n\, e^{in} + a_{n-1}\, e^{i(n-1)} + \ldots + a_1\, e^{i} + a_0. \tag{6}$$

Dabei sind n und a_ν ($\nu = 1, 2, 3, \ldots$) nichtnegative ganze Zahlen. Es sei $\mathfrak{A}$ die Teilmenge von $\mathfrak{C}$, für die $a_0 = 0$ ist. $\mathfrak{B} = \mathfrak{C} - \mathfrak{A}$ ist dann die „Komplementärmenge" von $\mathfrak{A}$ in bezug auf $\mathfrak{C}$. Zu $\mathfrak{B}$ gehören also alle die Zahlen, für die in der Darstellung (6) a_0 von 0 verschieden ist.

---

[1] Siehe [VII 6, S. 321 ff.].

[2] $\mathfrak{N} \sim \mathfrak{G}$ heißt: Die Mengen $\mathfrak{N}$ und $\mathfrak{G}$ sind von der gleichen Mächtigkeit.

[3] Die Mengen $\mathfrak{N}$, $\mathfrak{G}$ und $\mathfrak{T}$ auf S. 50 sind von der Mächtigkeit des Kontinuums. Außerdem sind sie – im Gegensatz zu den Mengen $\mathfrak{C}$, $\mathfrak{A}$ und $\mathfrak{B}$ dieses Beispiels hier – beschränkt.

[4] Für das Verständnis der folgenden Überlegungen werden einige elementare Kenntnisse über die komplexen Zahlen vorausgesetzt. Wenn bei einem Leser diese Voraussetzungen fehlen, so mag er ohne Schaden für das weitere Verständnis den Schluß dieses Kapitels überschlagen.

Zu den Zahlen unserer Menge $\mathfrak{E}$ gehören unter anderem alle nichtnegativen ganzen Zahlen $(a_0 = n,\ a_1 = a_2 = \ldots = 0)$, aber auch alle Zahlen von der Form $e^i \cdot n$. Sie werden in der *Gauß*schen Zahlenebene dargestellt durch Punkte, die auf dem Strahl mit dem Argument $\varphi = 1$ ($\varphi \approx 57°$ im Gradmaß!) liegen. Das sind aber natürlich keineswegs alle Elemente von $\mathfrak{E}$. Man macht sich leicht klar, daß die Zahlen von $\mathfrak{E}$ genau diejenigen sind, die man aus der Zahl 0 erhält, wenn man beliebig oft die Operationen

$$P(z) = z + 1, \quad D(z) = e^i \cdot z \tag{7}$$

anwendet. Die sukzessive Anwendung von P liefert ja die natürlichen Zahlen $P(0) = 1$, $P(1) = 2$ usf. $D(z)$ bildet die natürlichen Zahlen auf Zahlen $e^i \cdot n$ ab, und die beliebige Anwendung von endlich vielen Operationen (7) führt auf komplexe Zahlen ζ von der Form (6) [1].

Deuten wir jetzt $\mathfrak{E}$, $\mathfrak{A}$ und $\mathfrak{B}$ als Punktmengen in der *Gauß*schen Zahlenebene! Wir nennen zwei Punktmengen kongruent, wenn die eine durch Drehungen und Parallelverschiebungen in die andere übergeführt werden kann.

Dann sieht man aber sofort, daß $\mathfrak{E}$ und $\mathfrak{A}$ kongruent sind: Wendet man nämlich auf irgendeine Zahl ζ die Operation $D(z)$ an, so werden alle Glieder von (6) mit e^i multipliziert. $D(\zeta)$ ist also eine Zahl von $\mathfrak{E}$, die zur Teilmenge $\mathfrak{A}$ gehört: $D(z)$ bildet $\mathfrak{E}$ auf $\mathfrak{A}$ ab. Ebenso bildet $P(z)$ die Menge $\mathfrak{E}$ auf $\mathfrak{B}$ ab. Da beide Abbildungen Kongruenztransformationen sind, ist alles bewiesen.

---

[1] Man zeigt leicht durch vollständige Induktion, daß auch die Umkehrung richtig ist. Für unsere Untersuchung ist das aber nicht wesentlich.

VIII. Der Intuitionismus

Kronecker[1])

Durch das Verbot „inhomogener" Mengen waren alle bekannten Antinomien der Mengenlehre ausgeschaltet worden, und *Cantors* Theorie fand wachsendes Interesse bei Mathematikern und Philosophen. Aber *Kroneckers* Einwand gegen das Aktual-Unendliche war damit noch nicht erledigt.

Es gab andere Mathematiker, die ähnliche Auffassungen vertraten[2]). So schrieb *H. Poincaré* [VIII 2, S. 156]:

> „Es gibt kein Aktual-Unendlich, was wir unendlich nennen, ist nur die Möglichkeit, unaufhörlich neue Objekte zu schaffen, wie zahlreich auch die schon geschaffenen Objekte seien."

Im Jahre 1908 erhielten die Kritiker des ungesicherten Umgangs mit dem Unendlichen neue gewichtige Argumente durch eine Veröffentlichung des holländischen Mathematikers *L. E. J. Brouwer* [VIII 3]. In dieser Arbeit wird die Anwendung des Satzes vom ausgeschlossenen Dritten („tertium non datur") der Aristotelischen Logik auf unendliche Mengen für unzulässig erklärt.

Wir wollen uns das an einem Beispiel klarmachen. Die „*Goldbachsche Vermutung*" in der Zahlentheorie sagt aus: *Jede gerade Zahl kann als Summe zweier Primzahlen dargestellt werden:*

$$2\,n = p + q.$$

So gilt z. B.:

$$10 = 7 + 3, \quad 14 = 13 + 1, \quad 18 = 13 + 5.$$

Man kennt keine gerade Zahl, für die die additive Zerlegung in zwei Primzahlen nicht möglich wäre, aber es gibt bisher auch keinen Beweis für die *Goldbachsche* Vermutung. Nun möchte man doch meinen, daß folgende Aussage richtig ist:

(1)
Entweder lassen sich alle geraden Zahlen als Summe zweier Primzahlen schreiben,
oder es gibt gerade Zahlen, für die das nicht zutrifft,
„*tertium non datur*".

Aber nun fragen wir einmal so: Wenn ein junger Zahlentheoretiker heute den Ehrgeiz haben sollte, sich wissenschaftliche Verdienste zu erwerben durch die Arbeit

---

[1]) Siehe [VIII 1, S. 1]. In diesem Werk steht daraufhin „der liebe Gott" im Autorenregister.

[2]) Es ist interessant, daß auch bereits *Gauß* das Aktual-Unendliche abgelehnt hatte. Er schrieb im Jahre 1831: „So protestiere ich gegen den Gebrauch einer unendlichen Größe als einer vollendeten, welche in der Mathematik niemals erlaubt ist." (Zitiert nach [VII 5, S. 94]).

an der *Goldbach*schen Vermutung, wie könnte er vorgehen? Er könnte denken, die Vermutung sei falsch, und wenn man bisher kein Gegenbeispiel gefunden hat, dann liege das nur daran, daß man die Zahlenreihe noch nicht weit genug daraufhin überprüft hat. Wer so denkt, mag sich an eine moderne Rechenmaschine setzen und versuchen, eine solche Zahl zu finden. Nur *ein* Beispiel braucht er vorzuweisen oder auch nur ein Rechenverfahren anzugeben, nach dem eine solche Zahl gefunden werden *kann*. Dann steht fest, daß die Vermutung falsch war.

Wenn ein Zahlentheoretiker aber zeigen will, daß *Goldbach* recht hatte, dann kann er selbstverständlich nicht alle natürlichen Zahlen daraufhin durchprobieren. Er müßte *beweisen*, daß aus der Eigenschaft einer Zahl gerade zu sein, gefolgert werden kann, daß sie in zwei Primzahlen zerlegbar ist.

Man müßte also das Entweder-Oder (1) so präzisieren:

(2)	*Entweder*	kann aus der Eigenschaft einer Zahl, gerade zu sein, geschlossen werden, daß sie als Summe zweier Primzahlen geschrieben werden kann,
	oder	es gibt ein Verfahren zur Berechnung eines Gegenbeispiels.

Es ist klar, daß das keine echte Alternative mehr ist. Die beiden entgegengesetzten Aussagen sind nicht kontradiktorisch.

Natürlich bleibt die Alternative in der Form (1) unangefochten gültig, wenn wir uns auf eine *endliche* Menge von Zahlen beschränken, für die eine Aussage gemacht wird, z. B.: „Für alle geraden Zahlen des Berliner Telefonbuches ist die *Goldbach*sche Vermutung *entweder* richtig *oder* falsch." *Das* kann man ja einfach nachrechnen – wenn man sich die Zeit dazu nehmen will. Es ist aber eine unzulässige Verallgemeinerung, wenn man diesen für endliche Mengen berechtigten Schluß auf unendliche überträgt.

Die hier durchgeführte Überlegung an der *Goldbach*schen Vermutung gilt sinngemäß für andere Aussagen über natürliche Zahlen oder auch über die Elemente von beliebigen unendlichen Mengen.

Die von *Brouwer* begründete Richtung der mathematischen Grundlagenforschung nennt man den „Intuitionismus", weil allein die „Urintuition"des Zählens zur Grundlage der Mengenbildung zugelassen, das Aktual-Unendliche aber verworfen wird. *Kronecker* kann als ein „Vorläufer" dieser Schule gelten. Andere Vertreter des Intuitionismus sind *Henri Poincaré, E. Borel, Hermann Weyl, A. Heyting*.

Man kann das Programm der Intuitionisten etwa so charakterisieren[1]:

1. Sie lassen das „tertium non datur" nicht unbeschränkt gelten,
2. sie lehnen das Aktual-Unendliche ab,
3. sie bemühen sich um eine konstruktive Begründung der Mathematik aus der „Urintuition" des Zählens.

Ein Beweisverfahren wird „konstruktiv" genannt, wenn es gestattet, das Objekt der zu beweisenden Aussage zu berechnen oder (in der Geometrie) zu konstruieren. So liefert der bekannte euklidische Algorithmus einen „konstruktiven" Beweis für die Behauptung: „Irgend zwei natürliche Zahlen haben einen größten gemeinsamen

---

[1] Wir verzichten darauf, geringfügige Unterschiede in den Auffassungen der einzelnen Forscher zu registrieren.

Teiler". Dagegen ist der Beweis des auf S. 50 erwähnten Satzes über die Punktmengen auf der Kugel nicht „konstruktiv": Er gibt kein Verfahren, die Mengen $\mathfrak{R}$, $\mathfrak{S}$ und $\mathfrak{T}$ zu bestimmen.

Ein weiteres eindrucksvolles Beispiel für den Unterschied der Auffassungen liefert der Beweis des folgenden Satzes: *Es gibt irrationale Zahlen x und y, die der Gleichung*

$$x^y = r \tag{3}$$

mit rationalem r genügen.

Zum Beweis betrachte man die reelle Zahl $z = \sqrt{2}^{\sqrt{2}}$. Es ist bis heute nicht bekannt, ob z rational ist oder nicht. Jetzt kann man mit den Argumenten der konventionellen Mathematik so schließen: *Entweder z ist rational oder z ist irrational.* Im ersten Fall haben wir in $x = y = \sqrt{2}$, $r = z$ eine Lösung von (3) mit den gewünschten Eigenschaften. *Oder* aber z ist irrational. Dann setzen wir

$$x = \sqrt{2}^{\sqrt{2}}, \quad y = \sqrt{2},$$

und es folgt

$$x^y = (\sqrt{2}^{\sqrt{2}})^{\sqrt{2}} = (\sqrt{2})^{\sqrt{2} \cdot \sqrt{2}} = (\sqrt{2})^2 = 2.$$

Da 2 rational ist, haben wir auch in diesem Fall eine Lösung, unser Satz ist bewiesen.

Vom Standpunkt der Konstruktivisten aber ist dieser Schluß nicht zulässig. Wenn wir die Existenz einer Lösung von (3) mit den gewünschten Eigenschaften behaupten, müssen wir die drei Zahlen x, y und z *angeben* können, ohne irgendein entweder – oder.

Hier können die Vertreter der konventionellen Mathematik einwenden: Nehmen wir an, es wird am 3. April 1984 bewiesen, daß $\sqrt{2}^{\sqrt{2}}$ irrational sei. Dann ist der Satz an diesem Tage richtig, denn wir haben $x = \sqrt{2}^{\sqrt{2}}$, $y = \sqrt{2}$, $r = 2$. *Hat es einen Sinn zu sagen, ein mathematischer Satz sei am 2. April 1984 falsch, am 3. April aber richtig?*

Aber bleiben wir zunächst einmal bei den Argumenten der Intuitionisten! Es ist leider nicht zu leugnen, daß weder die Mengenlehre noch die klassische Analysis diesen intuitionistischen Postulaten gerecht wird. So kritisiert *Borel* [IV 2, S. 328] den Gebrauch allgemeinster unstetiger Funktionen und sagt über die Menge der unstetigen Funktionen einer reellen Variablen, die nur die Werte 0 und 1 annehmen (siehe S. 40):

> „Diese Menge ist logisch definiert; aber ich frage mich, ob wir davon einen bestimmten Begriff haben. Können wir wirklich die allgemeinste unstetige Funktion einer reellen Variablen begreifen? Es ist in der Tat notwendig, um eine solche Funktion anzugeben, ihren Wert für alle Werte der reellen Variablen anzugeben. Da nun die Menge dieser Werte nicht abzählbar ist, ist es unmöglich, ein Verfahren anzugeben, das sie alle zu bestimmen, d. h. jeden von ihnen in einer begrenzten Zeit zu errechnen gestattet."

Noch bedenklicher mag aber die Tatsache erscheinen, daß bei vielen grundlegenden Beweisen in der Analysis der Satz vom ausgeschlossenen Dritten benutzt wird.

Nehmen wir etwa den *Weierstraßschen* Satz: Jede beschränkte unendliche Menge hat mindestens einen Häufungspunkt [1]). Für die Zahlengerade beweist man diesen Satz im allgemeinen mit dem Prinzip der Intervallschachtelung: Es sei S_1 eine untere, S_2 eine obere Schranke für die gegebene Menge $\mathfrak{M}$. Es gilt also für alle Elemente x der Menge: $S_1 \leq x \leq S_2$.

Sei jetzt $S_3 = \tfrac{1}{2}(S_1 + S_2)$. Dann ist die Aussage „Im Intervall $[S_1; S_3]$ liegen unendlich viele Zahlen der Menge $\mathfrak{M}$ *entweder* richtig *oder* falsch. Wenn sie falsch ist, dann muß die entsprechende Aussage für das Intervall $[S_3; S_2]$ richtig sein.

Im ersten Fall bezeichnen wir das Intervall $[S_1; S_3]$, im zweiten Fall $[S_3; S_2]$ mit $\mathfrak{J}_1$. Sei S_4 der Mittelpunkt von $\mathfrak{J}_1$. S_4 teilt das Intervall $\mathfrak{J}_1$ wieder in zwei Teilintervalle, von denen (mindestens) eins unendlich viele Elemente von $\mathfrak{M}$ enthalten muß. Mit diesem Intervall $\mathfrak{J}_2$ wird das Verfahren fortgesetzt. Auf diese Weise entsteht eine Folge ineinander geschachtelter Intervalle (Abb. 20) $\mathfrak{J}_1, \mathfrak{J}_2, \mathfrak{J}_3, \ldots$, und nach dem

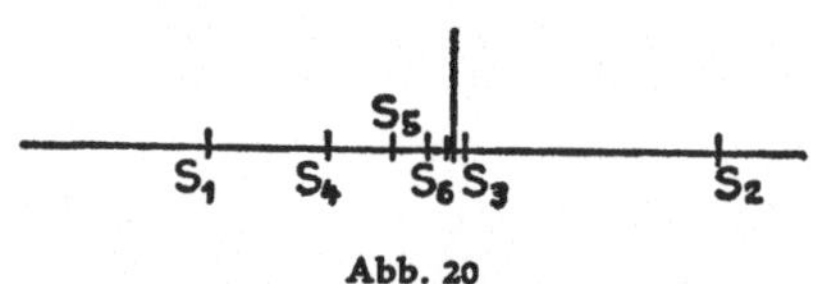

Abb. 20

Axiom von der Intervallschachtelung gibt es genau einen Punkt ξ, der *allen* Intervallen angehört. Dieser Punkt erweist sich dann als der gesuchte Häufungspunkt.

Der Schluß erscheint jedem Studenten der Analysis-Vorlesung einleuchtend, aber es kann nicht geleugnet werden, daß hier das Prinzip des „tertium non datur" für eine unendliche Menge benutzt wurde. Und man erkennt leicht, daß das Verfahren der Intervallschachtelung keineswegs „konstruktiv" ist. Das heißt: Es ist nicht in jedem Fall möglich, diese Folge von Intervallen wirklich anzugeben. Dafür soll ein Beispiel gegeben werden.

Wir wollen im folgenden eine natürliche Zahl n eine „Goldbachzahl" nennen, wenn die gerade Zahl $2n$ als Summe zweier Primzahlen geschrieben werden kann. Nach der *Goldbach*schen Vermutung sind also *alle* natürlichen Zahlen „Goldbach-Zahlen". Aber das ist ja noch nicht bewiesen. Sei ferner r_ν ($\nu = 1, 2, \ldots$) die Folge der rationalen Zahlen zwischen 0 und 1 ($0 \leq \dfrac{p}{q} < 1$) in der auf S. 34 gegebenen Abzählung. Also:

$$r_1 = 0, \quad r_2 = \tfrac{1}{2}, \quad r_3 = \tfrac{1}{3} \text{ usf.}$$

Dann definieren wir eine Zahlenfolge a_n durch folgende Vorschrift:

$$a_n = \begin{cases} 2, \text{ wenn alle natürlichen Zahlen } \nu \text{ mit } \nu \leq n \\ \quad \textit{Goldbach}\text{-Zahlen sind,} \\ r_n \text{ sonst.} \end{cases}$$

---

[1]) Für lineare Punktmengen lautet die Definition dieses Begriffes so:

Ein Punkt P heißt Häufungspunkt einer Menge $\mathfrak{M}$, wenn in *jedem* Intervall um P (auf jeder Strecke also, die P als inneren Punkt enthält) unendlich viele Elemente der Menge liegen.

Diese Zahlenfolge ist wohlbestimmt, denn für jede Zahl n kann ja durch Ausrechnen festgestellt werden, ob sie eine „Goldbach-Zahl" ist oder nicht. Wäre die *Goldbach*-Vermutung bewiesen, so würde für alle n gelten: $a_n = 2$. Das ist eine sehr langweilige Folge, aber es ist keine Schwierigkeit, für diese Folge eine geeignete Intervallschachtelung wirklich anzugeben.

Wenn aber die *Goldbach*sche Vermutung falsch ist, und $2N$ die kleinste gerade Zahl ist, die *nicht* additiv in zwei Primzahlen zerlegbar ist, dann sind nach unserer Definition nur die (endlich vielen) Glieder a_n unserer Folge gleich 2, für die $n < N$ gilt. Für die anderen gilt:

$$a_n = r_n \quad \text{für} \quad n \geq N.$$

In diesem Fall wäre jeder Punkt des Intervalles $[0;1]$ Häufungspunkt unserer Folge a_n. Diese Eigenschaft hat nämlich die Folge r_n der rationalen Zahlen zwischen 0 und 1. Wenn sich die Folgen a_n und r_n aber nur für endlich viele Nummern n unterscheiden, haben sie beide die gleichen Häufungspunkte.

Wie soll man nun – solange die *Goldbach*-Vermutung unentschieden ist – die Intervallschachtelung für die Folge a_n anlegen? Sicher gilt: $0 < a_n \leq 2$. Setzen wir also $S_1 = 0, S_2 = 2$. Dann ist $S_3 = 1$ der Mittelpunkt des Intervalles $[0;2]$.

Jetzt muß doch weiter so geschlossen werden: *Entweder* im Intervall $[0;1]$ *oder* im Intervall $[1;2]$ liegen unendlich viele Zahlen der Folge. Das ist aber zur Zeit nicht entscheidbar: Wenn die *Goldbach*-Vermutung richtig ist, müssen wir das rechte Intervall wählen, sonst aber das linke. Die Intervallschachtelung kann also für unsere Folge a_n nicht „effektiv" angegeben werden.

In der klassischen Analysis wird weiter im allgemeinen als selbstverständlich vorausgesetzt, daß man von zwei reellen Zahlen entscheiden kann, ob sie gleich sind oder nicht. Man braucht ja nur die Dezimalbruchentwicklungen zu vergleichen. Nun kann es aber sein, daß die Stellen von zwei Dezimalbrüchen für alle berechneten Stellen übereinstimmen, ohne daß deshalb sicher wäre, daß nicht doch noch bei den Stellen mit höherer Nummer sich eine Abweichung ergibt.

Mit Hilfe der *Goldbach*schen Vermutung kann auch hier wieder ein einfaches Beispiel angegeben werden. Es sei

$$\varrho_1 = 0, \quad \varrho_2 = 0, a_1 \, a_2 \, a_3 \ldots,$$

wobei

$$a_n = \begin{cases} 0, \text{wenn } n \text{ eine } \textit{Goldbach}\text{-Zahl ist,} \\ 1 \text{ sonst.} \end{cases}$$

ϱ_2 ist also eine wohlbestimmte Zahl, die mit beliebiger Genauigkeit berechnet werden kann. Um a_n zu bestimmen, braucht man ja nur zu prüfen, ob n eine *Goldbach*-Zahl ist. Es ist bisher keine Ziffer des Dezimalbruches ϱ_2 bekannt, die von 0 verschieden wäre. Ist $\varrho_1 = \varrho_2$? Die Frage ist genau dann zu bejahen, wenn die *Goldbach*sche Vermutung richtig ist. Wir wissen es also nicht.

Es sei noch angemerkt, daß $\varrho_3 = 1 - \varrho_2$ ein einfaches Beispiel für eine durch eine Intervallschachtelung [1]) definierte reelle Zahl ist, die nicht in einen Dezimalbruch

---

[1]) Der Dezimalbruch ϱ_2 kann ja als Intervallschachtelung gedeutet werden. Daraus ergibt sich sofort eine solche Schachtelung für ϱ_3.

entwickelt werden kann. Solange jedenfalls die *Goldbachsche* Vermutung nicht bewiesen oder widerlegt ist, kann man nicht entscheiden, ob eine Dezimalbruchentwicklung für ϱ_3 mit 0, ... oder mit 1 anfängt.

Man könnte gegen diese Überlegungen einwenden, daß wir hier Kapital geschlagen haben aus einer „augenblicklichen" Verlegenheit der Zahlentheorie: „Noch" ist die *Goldbachsche* Vermutung nicht bewiesen. Wenn die Frage aber so oder so entschieden werden sollte, werden alle die angegebenen Beispiele trivial. Nun gibt es in der Zahlentheorie aber noch weitere offene Fragen, die Anlaß geben könnten zur Bildung ähnlicher – wenn auch vielleicht nicht so einfacher – Beispiele. Vor allem aber liefert die Theorie der rekursiven Funktionen [1]) die Möglichkeit, reelle Zahlen durch Dezimalbrüche zu definieren, die ähnliche Eigenschaften haben wie ϱ_2.

Wir wollen noch ein Beispiel dieser Art angeben und es benutzen, um die Problematik eines klassischen Satzes über stetige Funktionen aufzuzeigen.

Die transzendente Zahl π:

$$\pi = 3{,}1415926 \ldots = 3, \pi_1\, \pi_2\, \pi_3 \ldots$$

ist heute auf mehrere hundert Stellen bekannt, und es wäre kein Problem, die Bestimmung der Dezimalen mit Hilfe von Rechenautomaten noch wesentlich weiter fortzusetzen. Es könnte sein, daß man bei Weiterführung der Rechnung einmal auf eine Ziffernfolge 0123456789 kommt, also auf

$$\pi = 3{,}1415926 \ldots 0123456789 \ldots$$

Bisher hat man bei der Berechnung von π eine solche Ziffernfolge nicht gefunden. Aber es könnte ja geschehen. Natürlich ist es auch denkbar, daß eines Tages *bewiesen* wird, daß in der Dezimalbruchentwicklung von π eine solche Ziffernfolge *nicht* auftreten kann. Bis heute ist das nicht entschieden.

Setzen wir nun:
$$\pi^{(k)} = 3, \pi_1 \ldots \pi_k, \quad \varrho_k = 0{,}00 \ldots 0\, \pi_k,$$
also
$$\varrho_1 = 0{,}1, \quad \varrho_2 = 0{,}04, \quad \varrho_3 = 0{,}001, \ldots$$

Weiter sei s eine natürliche Zahl, zu der ein Teilbruch

$$\pi^{(s)} = 3,\, \pi_1\, \pi_2\, \pi_3 \ldots 0123456789 \tag{4}$$

gehört. Dann erklären wir das Prädikat $P(k)$ so:

$P(k)$: *Es gibt eine kleinste natürliche Zahl $s \leqq k$, zu der ein Teilbruch $\pi^{(s)}$ mit der Entwicklung (4) gehört.*

Betrachten wir nun die Folge

$$a_k = \begin{cases} (-1)^k\, \varrho_k & \text{für alle } k \text{ mit } \neg\, P(k), \\ (-1)^s\, \varrho_s & \text{für alle } k \text{ mit } \quad P(k). \end{cases} \tag{5}$$

Die Folge a_k ist konvergent. Gibt es nämlich keine Ziffernfolge 0123456789 in der Entwicklung von π, so ist ϱ_k und damit auch a_k einfach eine Nullfolge.

---

[1]) Siehe Kap. XII und [VIII 4] bzw. [VIII 6]; dort ist auch weitere Literatur angegeben.

Gibt es aber ein k mit der Eigenschaft $P(k)$, so ist a_l konstant gleich $(-1)^s \varrho_s$ für alle $l \geq k$. Die Folge konvergiert dann gegen eine von Null verschiedene rationale Zahl, von der wir nicht wissen, ob sie positiv oder negativ ist. Dann wäre

$$b = 1 - a = 1 - \lim a_k$$

wieder ein Beispiel für eine durch eine konvergente Folge definierte rationale Zahl, für die wir keinen Dezimalbruch angeben können.

Nehmen wir uns jetzt einmal den folgenden bekannten [1]) Satz aus der klassischen Analysis vor:

Ist eine Funktion $x \to y = f(x)$ in einem Intervall $[u, v]$ stetig und ist $f(u) \cdot f(v)$ < 0, *so gibt es mindestens eine reelle Zahl w ($u < w < v$) mit der Eigenschaft* $f(w) = 0$ (Abb. 21).

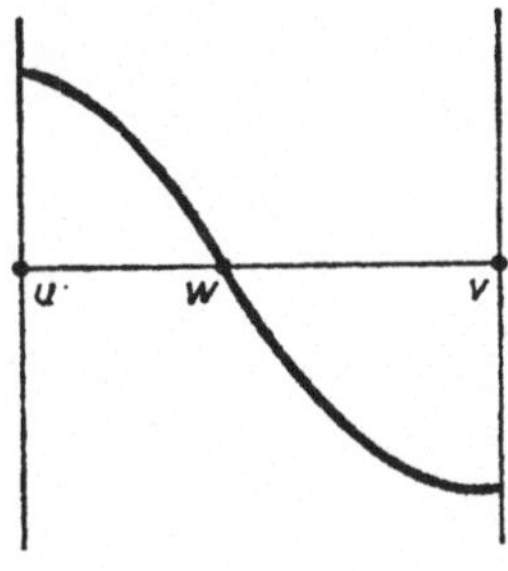

Abb. 21

Dazu konstruieren wir im Intervall $[0; 1]$ die Funktionenfolge

$$y_k = \begin{cases} 3\,(1 + a_k)\,x - 1 & \text{für } 0 \leq x \leq \tfrac{1}{3}, \\ a_k & \text{für } \tfrac{1}{3} \leq x \leq \tfrac{2}{3}, \\ 3\,(1 - a_k)\,x - 2 + 3\,a_k & \text{für } \tfrac{2}{3} \leq x \leq 1. \end{cases} \tag{6}$$

Dabei ist a_k die durch (5) erklärte Folge.

y_k steigt also linear von -1 bis a_k im Intervall $[0, \tfrac{1}{3}]$, ist konstant zwischen $\tfrac{1}{3}$ und $\tfrac{2}{3}$ und steigt dann im Intervall $[\tfrac{2}{3}; 1]$ von a_k bis $+1$.

Man erkennt leicht, daß die Funktionenfolge

$$f_k: \quad y = f_k(x) = y_k$$

im Intervall $[0; 1]$ gleichmäßig gegen eine Grenzfunktion $f: y = f(x)$ konvergiert:

$$f(x) = \begin{cases} 3\,(1 + a)\,x - 1 & \text{für } 0 \leq x \leq \tfrac{1}{3}, \\ a & \text{für } \tfrac{1}{3} \leq x \leq \tfrac{2}{3}, \\ 3\,(1 - a)\,x - 2 + 3\,a & \text{für } \tfrac{2}{3} \leq x \leq 1. \end{cases} \tag{7}$$

Dabei ist a der Grenzwert

$$a = \lim a_k.$$

---

[1]) Vgl. z. B. *Erwe*, Differential- und Integralrechnung I, S. 114.

Die durch (7) definierte Grenzfunktion ist stetig; sie soll also zwischen 0 und 1 mindestens eine Nullstelle haben. Ist $a = 0$, so ist diese Aussage trivial. Ist $a < 0$ (ist also die zur Entwicklung (4) gehörende kleinste natürliche Zahl s ungerade), so liegt die Nullstelle zwischen 0 und $\tfrac{1}{3}$ (Abb. 22a); ist dagegen $a > 0$, so liegt die Nullstelle im Intervall $[\tfrac{1}{3}; 1]$ (Abb. 22b). Man kann also die Zahl, deren Existenz durch den Satz (S. 59) behauptet wird, nicht berechnen, solange nicht entschieden ist, ob in der Dezimalbruchentwicklung von π eine Folge 0123456789 auftritt oder nicht.

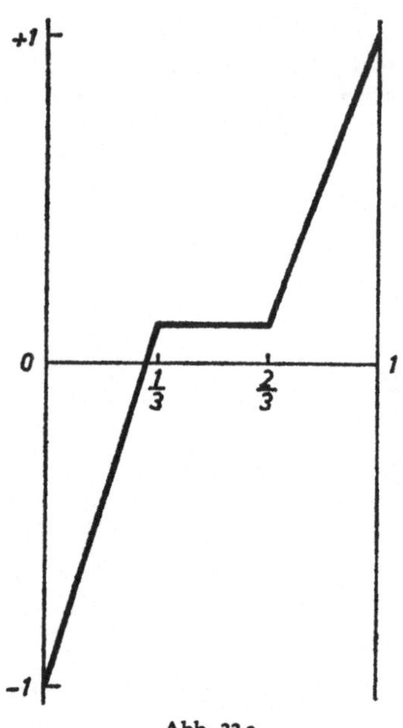

Abb. 22 a

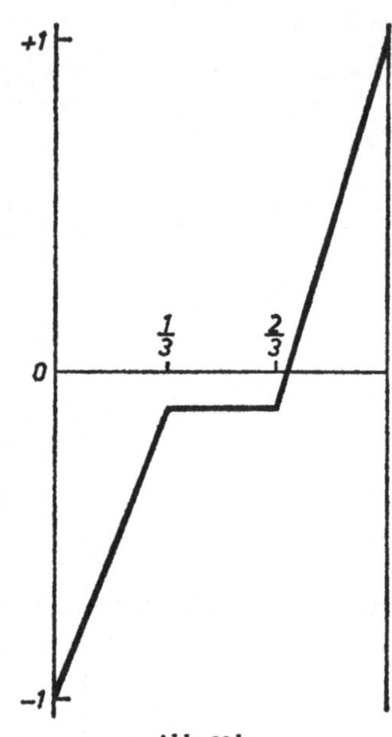

Abb. 22 b

Das Ergebnis der intuitionistischen Kritik an der klassischen Analysis ist durchaus deprimierend. Man kann nicht leugnen, daß der Satz vom ausgeschlossenen Dritten beim Beweis der grundlegenden Sätze benutzt wird. Auch das Auswahlaxiom der Mengenlehre wird benutzt beim Beweis des Satzes, daß man aus einer beschränkten unendlichen Menge stets eine Teilfolge auswählen kann, die gegen einen Häufungspunkt dieser Menge konvergiert [IV 1, S. 41].

Nun ist freilich kein Widerspruch in der klassischen Analysis bekannt. Sie hat sich außerdem in den Anwendungen auf physikalische und technische Probleme immer wieder bewährt. Der Versuch, die Analysis nach intuitionistischen Grundsätzen neu aufzubauen, stößt andererseits auf große Schwierigkeiten. Zum mindesten werden viele Beweise wesentlich umständlicher.

Es ist deshalb verständlich, wenn sich viele Mathematiker nach Gründen umsehen, die ein Festhalten an den klassischen Methoden rechtfertigen.

Aber wie soll man die durchaus zwingenden Argumente gegen die Anwendung des „tertium non datur" auf unendliche Mengen entkräften? Man könnte aus einer bestimmten metaphysischen Konzeption die Behauptung wagen, daß es „nur Eine Wahrheit" gebe[1]) und daß *deshalb jeder Satz entweder wahr oder falsch sein müsse*. Aber nachdem sich in der Mengenlehre der Vorstoß auf allzu allgemeine Begriffsbildungen als verhängnisvoll herausgestellt hat, haben die Mathematiker gute Gründe, auf Anleihen bei irgendeiner Metaphysik zu verzichten. Im übrigen liefern ja die Antinomien der Mengenlehre Beispiele gegen die These, daß jede Aussage entweder wahr oder falsch sein müsse. Man nehme etwa den Satz: „Die *Russell*sche Menge enthält sich selbst als Element."

Man kann also die Analysis nicht „retten" durch eine Argumentation, die nicht im Bezirk des Mathematischen bleibt. Das wird auch in neuerer Zeit kaum versucht. Wenn also *Hilbert* sich nicht vertreiben lassen will „aus dem Paradies, das *Cantor* uns geschaffen hat" [2]), so muß eine neue Fundierung der Mathematik gegeben werden, die die Seßhaftigkeit in „Cantors Paradies" rechtfertigt. Da aber *Hilberts* „Formalismus" am einfachsten an seiner Begründung der Geometrie verständlich wird, wollen wir uns erst den Grundlagenfragen der Geometrie erneut zuwenden, bevor wir uns um ein Verständnis für die Methoden der mathematischen Logik und der *Hilbert*schen „Metamathematik" bemühen.

---

[1]) Siehe das Zitat von *N. v. Cues* auf S. 143!
[2]) Siehe das Motto S. 44!

IX. Geometrie und Erfahrung

Insofern sich die Sätze der Mathematik auf die Wirklichkeit bezie-
hen, sind sie nicht sicher, und insofern sie sicher sind, beziehen sie
sich nicht auf die Wirklichkeit.

Einstein[1])

Bei der Kritik an *Euklids* „Elementen" haben wir eingesehen, daß eine befriedigende Definition der geometrischen Grundbegriffe (Punkt, Gerade) nicht möglich
ist. In seinen „Grundlagen der Geometrie"[2]) verzichtet deshalb *Hilbert* auf alle
„Definitionen" und beginnt so:

> „Wir denken drei verschiedene Systeme von Dingen: die Dinge des ersten Systems
> nennen wir Punkte und bezeichnen sie mit $A, B, C, \ldots$ Die Dinge des zweiten
> Systems nennen wir Geraden und bezeichnen sie mit $a, b, c, \ldots$ Die Dinge des
> dritten Systems nennen wir Ebenen und bezeichnen sie mit $\alpha, \beta, \gamma \ldots$ Die Punkte
> heißen auch die Elemente der linearen Geometrie, die Punkte und Geraden heißen
> die Elemente der ebenen Geometrie und die Punkte, Geraden und Ebenen heißen
> die Elemente der räumlichen Geometrie oder des Raumes."

Es wird nichts darüber gesagt, was denn die „Dinge" dieser Systeme sind. Wir
haben volle Freiheit, uns darunter vorzustellen, was wir wollen – wenn es nur mit
den Aussagen der dieser Erklärung folgenden „Axiome" verträglich ist. *Hilbert*
hat gelegentlich einer Diskussion mit Mathematikern im Wartesaal eines Berliner
Bahnhofs seinen „formalistischen" Standpunkt so ausgedrückt:

> „Man muß jederzeit an Stelle von ‚Punkte, Geraden, Ebenen', ‚Tische, Stühle,
> Bierseidel' sagen können[3])."

Natürlich hat er damit nicht ernstlich gemeint, daß er mit diesen Gegenständen
„Geometrie" treiben könnte. Er wollte damit nur seiner Einstellung drastischen
Ausdruck geben, daß „das *anschauliche* Substrat der geometrischen Grundbegriffe
mathematisch belanglos sei und nur ihre Verknüpfung durch die Axiome in Be-
tracht komme"[3]).

Wir haben übrigens bereits beim *Klein*schen Modell der nichteuklidischen Geometrie (S. 16) Gebrauch gemacht von der Freiheit, unter den „Dingen" der drei
Systeme „irgend etwas" zu verstehen, was mit den Axiomen verträglich ist. Die

---

[1]) In seinem Festvortrag am 27. Januar 1921 in der Preußischen Akademie der Wissenschaften. – Zitiert nach [IX 11, S. 119].

[2]) [IX 1]. Die erste Auflage erschien 1899.

[3]) *O. Blumenthal* in seiner Hilbert-Biographie [IX 2, Bd. 3, S. 388–429]. – Man vergleiche
auch das Motto von Kap. XI, S. 87!

„Pseudopunkte" und „Pseudogeraden" dieses Modells erfüllen in der Tat alle Aussagen des *Hilbert*schen Systems – mit Ausnahme des Parallelenaxioms [1]).

Es ist nicht unser Anliegen, hier den *Hilbert*schen Aufbau der elementaren Geometrie wiederzugeben [2]). Wohl aber müssen wir die Grundsätze würdigen, die nach *Hilbert* beim axiomatischen Aufbau jeder mathematischen Theorie zu beachten sind. Er stellt drei Forderungen an ein Axiomensystem:

1. Unabhängigkeit,
2. Vollständigkeit,
3. Widerspruchsfreiheit.

Die Forderung der *Unabhängigkeit* besagt folgendes: Es soll nicht möglich sein, eines der Axiome aus den andern zu beweisen. Es wird also zum Grundsatz gemacht, nicht mehr als nötig in die axiomatischen Grundlagen einer Theorie hineinzustecken.

Aber wie kann man sich davon überzeugen, daß ein vorgelegtes System von Sätzen diesen Beziehungen genügt? Denken wir uns einen Mathematiker X, der etwa 10 Sätze zur axiomatischen Grundlage einer Theorie machen will. Es gelingt ihm nicht, den 10. Satz aus den neun übrigen zu beweisen. Aber vielleicht gelingt es einem Kollegen Y? Oder später einmal einem Mathematiker Z aus der Generation unserer Enkel?

Nun ist es in der Tat möglich, die Unabhängigkeit eines Axioms von den übrigen Sätzen eines Systems zu *beweisen*. Das geschieht durch Konstruktion geeigneter *Modelle*. Dies Verfahren haben wir bereits im Kapitel III kennengelernt: Man kann beweisen, daß im *Klein*schen *Modell* alle Axiome der Geometrie mit Ausnahme des Parallelenaxioms gültig sind. Damit ist die Unabhängigkeit dieses Axioms von den übrigen nachgewiesen: Es *kann* auch in Zukunft keinem Mathematiker gelingen, dieses Axiom aus den übrigen zu beweisen, weil ein jeder Schritt eines solchen Beweises ja auch im *Klein*schen *Modell* gültig sein müßte.

Die „Widerspruchsfreiheit" der Geometrie wird in den „Grundlagen" auf die der Arithmetik zurückgeführt: Die analytische Geometrie ordnet bekanntlich den Punkten der ebenen Geometrie die Paare reeller Zahlen (als „Koordinaten" x und y) zu, den Geraden lineare Gleichungen von der Form

$$a x + b y + c = 0.$$

Die Möglichkeit einer solchen eineindeutigen Zuordnung ergibt sich in der *Hilbert*schen Theorie aus den „Stetigkeitsaxiomen". Wäre die Geometrie nicht frei von Widersprüchen, so wäre es auch die Arithmetik nicht. Damit ist die Widerspruchsfreiheit der Geometrie „relativ" bewiesen: Die Geometrie ist widerspruchsfrei, wenn es die Arithmetik ist.

Auf die Frage, wie man die Widerspruchsfreiheit einer Theorie „absolut" beweisen kann, werden wir im nächsten Kapitel eingehen.

---

[1]) Wir sprechen nicht mehr vom „Parallelenpostulat", weil *Hilbert* alle Sätze seines Systems „Axiome" nennt.

[2]) Literatur dazu findet man zusammengestellt z. B. im Literaturverzeichnis von [III 3].

Hilbert nennt ein geometrisches Axiomensystem „*vollständig*", wenn es „zum Nachweis aller geometrischen Sätze ausreicht" [IX 1, S. 257]. Das Problem der Vollständigkeit hängt aufs engste mit dem „Entscheidungsproblem" zusammen, dem das Kapitel XIII gewidmet ist.

Wir wollen uns an dieser Stelle mit der Feststellung begnügen, daß die Forderungen gewiß nicht gering sind, die *Hilbert* an ein „ordentliches" Axiomensystem stellt. Aber wie kunstvoll das System seiner Sätze auch gefügt ist, es weist gegenüber früheren axiomatischen Versuchen einen Unterschied auf, den manche Kritiker seiner Theorien als durchaus ärgerlich empfinden: Seine Axiome sind „leer". Das will sagen: Sie handeln von „Dingen" gewisser formaler Systeme, denen keine Art von „Wirklichkeit" zugesprochen wird. In der vorwissenschaftlichen Periode der Mathematik war die Geometrie wirklich „Erdmessung", sie bezog sich auf die physikalische Wirklichkeit und konnte als ein Teil einer primitiven Naturwissenschaft gelten. Für den Anhänger *Platons* waren die euklidischen Axiome Aussagen über die Welt der Ideen, also über das „Allerrealste", was es nach *Platon* gibt. Wie sehr die *Hilbert*schen Auffassungen sich auch von denen seiner Zeitgenossen unterschieden, zeigt sein Briefwechsel mit *Frege*, der ihm die nach seiner Auffassung „allgemein angenommene" Definition des Axioms entgegenhält [1]):

> „Axiome nenne ich Sätze, die wahr sind, die aber nicht bewiesen werden, weil ihre Erkenntnis aus einer (anderen) von der logischen verschiedenen Erkenntnisquelle fließt, die man Raumanschauung nennen kann."

Nun darf die Kritik am „Formalismus" eins nicht übersehen: Wenn über dem Denken *Hilberts* nicht mehr wie über dem *Platons* „der Glanz des Seins" liegt, wie *Reidemeister* einmal formuliert hat, so liegt das nicht an einer nihilistischen Laune. Der Verzicht auf jede „ontologische Politur" hat gewichtige Gründe: Die „Existenz" der nichteuklidischen Geometrien macht es der modernen Mathematik unmöglich, an der Raumauffassung *Platons* oder *Kants* festzuhalten. Die Ideen von *Bolyai* und *Lobatschewsky* haben sich ja im 19. Jahrhundert deshalb so schwer durchgesetzt, weil das Denken der meisten Mathematiker an *Kant* orientiert war. Für *Kant* war der Raum eine „notwendige Vorstellung a priori, die allen äußeren Anschauungen zu Grunde liegt", und die Geometrie war für ihn „eine Wissenschaft, welche die Eigenschaften des Raumes synthetisch und doch a priori bestimmt" [IX 4, Bd. 3, S. 52–53].

Die Geometrie dieser „synthetischen Urteile a priori" bezieht sich auf den *einen* Raum unserer „reinen Anschauung", und deshalb ist natürlich für die Anhänger *Kants* wie für die *Platons* die euklidische Geometrie die einzig denkmögliche. Eine andere stand ja auch für *Platon* ebensowenig zur Diskussion wie für *Kant*. Die moderne Mathematik kennt aber nicht nur die *Bolyai-Lobatschewsky*sche Geometrie (bei der das Parallelenaxiom durch ein anderes ausgewechselt ist), sondern mancherlei andere „Geometrien", die sich von der euklidischen unterscheiden [2]).

Bereits *Poincaré* hat die Möglichkeit gesehen, eine andere Geometrie als die euklidische zur Beschreibung der physikalischen Vorgänge heranzuziehen. Er hält es für

---

[1]) Zitiert nach [IX 3, S. 153].

[2]) Siehe z. B. [IX 5, Nr. XIII] oder ein modernes Lehrbuch der Differentialgeometrie. Auf eine Einführung in die *Riemann*schen Ideen müssen wir hier verzichten.

eine Frage der „Konvention", welche Wahl man dabei trifft. In „Wissenschaft und Hypothese" schreibt er zu diesem Thema [IX 13, S. 51, 72, 138]:

> „Die geometrischen Axiome sind weder synthetische Urteile a priori noch experimentelle Tatsachen. Es sind auf Übereinkommen beruhende Festsetzungen. Unter allen möglichen Festsetzungen wird unsere Wahl von experimentellen Tatsachen geleitet. Aber sie bleibt frei und ist nur durch die Notwendigkeit begrenzt, jeden Widerspruch zu vermeiden. In dieser Weise können auch die Postulate streng richtig bleiben, selbst wenn die erfahrungsgemäßen Gesetze, welche ihre Annahme bewirkt haben, nur annähernd richtig sein sollten . . .
>
> Die Erfahrung leitet uns in dieser Wahl, zwingt sie uns aber nicht auf. Sie läßt uns nicht erkennen, welche Geometrie die richtigste ist, wohl aber, welche die bequemste ist.
>
> Wir wollen einen Vergleich zur Geometrie ziehen. Die fundamentalen Sätze der Geometrie, wie z. B. das euklidische Postulat, sind nichts anderes als Übereinkommen, und es ist ebenso unvernünftig zu untersuchen, ob sie richtig oder falsch sind, wie es unvernünftig wäre zu fragen, ob das metrische System richtig oder falsch ist."

Der „Konventionalismus" *Poincarés* hat viele Anhänger gefunden. Es gibt aber auch in neuerer Zeit noch einige Forscher, die an der Sonderstellung der euklidischen Geometrie festhalten wollen und deshalb auch *Hilberts* „Formalismus" ablehnen. Wir wollen auf zwei solche Einwände eingehen. *Hugo Dingler* [IX 6, S. 7–12] will die „Realgeltung" der euklidischen Geometrie dadurch sichern, daß er die Grundbegriffe der Geometrie auf eine „mechanische" Weise festlegt. Er ist davon überzeugt, daß *Euklid* seine Definition der Ebene vom Steinmetzen hat. Noch heute – so belehrt uns *Dingler* – werden ebene Platten dadurch hergestellt, daß man drei grob "vorgeebnete" Platten abwechselnd gegeneinander schleift [1]). Er will deshalb die Idee der Ebene so in Worte fassen:

> „Schleife drei beliebig große Platten aus hartem Material so gegenseitig ab, daß sie völlig adhärieren oder daß die beiden Seiten der entstehenden Fläche an jeder Stelle und im ganzen kongruent und ununterscheidbar sind."

Die Geraden ergeben sich dann natürlich als „Schnitt" von zwei so hergestellten Ebenen. Um

> „die volle Geometrie eindeutig zu definieren, fehlt noch ein Element, das in der theoretischen Geometrie durch das Parallelenaxiom dargestellt wird. Man definiert etwa zu diesem Zweck, daß bei einem Parallelstreifen auf der Ebene (dessen beide Enden also ununterscheidbar sind) alle Abstände gleich lang sein sollen . . .
>
> Damit ist die Geometrie fertig. In der Tat kann man aus diesen drei Definitionen die bekannten Axiome der Geometrie gewinnen und damit natürlich die ganze Geometrie ableiten . . .
>
> Es ist zugleich die einzige Art, wie Geometrie in der Wirklichkeit in Verbindung mit der dazugehörigen Idee zutage treten kann."

Wir können diesen Argumentationen *Dinglers* nicht folgen. Natürlich kann man auf diese Weise die euklidische Geometrie „technisch" fundieren und dabei das

---

[1]) Würde man nur zwei Platten nehmen, so bestünde die Gefahr, daß eine Kugelkalotte entsteht.

Parallelenaxiom durch eine Aussage über die Abstandslinie ersetzen. Aber es ist nicht einzusehen, weshalb das *die* Geometrie der Wirklichkeit sein soll. Daß eine Abstandslinie keineswegs eine Gerade sein muß, haben wir uns am *Kleinschen* Modell klar gemacht. Natürlich kann man diese Eigenschaft durch ein Axiom postulieren. Aber hier geht es doch um die „Realgeltung" der Geometrie. Und da sieht es doch so aus: Wenn man auf irgendeine „technische" Weise die Abstandslinie realisiert, dann ist es noch gar nicht ausgemacht, daß diese Linie auch eine Gerade (im Sinne der technischen Definition!) wird. Um das zu untersuchen, müßten *Dinglers* Steinmetzen Platten von astronomischen Dimensionen herstellen. Denn daß in unserer „kleinen" Welt die euklidische Geometrie „Realgeltung" hat, ist ja nie bestritten worden.

Auch *Georg Hamel* [IX 7] will an der Sonderstellung der euklidischen Geometrie festhalten. Er räumt ein, daß die „andern" Geometrien denkmöglich und in sich widerspruchsfrei sein können, ja, daß der Physiker durchaus Anlaß haben kann, die Vorgänge in der Natur durch eine nichteuklidische Geometrie zu beschreiben. Aber die euklidische Geometrie bleibt deshalb doch die Geometrie „der reinen Anschauung". Das Wesen dieser Anschauung zu erklären sei *Kant* „nicht ganz gelungen". Sie ist nicht sinnliche Anschauung und nicht Gewöhnung, sie ist *„eine Idee"*.

> „Wo also sitzt unsere Geometrie, wenn nicht in den Augen selbst? Ich antworte: *In unserm Kopf und nur in unserm Kopf.*"

Und deshalb lehnt er den *Hilbertschen* Formalismus als „Auflösung der Geometrie" ab, mit der sich „kein wahrer Geometer" einverstanden erklären werde. Wenn auch eine befriedigende Definition des Punktes nicht möglich ist, so bleibt er für *Hamel* doch „das klarste Grundelement der reinen Anschauung".

Nun hat es freilich *Hamel* schwerer als *Kant*, wenn er die „apodiktische Gewißheit" und die „ausgezeichnete Einmaligkeit" der euklidischen Geometrie behauptet. Er muß ja zugestehen, daß *Kant* sich geirrt hat, wenn er „der Natur die euklidische Geometrie aufzwingen wollte". Trotzdem will er den nichteuklidischen Geometrien nicht denselben „Grad von Gültigkeit" zugestehen wie der euklidischen Geometrie der „reinen Anschauung". Diese Berufung auf die „reine Anschauung" und der Protest gegen die Gleichstellung aller möglichen Geometrien erscheint aber vielleicht nur deshalb einleuchtend, weil er vorhandene Denkgewohnheiten bestätigt. *Reichenbach* [I 2] und andere zeitgenössische Forscher sehen in der immer wieder zitierten „reinen Anschauung" nicht mehr als eine solche Denkgewohnheit. Machen wir uns das an einer Definition der „Anschauung" klar, die *Helmholtz* [1]) einmal gegeben hat.

> „Sich geometrische Beziehungen anschaulich vorstellen, heißt, sich die Erfahrungen vorstellen, die wir in einer Welt haben würden, in der diese Gesetze herrschen."

Daß unsere Anschauung euklidisch ist, liegt nach *Reichenbach* daran, daß unsere Erfahrungen in „unserer kleinen Welt" euklidisch sind. Die moderne Physik beschreibt aber die Vorgänge im Kosmos schon jetzt in der Sprache der *Riemannschen*

---

[1]) Zitiert nach [I 2, S. 161].

Geometrie, während die euklidische zuständig bleibt für den „Grenzfall" kleinerer Dimensionen [1]).

„Wenn wir in einer Umgebung lebten, deren geometrische Struktur von der euklidischen abwiche, dann würden wir uns dieser neuen Umgebung anpassen und nichteuklidische Dreiecke und Gesetze ebenso anschaulich erfassen, wie wir es jetzt für euklidische Strukturen tun ...

Die Philosophen haben den Fehler gemacht, gewisse Anschauungsformen, die in Wirklichkeit nur ein Produkt der Gewohnheit sind, als eine Ideenvision oder als Gesetze der Vernunft anzusehen. Es hat länger als 2000 Jahre gedauert, bis diese Tatsache erkannt werden konnte.

Und ohne das Werk der Mathematiker hätten wir unsere alten Gewohnheiten nie aufgegeben und unseren Geist niemals von den sog. Vernunftwahrheiten befreit."

In den Naturwissenschaften und der Mathematik gibt es weniger „Meinungsverschiedenheiten" als im Bereich der Geisteswissenschaften. Das liegt natürlich an der relativ einfachen Struktur ihrer Forschungsobjekte und an der Einheitlichkeit der Methoden. Daß bereits die Grundlagenprobleme der Naturwissenschaften und auch der Mathematik Anlaß zu mancherlei Kontroversen geben, ist bereits aus unsern Ausführungen klar geworden. Aber *Reichenbach* ist optimistisch genug zu erwarten, daß auch auf dem Gebiet der Grundlagenforschung es eine Sicherheit der Aussagen abseits von allem „Meinen" geben wird, wenn man nur seine Aussagen klar genug formuliert [I 2, S. 156].

In verschiedenen Veröffentlichungen, am klarsten aber in dem bereits mehrfach zitierten „Aufstieg der wissenschaftlichen Philosophie" [I 2], hat *Reichenbach* versucht, seinen Ausführungen zum Raumproblem eine solche zwingende Endgültigkeit zu geben.

Er lehnt nicht nur – wir haben es bereits ausgeführt – die an *Kant* orientierte Lehre von der „reinen Anschauung" ab, sondern hat auch Bedenken gegen den nach *Poincaré* von vielen Forschern, auch von *Einstein*, vertretenen „Konventionalismus". Er will seine Auffassung nur so formulieren („da es unter mathematischen Philosophen keine Meinungsverschiedenheiten geben kann"), daß auch Prof. *Einstein* überzeugt wird [2]).

Wir wollen uns die Argumente *Reichenbachs* wieder am Beispiel der Dreiecksmessung (S. 12) klarmachen. Wir wollen dabei von der im interstellaren Raum kaum zu realisierenden Messung durch Maßstäbe absehen und uns auf die optische Winkelmessung beschränken.

Nehmen wir an, bei der Messung eines solchen „großen" Dreiecks bekommen wir eine Winkelsumme, die von zwei Rechten abweicht (*Fall A*). Dann gibt es in der Tat zwei Möglichkeiten, diesen Sachverhalt zu beschreiben:

---

[1]) Siehe z. B. [IX 8] und [IX 9]. Das zweite Werk gibt einen Überblick über die Probleme der modernen Naturwissenschaft. Die Schrift von *Jordan* bringt eine mathematische Behandlung der Relativitätstheorie.

[2]) Es wäre natürlich interessant zu erfahren, ob er das mit seiner Schrift erreicht hat. Da aber inzwischen *Einstein* und *Reichenbach* gestorben sind, war das nicht festzustellen.

1. Wir halten daran fest, daß die Lichtstrahlen geradlinig sind, und schließen aus dem Meßergebnis, daß die Geometrie des Weltalls „nichteuklidisch" ist.

2. Wir halten an der euklidischen Geometrie fest. Die Winkelsumme eines Dreiecks aus „richtigen" Geraden muß also gleich zwei Rechten sein. Das Meßergebnis ist nur so zu erklären, daß es „universelle" Kräfte gibt, die bewirken, daß die Lichtstrahlen vom geraden Weg abgelenkt werden.

Beide Erklärungen sind möglich, und *Poincaré* hat Recht, wenn er sagt, es sei eine Konvention, für welche Möglichkeit man sich entscheidet.

Aber nun nehmen wir einmal an *(Fall B)*, die Messung ergebe das Meßergebnis (innerhalb der Fehlergrenzen) 2 R für die Winkelsumme. *Auch dann* gibt es zwei Möglichkeiten:

1. Wir erklären die Lichtstrahlen für geradlinig und bleiben bei der guten alten euklidischen Geometrie.

2. Wir wählen uns eine nichteuklidische Geometrie zur Beschreibung der physikalischen Welt und nehmen an, daß es „universelle Kräfte gibt, die die Lichtstrahlen von den (nichteuklidischen) Geraden so ablenken, daß sich für die Winkelsumme eben doch der Wert 2 R ergibt.

Wieder sind beide Möglichkeiten gleichwertig, und es ist Sache der Konvention, für welche von beiden man sich entscheidet. Nimmt man noch die (theoretische) Möglichkeit der Messung durch Maßstäbe dazu, so ergeben sich ähnliche Fallunterscheidungen. Es käme noch die Komplizierung hinzu, daß sich die Geometrie der Maßstäbe von der der Lichtstrahlen unterscheiden könnte.

Das Grundsätzliche kann aber bereits an unserm einfachen Gedankenexperiment klargemacht werden. In beiden Fällen (A oder B) haben wir zwei im Prinzip gleichwertige Möglichkeiten, die physikalische Welt zu beschreiben.

Aber ob der Fall A oder der Fall B vorliegt, ist eine Frage des Experiments und nicht der Konvention. Es ist das Verdienst *Reichenbachs,* auf diesen Sachverhalt hingewiesen zu haben. Aus den hier skizzierten Überlegungen kommt *Reichenbach* zu einer Ablehnung des *Kant*schen Raumbegriffs [1]. Der Raum ist ihm deshalb *wirklich,* weil ja die gewiß wichtige Entscheidung darüber, ob der Fall A oder B unseres Gedankenexperiments gegeben sei, nur durch die Erfahrung getroffen werden kann. Er sagt über den Raum [I 2, S. 160]:

> „Der Raum ist keine Ordnungsform, mit deren Hilfe der menschliche Beobachter sich seine Welt aufbaut – *er ist ein System, welches die Beziehungen, die zwischen starren Körpern und Lichtstrahlen bestehen, formuliert und auf diese Weise eine ganz allgemeine Eigenschaft der physikalischen Welt ausdrückt, die die Grundlagen aller anderen Messungen bedeutet. Raum ist nicht subjektiv, sondern wirklich . . .*
>
> Diese Überlegungen führen zu einer Unterscheidung zwischen mathematischer und physikalischer Geometrie. Mathematisch gesprochen gibt es viele Systeme. Jedes von ihnen ist widerspruchsfrei, und das ist alles, was ein Mathematiker verlangt . . ."

---

[1] Um die Jahrhundertwende bereits hat *Russell* eine vernichtende Kritik der *Kant*schen Ideen veröffentlicht. Man findet *Russells* Auffassungen geschlossen dargestellt in [IX 10].

Nach dieser Auffassung über den Raum hat es keinen Sinn, der euklidischen Geometrie eine „ausgezeichnete Einmaligkeit" zuzusprechen. Man könnte allenfalls geneigt sein, jene Geometrie für „ausgezeichnet" zu halten, die eine Beschreibung der Außenwelt ohne die Annahme „universeller Kräfte" zuläßt. Es liegt ja in der Tat nahe, die Lichtstrahlen als „Geraden" zu akzeptieren, um eine einfache Beschreibung der Naturvorgänge zu erreichen. Dann würde das Experiment zu entscheiden haben, welche Geometrie zuständig ist. Nach allem, was wir jetzt wissen [IX 8, S. 50], ist es nicht wahrscheinlich, daß diese Entscheidung zu Gunsten der euklidischen Geometrie fallen wird.

Da es nach *Reichenbach* „unter mathematischen Philosophen keine Meinungsverschiedenheit" gibt (S. 67), darf also gefragt werden, ob denn seine Konzeption als das „letzte Wort" zum Raumproblem gelten kann.

Wir wollen diese Frage nicht beantworten, aber doch eine bescheidenere Behauptung wagen. Es gilt in unserm Jahrhundert als gesichert, daß die Probleme des Raumes nicht von einer spekulativen Philosophie gelöst werden können, die die Ergebnisse der modernen Mathematik und der Naturwissenschaften ignoriert. Das klingt so selbstverständlich, aber man darf nicht vergessen, daß noch im vorigen Jahrhundert *Hegel* in seiner Dissertation aus einer philosophischen Konzeption Behauptungen über das Planetensystem aufstellte, die die Forschung bald widerlegte. *Gauß* hat [IX 12, S. 164] diese Vorwitzigkeit mit boshaftem Spott abgefertigt.

Man weiß also heute, daß die mathematischen Wissenschaften in den letzten 150 Jahren zur Lösung des Hauptproblems gewichtige Beiträge geleistet haben, und vielleicht ist die Zeit wirklich nicht so fern, in der die Thesen über das Wesen des Raumes „ohne Meinungsverschiedenheiten" überall gelten so wie etwa der Satz des *Pythagoras* in der euklidischen Geometrie.

X. Probleme der mathematischen Logik

Als ich noch als Knabe nur die Lehrsätze der gewöhnlichen Logik kannte und die Mathematik mir fremd war, entstand mir, ich weiß nicht, durch welche Eingebung, der Gedanke, man könne eine Analysis der Begriffe erfinden, mit deren Hilfe durch Kombination die Wahrheiten ausgedrückt und gleichsam mittels Zahlen berechnet werden könnten. Es ist ergötzlich, sich jetzt daran zu erinnern, durch welche, wenn auch kindliche Gründe, ich zur Ahnung einer so großen Sache gekommen bin.

Leibniz [X 2, S. 201]

In der „Coss" von *Christoff Rudolff*, dem „durch *Michel Stifel* gebesserten und sehr vermehrten" Rechenbuch (1553), findet sich folgende Aufgabe:

> Ich hab ein zahl ist minder denn 10. Wenn ich sye multiplizir mit 3 erwechst ein produkt / ist 7 mal soviel vber 10 als meyne zal ist vnter 10.

In der mathematischen Symbolik läßt sich diese Aufgabe so formulieren:

$$3\,x - 10 = 7\,(10 - x), \tag{1}$$

und jeder ordentliche Tertianer berechnet danach mühelos: $x = 8$. Die Formalsprache der Mathematik gestattet eine wesentlich einfachere und präzisere Formulierung des gestellten Problems, und in dieser Sprache läßt sich recht einfach eine Rechenvorschrift formulieren, die zur Auflösung aller Aufgaben dieses Typs verwandt werden kann. Bei dem hier gestellten sehr einfachen Problem könnte man schon auf eine solche Formalsprache verzichten. Aber man versuche einmal, die durch die Integralgleichung

$$y\,(x) = \frac{1}{3}\,x^3 + \int\limits_0^x y^2\,(z)\,d\,z \tag{2}$$

gestellte Aufgabe[1]) in der „Umgangssprache" zu formulieren! Die moderne Mathematik kann auf ihre „Formalsprache" einfach nicht verzichten. Es ist deshalb erstaunlich, daß die von *Leibniz* angeregte Formalisierung der Logik erst in den letzten Jahrzehnten eine größere Anzahl von Forschern beschäftigt hat.

Wir haben in den Kapiteln über die Grundlagenprobleme der Geometrie von den Fehlern gesprochen, die bei den Beweisversuchen für das Parallelenpostulat auftraten. Bei diesen Versuchen ging es aber darum, „durch logische Schlüsse" aus den Axiomen und Postulaten die Abhängigkeit des Parallelenpostulats von den übrigen

---

[1]) $x \to y\,(x)$ ist eine „unbekannte" Funktion.

Sätzen des Euklidischen Systems zu erweisen. Diese Beweise wurden natürlich in der „Umgangssprache" geführt. Da sie in einen Irrgarten von mancherlei Trugschlüssen führten, liegt der Gedanke nahe, durch eine Präzision der „Sprache" ein Vermeiden solcher Fehler zu versuchen.

Als ein Beispiel für die Ungenauigkeit der Umgangssprache wollen wir die beiden folgenden Sätze heranziehen:

> (I) Ein Deutscher hat die Buchdruckerkunst erfunden.

> (II) Ein Deutscher ist ein Europäer.

Beide Sätze haben das gleiche Subjekt: ein Deutscher. Die grammatische Analyse kann da keine Unterschiede herausstellen. Und doch ist die logische Struktur beider Sätze durchaus verschieden. Im Satz (II) steht „ein" für „jeder". Im Satz (I) ist diese Ersetzung nicht möglich. In mengentheoretischer Formulierung könnte man den Satz (II) so umschreiben: Die Menge der „Deutschen" ist in der Menge der „Europäer" enthalten: $D \subset E$. Satz (I) dagegen behauptet die Existenz eines Elementes von D mit einer ganz bestimmten Eigenschaft. Dieser Unterschied kommt bei der „Übersetzung" von (I) und (II) in die Formalsprache der mathematischen Logik klar zum Ausdruck. Wir können diese „Übersetzung" aber erst bringen, wenn wir die wichtigsten Symbole des „Prädikatenkalküls" eingeführt haben (S. 82).

Natürlich kann man hier einwenden, daß der Sinn der Aussagen (I) und (II) auch ohne mathematischen „Apparat" unmittelbar verständlich sei. Das ist gewiß richtig. Wenn es aber darum geht, kompliziertere Sachverhalte auszudrücken und Beweise zu führen, ist eine präzise und an Ausdrucksmöglichkeiten reiche „Formalsprache" zweckmäßig.

Bereits *Leibniz* spricht in der schon zitierten Schrift „Die Elemente der Vernunft" [X 2, S. 189] von der „äußerst trügerischen Vieldeutigkeit der von den Menschen gebrauchten Worte" und von „der Weitläufigkeit und dem Wortgeklingel", das „in der langen Kette der Schlüsse" unvermeidlich ist, wenn man sich „der in den Schulen üblichen Methode" bedient.

Reichenbach [X 3, S. 255] geht noch weiter und stellt die Abneigung („antagonism") der „intelligenten Studenten" gegen den üblichen Grammatikunterricht in den Schulen und Colleges fest. Er hofft, daß die Ergebnisse der symbolischen Logik eines Tages „in Form einer modernisierten Grammatik ihren Weg in die Elementarschulen finden werden".

Wir wollen hier nicht entscheiden, ob diese Hoffnung *Reichenbachs* begründet ist. Wir registrieren diese Stellungnahme eines bedeutenden Vertreters der „Wiener Schule" als *ein* Zeichen dafür, daß die symbolische Logik weit über den Bezirk des Mathematischen hinaus ihre Bedeutung hat oder doch noch gewinnen kann.

In diesem Kapitel geht es in erster Linie um den Versuch, die Bedeutung der symbolischen Logik für die mathematische Axiomatik verständlich zu machen. Dazu brauchen wir die Grundbegriffe der „Aussagenlogik".

Wir bezeichnen im folgenden „Aussagen" mit großen lateinischen Kursivbuchstaben, z. B.:

A: Der Schnee ist weiß.
B: Die Erde ist eine Scheibe.
C: $2 \cdot 2 = 5$.
D: Der größte gemeinsame Teiler von 24 und 42 ist 6.

Die Aussagen A und D sind offenbar „wahr", die beiden anderen „falsch". In der Aussagenlogik setzen wir voraus, daß es für jede der betrachteten Aussagen feststeht, ob sie „wahr" oder „falsch" sei. Es interessiert nicht, woher diese Einsicht stammt. Wir können das auch so ausdrücken: Jeder Aussage $A, B, C, \ldots$ ist auf irgendeine Weise ein wohlbestimmter „Wahrheitswert" $f(A), f(B), f(C), \ldots$ zugeordnet. Es ist am einfachsten, diesen Wert durch die Zahlen 0 oder 1 zu bezeichnen: 0 steht für „wahr", 1 für „falsch". Man kann natürlich genauso gut die Buchstaben „w" und „f" setzen. Für unsere Aussagen A, B, C, D gilt dann also:

$$f(A) = 0, \quad f(B) = 1, \quad f(C) = 1, \quad f(D) = 0.$$

Die Aussagen können durch logische Zeichen zu neuen Aussagen verknüpft werden. *So bedeutet* [1]) $A \vee B$ *die Aussage*: A „oder" B. Also:

$A \vee B$: Der Schnee ist weiß,
   oder
   die Erde ist eine Scheibe.

Das dem v ähnliche Zeichen $\vee$ soll an das lateinische „vel" erinnern. Gemeint ist: *Mindestens* eine der beiden Aussagen A und B ist richtig. Es wird *nicht* behauptet: *genau* eine (aut – aut!).

$f(A \vee B)$ ist also nur dann nicht gleich 0, wenn $f(A) = 1$, $f(B) = 1$ gilt. – In unserem Falle ist daher $f(A \vee B) = 0$.

Wir erklären weiter: *Die Aussage $A \wedge B$ ist eine Aussage, die genau dann wahr ist, wenn $f(A) = 0$ und $f(B) = 0$ gilt.* Wir lesen: A „und" B.

In unserem Fall ist $f(A \wedge B) = 1$, da $f(B) = 1$ (B „falsch") ist.

Die Verknüpfung durch das Zeichen $\vee$ wird auch als *Disjunktion*, die durch $\wedge$ als *Konjunktion* bezeichnet. Für den Wahrheitswert einer Disjunktion gilt offenbar

$$f(A \vee B) = f(A) \cdot f(B). \tag{3}$$

Denn das Produkt $f(A) \cdot f(B)$ ist genau dann gleich Null, wenn einer der Faktoren Null ist, und nach Definition gilt $f(A \vee B)$ genau dann als „wahr", wenn A oder B wahr ist.

Gibt es für die Konjunktion ein ähnliches Gesetz? Man findet

$$f(A \wedge B) = f(A) + f(B) \tag{4}$$

bestätigt *außer* in dem Fall, daß beide Aussagen A und B falsch sind. Dann ist ja $f(A) = 1, f(B) = 1, f(A \wedge B) = 1$, während (4) liefern würde: $f(A \wedge B) = 2$.

---

[1]) Die Bezeichnung der logischen Symbole ist in der Literatur leider durchaus nicht einheitlich. Wir folgen hier im wesentlichen der Bezeichnungsweise von *Hermes*.

Um trotzdem mit den Wahrheitswerten rechnen zu können, definieren wir eine „Boolesche Algebra" [1]) für die Zahlen 0 und 1. Wir verabreden eine „Addition" (Zeichen: $\oplus$) und eine „Multiplikation" (Zeichen: $\odot$) nach folgender Vorschrift:

$$
\begin{array}{c|c|c}
\oplus & 0 & 1 \\
\hline
0 & 0 & 1 \\
\hline
1 & 1 & 1
\end{array}
\qquad
\begin{array}{c|c|c}
\odot & 0 & 1 \\
\hline
0 & 0 & 0 \\
\hline
1 & 0 & 1
\end{array}
\tag{5}
$$

Die Tabellen (5) besagen also z. B.:

$$0 \oplus 1 = 1, \; 1 \oplus 1 = 1, \; 0 \odot 1 = 0, \; 1 \odot 1 = 1.$$

Die neue Addition und Multiplikation stimmt mit der „gewöhnlichen" also völlig überein bis auf das Gesetz $1 \oplus 1 = 1$.

Mit Hilfe dieser „Algebra" können wir jetzt für die Wahrheitswerte der Disjunktion und Konjunktion so schreiben:

$$f(A \vee B) = f(A) \odot f(B), \quad f(A \wedge B) = f(A) \oplus f(B). \tag{6}$$

Diese Beziehungen (6) sind der Grund dafür, daß man die Konjunktion auch gelegentlich als „logische Summe" und die Disjunktion als „logisches Produkt" bezeichnet [X 4, S. 6]. Da die Bezeichnung nicht einheitlich ist, wollen wir darauf verzichten.

Die Negation einer Aussage bezeichnen wir so: $\neg A$ (lies: nicht A). $\neg A$ ist „wahr", wenn A „falsch" ist, und „falsch", wenn A „wahr" ist. Man kann das auch so ausdrücken:

$$f(\neg A) = f(f(A) = 1). \tag{7}$$

Sei etwa A „wahr". Dann ist doch $f(A) = 0$, und die Aussage B

$$B : f(A) = 1$$

ist also falsch. $f(B)$ ist gleich 1, und (7) besagt:

$f(\neg A) = 1$, d. h. $\neg A$ ist „falsch". Entsprechend folgt aus (7), daß A „wahr" ist, wenn $f(\neg A) = 1$, $\neg A$ also falsch ist.

Weiter gilt:

$$f(A) \odot f(\neg A) = 0, \quad f(A) \oplus f(\neg A) = 1. \tag{8}$$

Die erste der Beziehungen (8) drückt offenbar das „Gesetz vom ausgeschlossenen Dritten" aus, das also in unsere Aussagenlogik ausdrücklich aufgenommen wird.

Die Aussage:

$$A \Leftrightarrow B \text{ (lies: } A \text{ genau dann, wenn } B)$$

steht als „abgekürzte Schreibweise" für

$$(A \wedge B) \vee [(\neg A) \wedge (\neg B)]. \tag{9}$$

---

[1]) Siehe dazu [X 5] und [VII 2].

Sie ist genau dann „wahr", wenn A und B beide den gleichen Wahrheitswert haben [1]). Das ersieht man sofort aus (6) und Tabelle (5).

Schließlich führen wir noch die *Implikation* $A \Rightarrow B$ (lies: A impliziert B) ein *als abgekürzte Schreibweise für* $(\neg A) \vee B$. Man überzeugt sich leicht, daß diese Aussage nur falsch ist, wenn A wahr und B falsch ist. Das folgt sofort aus der Definition oder auch durch „Berechnung" des Wahrheitswertes. Man liest die Implikation auch gelegentlich so: „Wenn A, dann B". Das darf aber nicht etwa so verstanden werden, als ob zwischen A und B eine ursächliche Relation bestehen muß. Die Aussagen A und B brauchen in keinem Zusammenhang zu stehen: Wenn nur nicht der Fall vorliegt, daß A richtig und B falsch ist, gilt die „Implikation" als wahr. Sie ist danach *immer* wahr, wenn A falsch ist! – Sind A, B, C, D die auf S. 72 eingeführten Aussagen, so sind z. B. die Implikationen

$$A \Rightarrow D, \quad C \Rightarrow D, \quad B \Rightarrow C$$

wahr. Dagegen sind die folgenden falsch:

$$A \Rightarrow B, \quad D \Rightarrow C.$$

Es ist nützlich, die Wahrheitswerte für die grundlegenden Aussagenverknüpfungen in einer Tabelle zusammenzustellen:

<table>
<tr><td rowspan="2">0 bedeutet:
„wahr",</td><td>A</td><td>B</td><td>$A \wedge B$</td><td>$A \vee B$</td><td>$A \Rightarrow B$</td><td>$A \Leftrightarrow B$</td><td rowspan="4"></td></tr>
<tr><td>0</td><td>0</td><td>0</td><td>0</td><td>0</td><td>0</td></tr>
<tr><td rowspan="2">1 bedeutet:
„falsch"</td><td>0</td><td>1</td><td>1</td><td>0</td><td>1</td><td>1</td></tr>
<tr><td>1</td><td>0</td><td>1</td><td>0</td><td>0</td><td>1</td></tr>
<tr><td></td><td>1</td><td>1</td><td>1</td><td>1</td><td>0</td><td>0</td><td>(10)</td></tr>
</table>

Die Tabelle (10) zeigt, daß die Aussagen $A \vee B$, $A \wedge B$, $A \Leftrightarrow B$ und $A \Rightarrow B$ für gewisse Wahrheitswerte von A und B falsch, für andere wahr sind. Es gibt aber unter den durch mehrfache Verknüpfung von „Grundaussagen" durch die definierten Symbole entstehenden „logischen Formeln" [2]) solche, die für *alle* möglichen Verteilungen der Wahrheitswerte für die benutzten „Grundaussagen" wahr sind. Solche „immer wahren" logischen Formeln nennt man *Tautologien*. Ein Beispiel dafür ist *das Gesetz des Duns Scotus*

$$(\neg A) \Rightarrow (A \Rightarrow B).\tag{11}$$

---

[1]) Man sagt dafür auch: A und B sind *äquivalent*, im Zeichen: $A \equiv B$ [XI 7] oder auch A äq B [X 4]. $A \Leftrightarrow B$ ist eine Aussage unserer „Formalsprache", $A \equiv B$ gehört als eine „Aussage über Aussagen" nicht zur „Formalsprache", sondern zur sogenannten „Metasprache".

[2]) Der Begriff „logische Formel" kann so erklärt werden: Es seien $A, B, C \ldots$ Aussagen.

  1. Dann heißen A, B, C auch „logische Formeln".
  2. Sind $\mathfrak{A}$ und $\mathfrak{B}$ „logische Formeln", so sind auch $\neg \mathfrak{A}$, $\mathfrak{A} \wedge \mathfrak{B}$, $\mathfrak{A} \vee \mathfrak{B}$, $\mathfrak{A} \Rightarrow \mathfrak{B}$, $\mathfrak{A} \Leftrightarrow \mathfrak{B}$ „logische Formeln".
  3. Es gibt nur die unter 1 und 2 genannten „logischen Formeln".

Daß (11) eine Tautologie ist, erkennt man am einfachsten so: Ist B wahr, so ist nach Tabelle (10) auch $A \Rightarrow B$ wahr, und daraus folgt wieder sofort die „Wahrheit" der Gesamtaussage (11). Ist A wahr, also $\neg\, A$ falsch, so ist (11) wahr, weil ja die falsche Aussage $\neg\, A$ jede Aussage impliziert. Ist aber A falsch, $\neg\, A$ also wahr, so ist auch die Implikation $A \Rightarrow B$ wahr, und der ganze logische Ausdruck (11) wird wahr.

Man kann aber auch die Implikation $A \Rightarrow B$ ersetzen durch $(\neg\, A) \lor B$ (siehe S. 74). Dann wird aus (11)

$$[\neg\,(\neg\, A)] \lor [(\neg\, A) \lor B].$$

Nach (8) haben aber $\neg\,(\neg\, A)$ und A den gleichen Wahrheitswert, und das Produkt $f(A) \odot [f(\neg\, A) \odot f(B)]$ muß gleich 0 sein, weil mindestens einer der Faktoren $f(A)$ oder $f(\neg\, A)$ gleich 0 ist.

Eine andere Tautologie ist das „Distributivgesetz"

$$[X \lor (Y \land Z)] \Leftrightarrow [(X \lor Y) \land (X \lor Z)]. \tag{12}$$

Man überzeugt sich leicht, daß die in (12) zu beiden Seiten des Zeichens $\Leftrightarrow$ stehenden „Ausdrücke" den gleichen Wahrheitswert haben, bei beliebiger Wahl der Wahrheitswerte X, Y, Z.

Nehmen wir etwa an: $f(X) = 0$, $f(Y) = 1$, $f(Z) = 0$.

Dann ist der „Wahrheitswert" der linken Seite:

$$0 \odot (1 \oplus 0) = 0,$$

Rechts erhält man: $(0 \odot 1) \oplus (0 \odot 0) = 0$.

Ebenso erhält man für $f(X) = 1, f(Y) = 1, f(Z) = 0$ auf beiden Seiten den Wahrheitswert 1, usf.

Man läßt in der formalen Logik oft das Zeichen $\lor$ fort und verabredet, daß $A\,B$ (ohne Zeichen) für $A \lor B$ stehen soll, so wie man auch in der gewöhnlichen Algebra meist das Zeichen für „mal" fortläßt. Dann kann man (12) auch so schreiben [1]:

$$X(Y \land Z) \Leftrightarrow XY \land XZ. \tag{12}$$

Die Analogie zum Distributivgesetz der Algebra

$$x(y + z) = xy + xz$$

ist jetzt offenbar. Es gibt in der Aussagenlogik noch ein zweites Distributivgesetz, das kein Analogon in der Algebra hat:

$$X \land YZ \Leftrightarrow (X \land Y)(X \land Z). \tag{13}$$

Der Nachweis, daß (13) eine Tautologie ist, kann dem Leser überlassen werden.

---

[1] Man spart Klammern durch die Festsetzung, daß $\lor$ stärker bindet als $\land$ und $\land$ stärker als $\Rightarrow$ oder $\Leftrightarrow$. Ferner ist es üblich, die Negation einer Aussage innerhalb einer logischen Formel nicht in Klammern zu setzen; also $\ldots \neg\, A \ldots$ statt $\ldots (\neg\, A)$ $\ldots$ zu schreiben. Wir werden das im folgenden auch tun.

Wir haben einige logische Formeln als Tautologien erkannt. Es ist angebracht, ein für alle möglichen Formeln brauchbares Verfahren anzugeben, nach dem entschieden werden kann, ob eine Tautologie vorliegt oder nicht: Man setzt für die (endlich vielen) in der Formel vorkommenden Grundaussagen alle möglichen Verteilungen der Wahrheitswerte ein und berechnet nach Tabelle (10) den Wahrheitswert der ganzen Formel aus den Wahrheitswerten der Teilformeln. Wenn bei *allen* solchen Verteilungen beliebiger Wahrheitswerte auf die „Grundaussagen" $A, B, C, \ldots$ sich für die Gesamtformel der Wahrheitswert 0 ergibt, dann (und nur dann) haben wir es mit einer Tautologie zu tun.

Wenn wir uns in der Aussagenlogik so gründlich mit Tautologien beschäftigen, so bedarf das wohl einer Rechtfertigung. Man könnte einwenden, daß tautologische Sätze trivial seien, weil sie ja für beliebige Ersetzungen der „Aussagenvariablen" $A, B, C, \ldots$ richtig sind und deshalb nie zu neuen „materiellen" Erkenntnissen führen können. Das ist gewiß richtig. Das Studium der Tautologien wird uns aber weiterhelfen bei unserem Bemühen, widerspruchsfreie und „vollständige" Axiomensysteme aufzubauen. Der axiomatische Aufbau der Aussagenlogik liefert ein besonders einfaches Beispiel eines solchen Systems, so daß wir Mut gewinnen, auch für kompliziertere mathematische Theorien einen ähnlichen Aufbau zu versuchen.

Deshalb ist es gerechtfertigt, wenn wir uns um ein weiteres „Entscheidungsverfahren" bemühen, nach dem der tautologische Charakter einer logischen Formel erkannt werden kann. Man kann nämlich alle logischen Formeln auf eine wohlbestimmte „Normalform" bringen, der man sofort ansieht, ob eine Tautologie vorliegt oder nicht.

Betrachten wir die folgenden Formeln:

$$X \neg X Y \wedge \neg Y Y \neg X \wedge \neg X Y \neg Y \wedge \neg X Y X \tag{14}$$

$$A B \neg B \wedge \neg A B \tag{15}$$

Beide sind Konjunktionen von Disjunktionen. Die erste Disjunktion von (14) ist nun gewiß „immer wahr", denn in $X \neg X Y$ oder, ausführlich geschrieben, $X \vee \neg X \vee Y$ ist entweder X oder $\neg X$ wahr. Das gleiche gilt für die anderen „Summanden" von (14). (14) ist also als Konjunktion von „wahren" Aussagen selbst „wahr", wie auch die Wahrheitswerte von X und Y gewählt sind.

(15) ist keine Tautologie, weil der zweite „Summand" nicht eine Aussage zugleich mit ihrer Negation enthält. (15) ist falsch, wenn A wahr und B falsch ist.

Wir erkennen die Gültigkeit der Regel: *Eine Konjunktion von Disjunktionen ist genau dann eine Tautologie, wenn jede Disjunktion mindestens eine Aussage zugleich mit ihrer Negation enthält.*

Nun kann man *jede logische Formel so „umformen", daß eine Konjunktion von Disjunktionen entsteht. Diese Darstellung heißt dann die Normalform der Formel.* An dieser „Normalform" erkennt man dann sofort, ob die Ausgangsformel tautologischen Charakter hat.

Es sei $\mathfrak{F}$ eine Formel im Sinne der oben gegebenen Definition. Dann können zunächst die etwa auftretenden Zeichen $\Leftrightarrow$ und $\Rightarrow$ ersetzt werden durch $\wedge$, $\vee$ und die Negation [1]). Auf diese Weise entsteht eine Formel $\mathfrak{F}'$, die genau dann eine Tautologie ist, wenn das für $\mathfrak{F}$ selbst gilt. Man erkennt nun, daß $\mathfrak{F}'$ durch das Distributivgesetz (12) und die leicht zu verifizierenden (tautologischen) Formeln

$$\neg (A \wedge B) \Leftrightarrow \neg A \vee \neg B \tag{16 a}$$

$$\neg (A \vee B) \Leftrightarrow \neg A \wedge \neg B \tag{16 b}$$

$$\neg (\neg A) \Leftrightarrow A \tag{16 c}$$

auf die „Normalform" $\mathfrak{F}''$ gebracht werden kann.

Das geschieht so, daß alle Ausdrücke von der Form $\neg (A \wedge B)$ und $\neg (A \vee B)$ durch die rechten Seiten der Formeln (16 a) und (16 b) ersetzt werden. Für die dabei auftretenden Ausdrücke $\neg (\neg A)$ schreiben wir A nach (16 c). Die Anwendung von (12) führt dann auf eine „Normalform" $\mathfrak{F}''$, die für alle Verteilungen der Wahrheitswerte der beteiligten „Aussagenvariablen" A, B, C, ... den gleichen Wahrheitswert hat wie die ursprüngliche Formel.

Das Verfahren sei für das einfache Beispiel

$$(X \Rightarrow Y) \Leftrightarrow (\neg Y \Rightarrow \neg X) \tag{17}$$

durchgeführt: Die Ersetzung der Symbole $\Rightarrow$ liefert

$$\neg X \, Y \Leftrightarrow Y \, \neg X$$

Da man für $A \Leftrightarrow B$ auch (9) schreiben kann, wird daraus:

$$(\neg X \, Y \wedge Y \, \neg X) \, [\neg (\neg X \, Y) \wedge \neg (Y \, \neg X)]$$

und nach [2]), (16 b) und (16 c):

$$(\neg X \, Y \wedge Y \, \neg X) \, [\neg (\neg X) \wedge \neg Y \wedge \neg Y \wedge \neg (\neg X)]$$

$$\text{oder}$$

$$(\neg X \, Y \wedge Y \, \neg X) \, (X \wedge \neg Y)$$

Nach (12) folgt daraus (14). Damit ist (17) als Tautologie erkannt. In diesem Beispiel (17) steckt übrigens die logische Formulierung des Prinzips der indirekten Beweisführung: Angenommen, die Aussage X sei wahr; wenn die linke Seite dieser Tautologie dann eine wahre Aussage sein soll, so muß Y ebenfalls wahr sein. Statt dieses Schlusses kann man aber nun, wie diese Tautologie lehrt, auch so schließen: Wenn Y falsch ist, muß auch X falsch sein. Um also zu zeigen, das die Aussage $(X \Rightarrow Y)$ wahr ist (unter der Voraussetzung, daß X wahr ist), beweist man, daß die Annahme, Y sei falsch, auf den Widerspruch, X sei falsch, führt (im Gegensatz zur Voraussetzung).

---

[1]) Also: Nach S. 73 und 74 wird z. B. $A \Leftrightarrow B$ *ersetzt durch* $(A \wedge B) (\neg A \wedge \neg B)$, $A \Rightarrow B$ durch $\neg A \, B$.

[2]) Weiter ist benutzt: $A \wedge A \Leftrightarrow A$, $(A \wedge B) \wedge C \Leftrightarrow A \wedge B \wedge C$.
Ist $C \Leftrightarrow D$, so darf C durch D ersetzt werden: Man gewinnt dann eine Aussage von gleichem Wahrheitswert.

Es gibt mancherlei Möglichkeiten, die Aussagenlogik *axiomatisch* aufzubauen. Eine solche axiomatische Theorie setzt gewisse Formeln als Axiome und gibt Verfahrensvorschriften an, nach denen weitere „gültige" Formeln gewonnen werden können.

Hilbert geht von folgenden Axiomen aus [1] [X 4, S. 23]:

$$\text{a)} \quad X \vee X \Rightarrow X;$$

$$\text{b)} \quad X \Rightarrow X \vee Y;$$

$$\text{c)} \quad X \vee Y \Rightarrow Y \vee X;$$

$$\text{d)} \quad (X \Rightarrow Y) \Rightarrow [(Z \vee X) \Rightarrow (Z \vee Y)].$$

Dazu kommt

α) *Die Einsetzungsregel:*
Für eine Aussagenvariable (d. h. für einen großen lateinischen Buchstaben) *darf, aber dann überall, wo sie vorkommt, ein und dieselbe Aussagenverbindung eingesetzt werden.*

β) *Das Schlußschema:*
Aus zwei Formeln $\mathfrak{A}$ und $\mathfrak{A} \Rightarrow \mathfrak{B}$ gewinnt man die neue Formel $\mathfrak{B}$.

Die deutschen Buchstaben $\mathfrak{A}$, $\mathfrak{B}$ stehen dabei für Aussagen $A, B, C, \ldots$, für Axiome oder *Aussagenverbindungen*, die aus den Axiomen bereits abgeleitet sind.

Man überzeugt sich leicht, daß die Axiome a bis d Tautologien im Sinne unserer bisherigen Betrachtungsweise sind. Aber wir tun gut, solche Überlegungen zunächst ganz beiseite zu lassen und das Axiomensystem mit der Regel α und dem Schlußschema β vorläufig als ein „formales Spiel" mit mathematischen Symbolen anzusehen: Gewisse Formeln sind durch die Axiome a bis d gegeben, und es fragt sich, welche weiteren „Formeln" durch Anwendung von α und β daraus gewonnen werden können.

Als ein Beispiel wollen wir die *Ableitung des Gesetzes* (11) *von Duns Scotus* aus dem *Hilbert*schen Axiomensystem durchführen. Zuerst soll das Axiom d in einer etwas anderen Form geschrieben werden: Nach der Regel α darf ja jede Aussagenvariable im Axiom durch „ein und dieselbe Aussagenverbindung" ersetzt werden. Wir können also auch Z in d ersetzen durch $\neg Z$. Unter Beachtung von Fußnote [1] erhalten wir dann:

$$\text{d}_1) \quad (X \Rightarrow Y) \Rightarrow [(Z \Rightarrow X) \Rightarrow (Z \Rightarrow Y)].$$

Setzt man in b $Y = X = A$, so erhält man:

$$A \Rightarrow A \vee A. \tag{18}$$

Nach a gilt:

$$A \vee A \Rightarrow A. \tag{19}$$

Setzt man in d_1 nach Regel α für X: $A \vee A$, für Y: A, für Z: A, so hat man

$$[(A \vee A) \Rightarrow A] \Rightarrow [\{A \Rightarrow (A \vee A)\} \Rightarrow (A \Rightarrow A)]. \tag{20}$$

---

[1] $X \Rightarrow Y$ soll dabei wieder als abgekürzte Schreibweise für $\neg X \vee Y$ gelten.
a besagt also z. B.: $\neg (X \vee X) \vee X$, b steht für $\neg X \vee (X \vee Y)$.

Die Formel (20) ist von der Form

$$\mathfrak{A} \Rightarrow [\mathfrak{B} \Rightarrow \mathfrak{C}].$$

Die Aussage $\mathfrak{A}$ ist nach (19) „richtig", d. h. $\mathfrak{A}$ ist eine aus unserem Axiomensystem ableitbare Formel. Da auch die ganze Formel (20) „richtig" ist, folgt nach dem Schlußschema β:

$$\mathfrak{B} \Rightarrow \mathfrak{C}.$$

Da aber auch $\mathfrak{B}$ nach (18) gilt, liefert die nochmalige Anwendung des Schlußschemas die Einsicht, daß auch $\mathfrak{C}$ „richtig" ist. Das heißt: Wir haben bewiesen

$$A \Rightarrow A \quad \text{oder auch} \quad \neg\, A \vee A. \tag{21}$$

Nach Regel α gilt dann ebenfalls:

$$\neg\, A \Rightarrow \neg\, A. \tag{22}$$

Nach diesen Vorbereitungen können wir zum eigentlichen Beweis des Gesetzes (11) schreiten. Wir setzen in d_1 ein:

Für X: $\neg\, A$, für Y: $\neg\, A \vee B$, für Z: $\neg\, A$.

Dann erhalten wir also:

$$[\neg\, A \Rightarrow (\neg\, A \vee B)] \Rightarrow \{(\neg\, A \Rightarrow \neg\, A) \Rightarrow [\neg\, A \Rightarrow (\neg\, A \vee B)]\}. \tag{23}$$

(23) ist wieder von der Form

$$\mathfrak{A} \Rightarrow [\mathfrak{B} \Rightarrow \mathfrak{C}],$$

und da $\mathfrak{A}$ nach Axiom b und $\mathfrak{B}$ nach (22) „richtig" ist, liefert wieder die doppelte Anwendung des Schlußschemas die Gültigkeit von $\mathfrak{C}$. Das heißt aber:

$$\neg\, A \Rightarrow (\neg\, A \vee B)$$

oder [1]) (11).

Auf ähnlichem Wege kann man nun weitere Formeln aus dem Axiomensystem ableiten. Unter anderem gelingt es, alle jene Formeln zu gewinnen, die wir früher zur Umformung einer beliebigen Formel in die „Normalform" benutzt hatten, also die distributiven Gesetze (12) und (13), die drei Formeln (16 a) bis (16 c), usf. Dazu ist noch anzumerken, daß das Zeichen $\wedge$, das ja im Axiomensystem nicht vorkommt, eingeführt wird als „abgekürzte Schreibweise":

$$A \wedge B \text{ bedeutet } \neg\, (\neg\, A \vee \neg\, B), \text{ analog steht}$$
$$A \Leftrightarrow B \text{ für } (A \wedge B) \vee (\neg\, A \wedge \neg\, B).$$

Wir können diese Beweise hier nicht vollständig durchführen. Die Ableitung von (11) aus dem Axiomensystem mag als Beispiel für die zu benutzende Schlußweise gelten [2]).

---

[1]) Man kann (11) noch einfacher beweisen: Mit Hilfe von Axiom b und der Regel α. Die Durchführung sei dem Leser überlassen.

[2]) Ausführliche Beweise z. B. in [X 4, S. 26 ff.].

Auf diese Weise kann man folgendes wichtige Ergebnis gewinnen: *Aus dem Hilbertschen Axiomensystem lassen sich mit den beiden Regeln α und β genau jene „logischen Formeln" ableiten, die sich bei Überführung in die „Normalform" (S. 76) als „Tautologien" erweisen.* Oder anders ausgedrückt [1]:

> *Jede aus dem Hilbert-System abgeleitete Formel ist eine Tautologie, jede Tautologie ist aus dem Hilbert-System „ableitbar".*

Wir haben also das Recht, dieses Axiomensystem als „*vollständig*" zu bezeichnen in dem auf S. 64 besprochenen Sinne. Für jede vorgelegte logische Formel (siehe [2], S. 74) ist ja „entscheidbar", ob eine Tautologie vorliegt oder nicht, ob sie also aus dem Axiomensystem beweisbar ist oder nicht.

Die Vollständigkeit des Systems gilt aber noch in einem schärferen Sinne. Was geschieht, wenn man zu dem System noch eine Formel $\mathfrak{A}$ als weiteres Axiom hinzufügt? Wenn $\mathfrak{A}$ aus den ursprünglichen Axiomen ableitbar ist, ist die Ergänzung des Systems natürlich trivial: Man kann dann mit dem „neuen" genau das beweisen, was schon mit dem alten beweisbar war.

Wenn aber $\mathfrak{A}$ keine „Tautologie" ist? *Dann wird das neue System in sich widerspruchsvoll und man kann aus diesem Axiomensystem jede Aussage beweisen!*

Um das einzusehen, denken wir uns das hinzugefügte Axiom auf „Normalform" $\mathfrak{B}$ gebracht:

$$\mathfrak{B}: X_1 X_2 \ldots X_{n_1} \wedge Y_1 Y_2 \ldots Y_{n_2} \wedge \ldots \wedge W_1 \ldots W_{n_r}. \tag{24}$$

Da $\mathfrak{A}$ keine Tautologie sein soll, muß wenigstens eine der Disjunktionen von (24) die Eigenschaft haben, daß *keine* der enthaltenen Aussagen zugleich mit ihrer Negation auftritt. (Siehe S. 76!) Nehmen wir der Einfachheit wegen an, daß das für die erste Disjunktion gilt. Dann dürften wir für alle X, dieselbe Aussage A einsetzen, und so erhält (24) die Form

$$AA \ldots A \wedge \mathfrak{D}_2 \ldots \wedge \mathfrak{D}_r. \tag{25}$$

Aus $A \vee A$ folgt aber nach Axiom a und der Schlußregel β: A. In (25) kann also die Disjunktion durch A ersetzt werden:

$$A \wedge \mathfrak{D}_2 \wedge \ldots \wedge \mathfrak{D}_r. \tag{25a}$$

Daraus folgt wegen der leicht nachzuweisenden Tautologie $\mathfrak{X} \wedge \mathfrak{Y} \Rightarrow \mathfrak{X}$: A: Das heißt: *Jede beliebige Aussage A ist in dem durch die Formel $\mathfrak{A}$ „erweiterten" Axiomensystem beweisbar!*

Wir wollen ein Axiomensystem *widerspruchsfrei* nennen, wenn keine Formel $\mathfrak{F}$ zugleich mit der Formel $\neg\,\mathfrak{F}$ aus dem System beweisbar ist. Dann ist jedenfalls das „erweiterte" System nicht widerspruchsfrei: Denn dieselbe Überlegung, die wir für die Aussage A angestellt haben, kann ja auch für $\neg\,A$ durchgeführt werden. *Jede Aussage A und jede Aussage $\neg\,A$ ist also in dem durch eine nicht tautologische Formel verdorbenen Axiomensystem beweisbar.*

---

[1] Die erste Aussage wird beim Beweis der Widerspruchsfreiheit (S. 81) begründet. Den wesentlich umständlicheren Beweis des 2. Satzes können wir hier nicht bringen.

Daß der Einbau *eines* Widerspruchs in das System den Beweis *jeder* Aussage gestattet, kann man übrigens auch sehr einfach am Gesetz von *Duns Scotus* (11) ablesen: Wenn A und $\neg\, A$ gültig sind, folgt nach der Schlußregel die Gültigkeit der (beliebigen!) Aussage B.

Wir müssen aber nun noch zeigen, daß das „unverdorbene" *Hilbert*sche System widerspruchsfrei ist im Sinne unserer Definition.

Das geschieht mit Hilfe des auf S. 72 eingeführten Begriffs des „Wahrheitswertes". Wir überzeugen uns zuerst, daß der Wahrheitswert für jedes der vier Axiome des *Hilbert*schen Systems gleich 0 ist, welchen Wahrheitswert man auch für X, Y oder Z einsetzt. Wir zeigen das für Axiom d und überlassen die entsprechenden Nachweise für die einfacheren Axiome a bis c dem Leser. Das Axiom d kann so geschrieben werden:

$$\neg\,(\neg X \lor Y) \lor [\neg\,(Z \lor X) \lor (Z \lor Y)].$$

Da der Wahrheitswert einer Disjunktion gleich dem Produkt der Wahrheitswerte der „Faktoren" ist, erhalten wir für

$$
\begin{aligned}
f(d) &= f(\neg\,(\neg X \lor Y) \lor [\neg\,(Z \lor X) \lor Z \lor Y]) \\
&= f(\neg\,(\neg X \lor Y)) \odot f(\neg\,(Z \lor X)) \odot f(Z) \odot f(Y)
\end{aligned}
\tag{26}
$$

gewiß 0, wenn $f(Z) = 0$ oder $f(Y) = 0$ oder $f(\neg\,(Z \lor X)) = 0$.

Sei also angenommen:

$$f(Z) = f(Y) = f(\neg\,(Z \lor X)) = 1. \tag{26'}$$

Dann folgt also $f(Z \lor X) = f(Z) \odot f(X) = 0$, und nach (26') müßte sein:

$f(X) = 0$, $f(\neg X) = 1$. Also ist (wieder nach (26')) $f(\neg X \lor Y) = f(\neg X) \odot f(Y)$
$= 1$ und $f(\neg\,(\neg X \lor Y)) = 0$, d. h. nach (26): $f(d) = 0$.

Es bleibt noch zu zeigen, daß auch die Anwendung der Regeln α und β nur zu Formeln führt, denen der Wahrheitswert 0 zukommt. Für die Regel α ist das trivial: Denn wenn z. B., wie wir eben gezeigt haben, das Axiom d für *alle* möglichen Wahrheitswerte für X, Y oder Z den Wahrheitswert 0 ergibt, dann gilt das natürlich auch, wenn für Y etwa eine zulässige „Aussagenverbindung" eingesetzt wird: Denn die kann ja schließlich auch nur die Wahrheitswerte 0 oder 1 haben.

Bleibt noch die Schlußregel β. Formulieren wir sie so: *Aus* $\mathfrak{A}$ *und* $\neg\,\mathfrak{A} \lor \mathfrak{B}$ *folgt* $\mathfrak{B}$. Wenn $\mathfrak{A}$ „wahr" ist, d. h. also vorschriftsmäßig aus den Axiomen abgeleitet ist, gilt zunächst $f(\mathfrak{A}) = 0$ und $f(\neg\,\mathfrak{A}) = 1$. Wenn, wie bei der Schlußregel β vorausgesetzt, $\neg\,\mathfrak{A} \lor \mathfrak{B}$ gilt, ist $f(\neg\,\mathfrak{A} \lor \mathfrak{B}) = f(\neg\,\mathfrak{A}) \odot f(\mathfrak{B}) = 0$. Da $f(\neg\,\mathfrak{A}) = 1$ ist, muß $f(\mathfrak{B}) = 0$ sein. Das war aber gerade zu zeigen.

Also: Für jede „ableitbare" Formel $\mathfrak{F}$ gilt $f(\mathfrak{F}) = 0$: *Jede „ableitbare" Formel ist eine Tautologie.* Daraus ergibt sich aber sofort die Widerspruchsfreiheit: Wenn $\mathfrak{F}$ eine beweisbare Formel ist, hat sie den Wahrheitswert 0. $\neg\,\mathfrak{F}$ hätte aber dann den Wahrheitswert 1 und kann deshalb nicht „ableitbar" sein.

Das *Hilbert*sche Axiomensystem für die Aussagenlogik ist also widerspruchsfrei und in dem erwähnten präzisen Sinne „vollständig". Die einzelnen Axiome sind aber auch „unabhängig". D. h.: Man kann auf keines der Axiome verzichten. Es ist nicht etwa das Axiom d aus den ersten drei Axiomen (unter Anwendung von α und β) ableitbar. Die „Unabhängigkeitsbeweise" wollen wir hier nicht durchführen [1]).

Das hier benutzte Axiomensystem der Aussagenlogik erweist sich also als ein brauchbares, aber doch auch recht empfindliches Instrument, an dem man nicht ohne weiteres mit ungeschickter Hand Veränderungen vornehmen kann, ohne den ganzen Bau zu gefährden. Es ist natürlich andererseits durchaus möglich, das System als Ganzes durch einen anderen axiomatischen Aufbau zu ersetzen. Man findet darüber Näheres in den meisten Lehrbüchern, siehe z. B. [X 4], [X 5], [X 6].

Wir haben bisher jede Aussage als eine „Einheit" betrachtet und sie mit einem großen lateinischen Buchstaben bezeichnet. Mit diesem in der „Aussagenlogik" üblichen Verfahren kann man aber nicht einmal die „klassischen Schlüsse" der aristotelischen Logik formulieren. Dazu braucht man die in dem sogenannten „Prädikatenkalkül" übliche Schreibweise.

Den axiomatischen Aufbau des „Prädikatenkalküls" wollen wir hier nicht entwickeln. Um aber die Arbeitsweise der „Beweistheorie" später verständlich zu machen, soll doch die Symbolik des Prädikatenkalküls kurz besprochen werden.

Die Schreibweise dieses Kalküls trennt die Aussage vom Gegenstand. Die ganze Aussage wird dann geschrieben wie eine mathematische „Funktion".: Der Gegenstand steht an Stelle des „Arguments", die „Funktion" (mit „Leerstelle") bedeutet das „Prädikat". Also: Wir verabreden etwa, daß S ( ) bedeutet: „... ist sterblich". In die Leerstelle kann irgendein „Subjekt" eingesetzt werden, etwa

$$S \; (P) \text{ oder } S \; (\textit{Platon}). \tag{27}$$

(27) ist dann die formale Schreibweise des Satzes: „*Platon* ist sterblich".

Von Fall zu Fall wird festzusetzen sein, *welche* Gegenstände (Individuen) für die Einsetzung in die „Leerstelle" zulässig sind. Für das Prädikat S ( ) könnte man verabreden: alle Menschen. In der Geometrie kann die Menge der zulässigen Subjekte eine Menge von Punkten, Geraden, Kurven sein.

Ein Prädikat für sich kann nicht „wahr" oder „falsch" sein, nur die vollständige „Aussage" hat einen Wahrheitswert. Sei G ( ) das (auf natürliche Zahlen bezogene) Prädikat „... ist gerade". Dann ist also G (2) eine Aussage mit dem Wahrheitswert 0, G (3) eine „falsche" Aussage mit dem Wahrheitswert $f \, [G \, (3)] = 1$.

Die sogenannten „Quantoren" des Kalküls ergeben nun die Möglichkeit, Aussagen allgemeiner Art zu formulieren [2]).

$\bigwedge\limits_{x} F \, (x)$ bedeutet: Für *alle* x gilt $F \, (x)$.

$\bigvee\limits_{x} F \, (x)$ bedeutet: Es *gibt* (mindestens) ein x, für das $F \, (x)$ gilt.

---

[1]) Siehe [X 4, S. 33].

[2]) Auch hier müssen wir leider anmerken, daß die Symbolik nicht einheitlich ist. So findet man auch $(\exists x)$ statt $\bigvee\limits_{x}$, $(\forall x)$ statt $\bigwedge\limits_{x}$ und noch andere Zeichen.

Mit dem in (27) benutzten Prädikat S ( ) kann man z. B. folgende Aussagen bilden:

$\bigwedge\limits_{x} S(x)$:   Alle Menschen sind sterblich.

$\bigvee\limits_{x} \neg S(x)$:   Es gibt einen Menschen, der nicht sterblich ist.

$\neg \bigvee\limits_{x} \neg S(x)$: Kein Mensch ist unsterblich.

Die auf Seite 71 diskutierten Sätze I und II können dann in unserer Terminologie so formalisiert werden:

I. $\bigvee\limits_{x} [D(x) \wedge B(x)]$.

II. $\bigwedge\limits_{x} [D(x) \Rightarrow F(x)]$.

Dabei steht $D(x)$ für „. . . ist ein Deutscher", $F(x)$ für „. . . ist ein Europäer", $B(x)$ für „. . . hat die Buchdruckerkunst erfunden". Diese Schreibweise läßt sofort die verschiedenartige logische Struktur der beiden in der „Umgangssprache" so ähnlichen Sätze erkennen.

Um mathematische Axiome formulieren zu können, brauchen wir auch „mehrstellige" Prädikate P (,) oder Q (, ,), um „Relationen" zwischen mehreren Dingen des Individuenbereiches ausdrücken zu können. Solche „Relationen" für Zahlen oder Punkte können etwa sein:

III. $Ger\,(P,Q,R)$: P, Q und R liegen auf einer Geraden.
IV. $Zw\,(A,B,C)$: B liegt zwischen A und C.
 V. $=(a,b)$: a und b sind gleich (Übliche Schreibweise: $a = b$).
VI. $<(a,b)$: a ist kleiner als b (Übliche Schreibweise: $a < b$).
VII. $\neq(a,b)$: a ist ungleich b (Übliche Schreibweise: $a \neq b$).

Die ungewöhnliche Schreibweise $=(a,b)$ statt $a = b$ wählen wir, um die „funktionale" Schreibweise des Prädikatenkalküls auch hier beizubehalten: $=(,)$ steht dann für das allgemeine P (,). Man beachte, daß in der umgangssprachlichen Formulierung grammatische Unterschiede auftreten, die unwesentlich sind für unsere Zwecke und sich in unserem Kalkül nicht abzeichnen. In den Sätzen III und V sind die „Gegenstände" Teile des Subjektes (P, Q und R in III), für IV, VI und VII gilt das nicht.

Jetzt können wir in unserem Prädikatenkalkül zum Beispiel folgendes Axiom formulieren: *„Wenn eine Gerade, die in der*

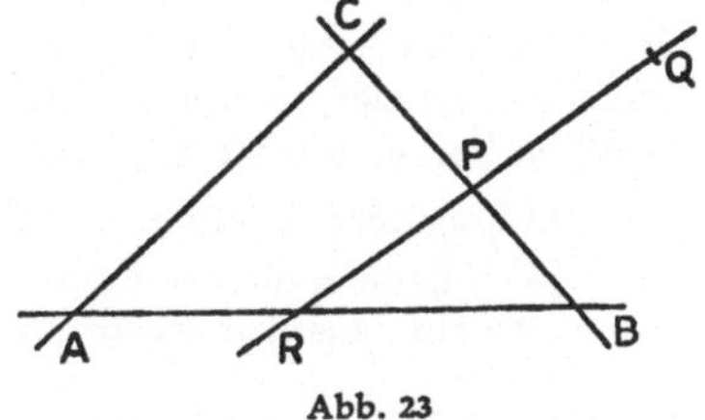

Abb. 23

Ebene eines Dreiecks liegt und durch keine der Ecken geht, eine Seite dieses Dreiecks schneidet, so schneidet sie noch mindestens eine andere Seite des Dreiecks." Um dieses sogenannte *Dreiecksaxiom* (Abb. 23) formulieren zu können, brauchen wir noch das vierstellige Prädikat:

$Eb\,(P,Q,R,S)$: P, Q, R und S liegen in einer Ebene.

Dann kann man das „Dreiecksaxiom" so schreiben [1]):

$$\bigwedge_{A} \bigwedge_{B} \bigwedge_{C} \bigwedge_{P} \bigwedge_{Q} [\{Eb\,(A,B,C,Q) \wedge \neg\, Ger\,(A,B,C) \wedge Zw\,(B,P,C) \wedge \neg\, Ger\,(C,P,Q)$$

$$\wedge \neg\, Ger\,(A,P,Q)\} \Rightarrow \bigvee_{R} \{Ger\,(P,Q,R) \wedge Zw\,(A,R,B) \vee Zw\,(A,R,C)\}]. \tag{28}$$

Das sieht man so ein: Die Aussage (28) ist von der Form [2]).

$$\bigwedge_{A} \bigwedge_{B} \bigwedge_{C} \bigwedge_{P} \bigwedge_{Q} [\mathfrak{A}\,(A,B,C,P,Q) \Rightarrow \mathfrak{B}\,(A,B,C,P,Q)]. \tag{28'}$$

Die Aussage $\mathfrak{A}$ drückt genau die Voraussetzungen des Axioms aus: A, B, C und Q liegen in einer Ebene, und ABC ist „wirklich" ein Dreieck: Es liegen nicht etwa A, B, C auf einer Geraden, P liegt „zwischen" B und C usf. In den Klammern [ ] von (28') steht eine Implikation. Sie ist für uns nur interessant, wenn $\mathfrak{A}$ „wahr" ist (unsere Voraussetzungen also erfüllt sind). Dann muß nach (10) oder der Schlußregel β aber auch $\mathfrak{B}$ „wahr" sein (da ja die ganze Aussage „wahr" sein soll). Das heißt aber in der Umgangssprache: Es gibt einen auf der Geraden PQ gelegenen Punkt R, der entweder zwischen A und B liegt (Abb. 23), oder zwischen A und C. Und das gilt – so sagt (28) – für *alle* Punkte A, B, C, P, Q.

Nun wird jedem „Anfänger" der oben in der Umgangssprache formulierte Satz verständlicher erscheinen als die Formel (28). Aber wir haben ja bereits erwähnt, daß es gewichtige Gründe gibt, um die Umgangssprache weitgehend durch eine „Formalsprache" zu ersetzen. Da muß man wie beim Erlernen einer Fremdsprache Schwierigkeiten in Kauf nehmen.

Für uns mag (28) als ein Beispiel für die Benutzung des Prädikatenkalküls gelten. Auf den axiomatischen Aufbau dieser Disziplin können wir hier nicht eingehen [3]). Von der Bedeutung dieser Formalsprache für den Aufbau der Mathematik wird im nächsten Kapitel die Rede sein.

Da wir in dieser Schrift gerade den Auswirkungen der mathematischen Denkweise auf das philosophische Gespräch nachgehen wollen, soll am Schluß dieses Kapitels von einer Auseinandersetzung über den „metaphysischen Gehalt" der mathematischen Logik berichtet werden.

Heinrich Scholz, der erste deutsche Ordinarius für mathematische Logik, hatte im Jahre 1943 vor einem weiteren Kreis über die Probleme seines Fachgebietes referiert. Eine Veröffentlichung aus dem Jahre 1947 [X 8] gibt nicht nur den Inhalt des Referates wieder, sondern auch die Stellungnahme des Referenten zu der inzwischen laut gewordenen Kritik an seinen Ausführungen.

Es ging dabei um folgende These [X 8, S. 41]:

„Wir denken uns jetzt einen *Leibniz*-Satz über einer universellen *Leibniz*-Sprache, also eine aus den Ausdrucksmitteln einer solchen Sprache erzeugbare Redeweise,

---

[1]) $\neg\, Ger\,(A, B, C)$ ist die Negation der ganzen Aussage; also $\neg\, Ger\,(A, B, C)$: A, B und C liegen *nicht* auf einer Geraden.

[2]) Die Schreibweise $\mathfrak{A}\,(A, B, C, P, Q)$ drückt aus, daß die (in (28) in geschweiften Klammern stehende) Aussage $\mathfrak{A}$ von den Aussagenvariablen A, B, C, P und Q abhängt. R wird *nicht* als Argument in $\mathfrak{B}$ aufgeführt, weil R eine sogenannte „gebundene" Variable ist: Die Aussage $\mathfrak{B}$ beginnt ja mit dem Existenzsymbol $\bigvee_{R}$: Es gibt ein $R \ldots$

[3]) Siehe dazu z. B. [X 4] oder [X 6].

die etwas ausdrückt, was allgemeingültig ist in jeder möglichen Welt. Es scheint mir, daß es sinnvoll ist, einer solchen Redeweise einen *metaphysischen Gehalt* zuzuschreiben."

Das ist in der Tat eine eigenartige Formulierung: Wir wissen, daß die Mathematik *Platons* ontologisch fundiert war, und seine Dialoge sprangen gelegentlich von mathematischen Argumentationen auf metaphysische Fragestellungen wie die nach der Unsterblichkeit der Seele. (Siehe S. 8.) Aber die Forschungen über die Grundlagen der Geometrie im letzten Jahrhundert und die Diskussionen über die Antinomien der Mengenlehre haben doch zu der Einsicht geführt, daß die Mathematik gut daran tut, auf jede Hilfeleistung durch die eine oder andere metaphysische Konzeption zu verzichten. Soll hier ein „Rückfall" in ein frühes Stadium der wissenschaftlich-mathematischen Wissenschaften empfohlen werden?

Man hat die Ausführungen von *Heinrich Scholz* in der Tat in diesem Sinne kritisiert. *Kaila* [X 9] sieht in der Überwindung jener „metaphysischen" Auffassung vom Wesen des Logischen „geradezu ein Hauptergebnis der gesamten exakt-logischen Forschung der letzten Jahrzehnte".

Auf der anderen Seite sind den „Metaphysikern" unter den Philosophen jene „Sätze der *Leibniz*-Sprache" viel zu wenig: Sie wollen daran festhalten, daß die Metaphysik es mit den großen Menschheitsfragen, mit den „letzten Dingen", zu tun hat. Zu diesem letzten Einwand sagt *Heinrich Scholz* [X 8]:

> „Ich würde diese Kritik für gerechtfertigt halten, wenn ich meinen Vorschlag so formuliert hätte, daß der mir vorschwebende Begriff der Metaphysik keinen anderen neben sich duldet. Das ist mir nie in den Sinn gekommen. Im Gegenteil! Ich würde es ungemein bedauern, wenn die ganze andere Art von Metaphysik verschwände, die die letzten Dinge meditierend umkreist. Aber man dient einer guten Sache nicht dadurch, daß man Grenzen verwischt, durch die zwei grundeigentliche heterogene Gebiete voneinander getrennt werden ...
>
> Die Metaphysik, die in unseren Logikkalkülen enthalten ist, ist eine strenge Wissenschaft ... Die Metaphysik, die die letzten Dinge umkreist, ist eine Folge von persönlichen Meditationen ...
>
> Man glaube nicht, daß ich zu denen gehöre, die das wissenschaftlich Erfaßbare für das Maß aller Dinge halten. Ich habe mich nie zu dieser Meinung bekannt. Ich werde mich nie zu ihr bekennen. Aber als Forscher halte ich jede Möglichkeit, zu wissenschaftlichen Resultaten zu gelangen, für etwas, was jeder Mühe wert ist.
>
> Und wenn ich sehe, mit wie wenig Respekt diese Möglichkeiten im Raume der philosophischen Grundlagenforschung mit verschwindenden Ausnahmen noch immer betrachtet werden, dann muß ich protestieren dürfen ...
>
> Daß ich gleichwohl auch der meditierenden Metaphysik nicht ganz fern stehe, kann man an den Gedanken erkennen, die ich mir zu der Frage gemacht habe, wie wir eigentlich zu den Wahrheiten gelangen, die im Raum unserer Logikkalküle dargestellt werden durch Aussagen, die allgemein gültig sind in jeder möglichen Welt."

Und zu der sich auf *Carnap* berufenden Kritik von *Kaila* wird entgegnet:

> „Wenn es wirklich so wäre, wie Herr *Carnap* es darstellt, so müßte jeder ernst zu nehmende Logiker zugleich ein Positivist nach dem Bilde von Herrn *Carnap* sein. Hierzu bin ich ungeeignet. Und zum Glück steht es so, daß die Arbeit an unseren Logikkalkülen von irgendwelchen zusätzlichen erkenntnistheoretischen Prämissen gänzlich unabhängig ist."

Den Vorwurf, er habe „für einen Logikkalkül geworben, der als Grundlage für eine philosophische Religion dienen kann", weist *Heinrich Scholz* nicht zurück:

„Ich gestehe, daß ich gegen diese Feststellung nichts einzuwenden habe, wenn der Ton auf das ‚kann' gelegt wird...

Es wird mir sogar sehr willkommen sein, wenn ich auf Spuren stoße, aus denen dies zu erkennen ist. Bis jetzt bin ich einer solchen Spur nicht begegnet."

Es ist nicht leicht, diese in der modernen Grundlagenliteratur ungewöhnlichen Ausführungen gerecht zu würdigen. Beachten wir zunächst, daß *Heinrich Scholz* wohl unterscheidet zwischen der „strengen Wissenschaft" in den Logikkalkülen und den „persönlichen Meditationen" in der Metaphysik der „letzten Dinge". Er betont die Eigengesetzlichkeit der „von zusätzlichen erkenntnistheoretischen Prämissen gänzlich unabhängigen" Kalküle und hat offenbar nicht vor, aus einer mathematischen Beweisführung in eine metaphysische Argumentation (im üblichen Sinne) umzusteigen.

Es scheint uns deshalb nicht gerechtfertigt, wenn man seine Denkweise einen „Rückfall" in eine überwundene Betrachtungsweise nennt. Sein Anliegen ist offenbar, das gültige Fundament *aller* wissenschaftlichen Arbeit („in jeder möglichen Welt") durch die Bezeichnung „Metaphysik" zu charakterisieren. *Einst* war dies Fundament gegeben durch irgendein philosophisches System (etwa *Platons* Ideenlehre), *heute* durch die grundlegenden Sätze der mathematischen Logik. Gerade weil diese Sätze manchen „geisteswissenschaftlich" orientierten Philosophen so trivial erscheinen, daß sie ihr Interesse solchen nüchternen Kalkülen lieber gar nicht erst zuwenden, betont *Scholz* die Bedeutung dieser „*Leibniz*-Sätze" durch die Etikettierung „Metaphysik".

Es muß freilich trotzdem bezweifelt werden, ob eine solche Terminologie angebracht ist. Es bleibt doch das Faktum, daß derselbe im philosophischen Gespräch verbrauchte Begriff dann recht wesensverschieden angewandt wird: Der Unterschied zwischen dem „wissenschaftlichen Kalkül" und dem „meditierenden Umkreisen" ist so erheblich, daß es bedenklich erscheinen muß, für beides die gleiche Bezeichnung zuzulassen.

Aber vielleicht spielt hier noch etwas anderes mit: Unsere sich so rasch wandelnde und doch zäh „am Alten" hängende Welt hat die Neigung, überkommene Begriffe auch dann festzuhalten, wenn man ihnen einen nicht unwesentlich verwandelten Inhalt geben muß. Aber dies Verfahren trägt nicht zur Klärung bei. Man soll nicht „neuen Most in alte Schläuche" füllen.

Die Tatsache, daß *Heinrich Scholz* im Gegensatz zu den Positivisten ein „Meditieren" über die Metaphysik der „letzten Dinge" für sinnvoll hält, wollen wir hier nur registrieren. Im letzten Kapitel werden wir diese Frage aufgreifen.

Nachdem wir uns jetzt mit den Grundbegriffen der mathematischen Logik vertraut gemacht haben, können wir uns wieder den durch die Kritik der Intuitionisten gestellten Fragen an die „konventionelle" Mathematik zuwenden.

XI. Der Formalismus

> *Wenn ich unter meinen Punkten irgendwelche Systeme von Dingen z. B. das System: Liebe, Gesetz, Schornsteinfeger . . . denke und dann nur meine sämtlichen Axiome als Beziehungen zwischen diesen Dingen annehme, so gelten meine Sätze, z. B. der Pythagoras, auch von diesen Dingen.*
>
> *Hilbert*[1]

David Hilbert hat mit seinen Schülern den Versuch unternommen, ein neues „Fundament" der Mathematik zu legen. Er erkennt die Einwände der Intuitionisten (S. 53 ff.) etwa gegen den unbeschränkten Gebrauch des Satzes vom ausgeschlossenen Dritten (S. 54 ff.) als durchaus berechtigt an. Er will aber trotzdem die Mathematik aus diesem Grunde nicht „verkürzen" und sich auch aus dem „Paradies, das *Cantor* uns geschaffen hat", nicht vertreiben lassen (S. 44). Dazu wird das Beweisverfahren der Mathematik mit den Mitteln der mathematischen Logik „formalisiert". Das Prinzip dieser „Formalisierung" machen wir uns am besten zunächst an einem einfachen Beispiel aus der Aussagenlogik selbst klar.

Auf S. 79 haben wir (aus dem *Hilbert*schen Axiomensystem) bewiesen:

$$A \Rightarrow A.$$

Wir schreiben jetzt diesen Beweis noch einmal auf unter Vermeidung aller Argumentationen durch Sätze der „Umgangssprache". Die Begründungen für die einzelnen Schritte des Beweises werden in Klammern angefügt (Nummer der benutzten „Prämissen"; Angabe, ob die „Einsetzungsregel" α oder das „Schlußschema" β benutzt wurde):

1. $X \vee X \Rightarrow X$ (Axiom a)
2. $(X \Rightarrow Y) \Rightarrow [(Z \Rightarrow X) \Rightarrow (Z \Rightarrow Y)]$ (Axiom d_1)
3. $X \Rightarrow X \vee Y$ (Axiom b)
4. $A \Rightarrow A \vee A$ (3, α)
5. $[(A \vee A) \Rightarrow A] \Rightarrow [\{A \Rightarrow (A \vee A)\} \Rightarrow (A \Rightarrow A)]$ (2, α)
6. $A \vee A \Rightarrow A$ (1, α)
7. $\{A \Rightarrow (A \vee A)\} \Rightarrow (A \Rightarrow A)$ (6, 5, β)
8. $A \Rightarrow A$ (7, 4, β)

---

[1] In einem Brief an *Frege* (Sitz.-Ber. d. Heidelberger Akad. d. Wiss. math.-nat. Kl., Jg. 1941, 2. Abh.).

Man kann dieses „Beweisschema" sich auch durch einen „Baum" veranschaulichen (Abb. 24).

Den „Ästen" des „Baumes" entsprechen die „Beweisfäden", und die „Schlußfigur" steht an der „Wurzel". Nachdem der Beweis „im Klartext" und im „Schema" gegeben wurde, wird dieser „Baum" ohne weiteren Kommentar verständlich sein, und der Leser wird keine Mühe haben, den ganzen auf S. 79 gegebenen Beweis für die Tautologie

$$(\neg A) \Rightarrow [(\neg A) \vee B]$$

im „Zeilenschema" oder im „Baum" zu formalisieren.

Auf ähnliche Weise können nun Beweisführungen einer mathematischen Theorie dargestellt werden. Man muß nur den hier benutzten Axiomen des Aussagenkalküls die des Prädikatenkalküls hinzufügen (ohne die wir nicht genug „Ausdrucksmöglichkeiten" haben!) und – die Axiome der speziellen mathematischen Theorie, mit der wir uns gerade beschäftigen wollen.

Kleene [XI 1, S. 82] benutzt z. B. folgende Axiome zur „Formalisierung" der Zahlentheorie:

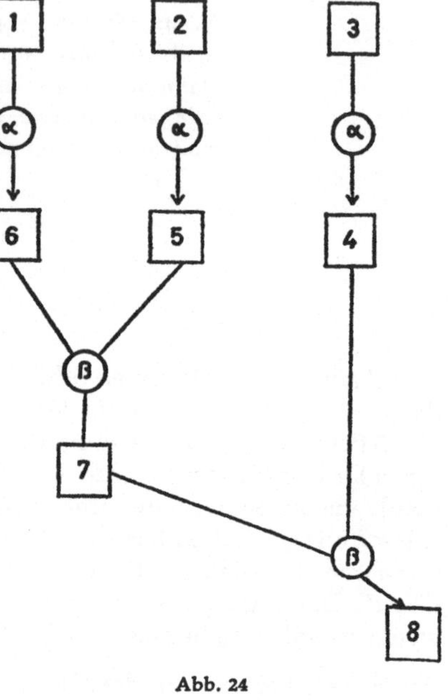

Abb. 24

Z 1. $a' = b' \Rightarrow a = b$

Z 2. $\neg (a' = 0)$

Z 3. $a = b \Rightarrow (a = c \Rightarrow b = c)$

Z 4. $a = b \Rightarrow a' = b'$

Z 5. $a + 0 = a$

Z 6. $a + b' = (a + b)'$

Z 7. $a \cdot 0 = 0$

Z 8. $a \cdot b' = a \cdot b + a$

$$Z\,9.\quad A\,(0) \wedge \{\textstyle\bigwedge_{x} [A\,(x) \Rightarrow A\,(x')]\} \Rightarrow A\,(x).$$

Dabei bedeutet a' den „Nachfolger" von a, also in der gewohnten Ausdrucksweise: die Zahl $a + 1$. Das Axiom Z 9 drückt das Prinzip der vollständigen Induktion aus: Wenn eine Aussage A

    richtig ist für die Zahl 0

    und aus der Richtigkeit für x immer die für den Nachfolger x' $(= x + 1)$ folgt,

ist die Aussage für alle natürlichen Zahlen richtig.

Für die Sätze der Zahlentheorie können nun wie in der Aussagenlogik „formalisierte" Beweise geführt werden. Als Axiome hat man außer Z 1 bis Z 9 die Axiome der formalen Logik, und zur Schlußregel β treten noch drei weitere Regeln des Prädikatenkalküls[1]).

---

[1]) Wir verzichten hier darauf, die Axiome und Schlußregeln des Prädikatenkalküls aufzuführen. Siehe dazu [XI 1, S. 82] oder [X 4, S. 59].

Als erster „Satz" wird bei *Kleene* [XI 1, S. 84] bewiesen: $a = a$. Der Beweis ist recht lang (17 „Zeilen"), und ein Anfänger könnte meinen, daß dies doch ein wenig viel Aufwand sei, um etwas so „Selbstverständliches" zu begründen. Aber gerade ein solches Beispiel kann uns den Unterschied des modernen Beweisverfahrens gegenüber klassischen Konzeptionen herausstellen. *Pascal* hat einmal folgende „Regeln für die Beweise" aufgestellt [1]:

> „1. Keines von den Dingen beweisen wollen, die so selbstevident sind, daß es nichts noch Klareres gibt, um sie zu beweisen.
>
> 2. Alle etwas dunklen Sätze beweisen und zu ihrem Beweis nur sehr evidente Axiome oder schon anerkannte oder bewiesene Sätze verwenden.
>
> 3. ..."

Die Entscheidung aber darüber, was „selbstevident" ist und welche Sätze als „etwas dunkel" zu gelten haben, ist durchaus subjektiv. Die moderne Mathematik zieht es deshalb vor, in ihren Theorien die Gültigkeit eines bestimmten Axiomensystems zu verabreden. Und mag ein Satz noch so selbstverständlich erscheinen: Er gilt in unserer Theorie nur, wenn er entweder selbst Axiom ist oder aus diesen nach den (ebenfalls fest verabredeten) „Schlußregeln" abgeleitet werden kann.

Natürlich könnte man sich ein Axiomensystem der Zahlentheorie denken, in dem die Aussage „$a = a$" Axiom ist. In dem System von *Kleene* kommt aber die Aussage „$a = a$" nicht unter den Axiomen vor und muß deshalb bewiesen werden.

Was ist nun mit dieser „Formalisierung" des Beweisverfahrens gewonnen? Erinnern wir uns: *Hilbert* hatte vor, die klassischen Verfahren der Mathematik gegenüber den Angriffen der Intuitionisten zu rechtfertigen. *Diese „Rechtfertigung" soll nun in der Weise erfolgen, daß die „Widerspruchsfreiheit" (und womöglich auch die „Vollständigkeit" und „Unabhängigkeit") der formalisierten Systeme nachgewiesen wird* [2].

Im Kap. X haben wir gezeigt, daß das *Hilbert*sche Axiomensystem der Aussagenlogik widerspruchsfrei ist. Man konnte zeigen, daß nicht gleichzeitig eine Aussage $\mathfrak{A}$ und ihre Negation $\neg \mathfrak{A}$ „ableitbar" sein konnten. In der Sprache der „formalen Systeme" wird aber nun jeder mathematische Satz zu einer Formel des Systems, und es besteht durchaus die Hoffnung, daß auch für diese Systeme der Beweis möglich ist, daß nicht gleichzeitig eine Formel $\mathfrak{F}$ und ihre Negation $\neg \mathfrak{F}$ „abgeleitet" werden können.

Hilbert will nun in seinen „formalen Systemen" den Satz vom „ausgeschlossenen Dritten" weiter zulassen [3], in seiner „Metamathematik" aber *den Beweis der Widerspruchsfreiheit mit „finiten" Methoden führen*, mit solchen Methoden also, die auch von den Intuitionisten anerkannt werden. Auf diese Weise wäre dann

---

[1] *Pascal:* Über die Methode und über die Psychologie des Gelehrten, Abt. 2: Vom geometrischen Beweis.
Zitiert nach: *Pascal:* Vermächtnis eines großen Herzens", Leipzig 1938, S. 43.

[2] Siehe dazu z. B. [IV 1].

[3] Das „tertium non datur" steckt ja schon in der *Hilbert*schen Aussagenlogik, siehe Kap. X.

gezeigt, und zwar mit anerkannt „unverfänglichen" Methoden gezeigt, daß auch die kritisierte Schlußweise mit der uneingeschränkten Benutzung des „tertium non datur" niemals zu der „Katastrophe" eines Widerspruchs führen kann. *Hilbert* sagt selbst dazu [1]:

> „Das Operieren mit dem Unendlichen kann nur durch das Endliche gesichert werden. Die Rolle, die dem Unendlichen bleibt, ist lediglich die einer Idee – wenn man nach den Worten *Kants* unter einer Idee einen Vernunftbegriff versteht, der alle Erfahrung übersteigt und durch den das Konkrete im Sinne der Totalität ergänzt wird – einer Idee überdies, der wir unbedenklich vertrauen dürfen in dem Rahmen, den die von mir hier skizzierte und vertretene Theorie gesteckt hat."

Erhard Schmidt [XI 2] sieht in der Entwicklung des Grundlagenproblems vom „naiven" Umgang mit dem „tertium non datur" über die intuitionistische Kritik zur *Hilbert*schen „Metamathematik" „ein schönes Beispiel für den berühmten Prozeß von These, Antithese und Synthese".

Aber wie stellen sich die Intuitionisten zu dieser „Synthese"? *Brouwer* hat das *Hilbert*sche Programm abgelehnt. Nach seiner Auffassung ist eine inkorrekte Theorie, die nicht auf einen Widerspruch führt, deshalb nicht weniger inkorrekt, so wie ein nicht verurteilter Verbrecher eben doch immer ein Verbrecher bleibt. *Hilbert* hat erwidert, daß man einem Mathematiker den Gebrauch des „tertium non datur" ebensowenig untersagen dürfe wie einem Astronomen den des Fernrohrs und einem Boxer den seiner Fäuste [2]. Es galt immer als ein besonderer Ruhm der Mathematik, daß sie keinen Streit der Meinungen kennt. Durch die Diskussion über die in den Bezirk des Philosophischen reichenden Grundlagenfragen hat sie diesen schönen Ruhm verloren.

Indessen: Man darf die Bedeutung solcher Kontroversen nicht überschätzen. Sie befruchten die Arbeit an einzelnen konkreten Problemen jedenfalls in der Weise, daß man heute die Beweise sich daraufhin ansieht, welche axiomatischen Elemente benutzt werden. Vor allem fragt man natürlich, ob das „tertium non datur" in einem Beweisgang enthalten ist. In dem bereits erwähnten Axiomensystem von *Kleene* [XI 1, S. 82] lautet das achte Axiom (aus der Gruppe A 1: Aussagenlogik):

$$8° \qquad \neg\,(\neg\,A) \Rightarrow A.$$

Die der Nummer 8 beigesetzte kleine Null deutet an, daß dieses Axiom („die doppelte Negation einer Aussage impliziert die Aussage selbst") vom intuitionistischen Standpunkt aus nicht akzeptabel ist, und bei allen folgenden Beweisen sind jene Schlüsse durch die kleine Null an der Nummer charakterisiert, die das Axiom $8°$ benutzen. Auf diese Weise sind die intuitionistisch „zulässigen" Beweisführungen von den anderen abgegrenzt [3].

---

[1] Zitiert nach [XI 2, S. 12].

[2] Siehe [XI 1, S. 56–57].

[3] Die „Friedfertigkeit" der Mathematiker findet ihren Ausdruck auch in der Tatsache, daß z. B. die wichtige Monographie [XI 3] eines modernen „Formalisten" in einer von „Intuitionisten" herausgegebenen Schriftenreihe erscheint.

Hilberts Plan einer „Metamathematik" ist als ein „Programm" veröffentlicht worden. Es ist einleuchtend, daß die Durchführung der Beweise für die Widerspruchsfreiheit, Vollständigkeit und Unabhängigkeit der in den verschiedenen Zweigen der Mathematik benutzten Axiomensysteme Aufgaben für mindestens eine Generation von Mathematikern stellt. Es zeigte sich auch bald, daß schon der Versuch, die Widerspruchsfreiheit der Theorie der natürlichen Zahlen zu beweisen, auf unerwartete Schwierigkeiten stößt. Das Problem der Widerspruchsfreiheit hängt nämlich eng zusammen mit gewissen „Entscheidungsproblemen", von denen im nächsten Kapitel die Rede sein soll. Wir wollen deshalb die Frage nach der Durchführung des *Hilbertschen* „Programms" noch zurückstellen und uns vorerst mit der Weiterentwicklung der *Hilbertschen* Ideen und den Einwänden gegen die Grundsätze des „Formalismus" befassen.

In den „Outlines of a formalist Philosophy of Mathematics" [XI 3] bezeichnet *Haskell B. Curry* die Mathematik als „die Wissenschaft von den formalen Systemen" [XI 3, S. 56]. Den Intuitionisten macht er zum Vorwurf, daß ihre Konzeption „idealistisch" sei und immer noch „metaphysische Elemente" enthalte. Er sagt (unter Berufung auf *Heyting*) [XI 3, S. 5]:

> „Ihre fundamentale Intuition muß folgende Eigenschaften haben:
>
> 1. Sie ist eine konstruktive Tätigkeit unseres Verstandes.
>
> 2. Die mathematischen Gegenstände werden mit dem denkenden Geist unmittelbar erfaßt, die mathematische Erkenntnis ist daher von der Erfahrung unabhängig.
>
> 3. Weiterhin ist diese fundamentale Intuition unabhängig von der Sprache und hat
>
> 4. objektive Realität in dem Sinne, daß sie die gleiche ist bei allen denkenden Wesen."

Curry glaubt aber nicht an ihren „Gott, die Intuition" [1]) und will lieber auf diesen „vagen" Begriff verzichten. Er legt aber Wert darauf, daß die Mathematik „sinnerfüllte Wahrheit" und nicht einfach ein „Spiel" mit Formeln sei: [XI 3, S. 57]:

> „Mathematik ist eine Wissenschaft, kein Spiel. Denn sie besteht aus Aussagen – nicht Formeln, sondern wirklichen Aussagen – „sinnerfüllten Wahrheiten" [2]) – deren Wahrheit bestimmt wird durch die fundamentalen Definitionen.

In seiner Neigung, die letzten Reste einer „Metaphysik" aufzuspüren und auszufegen, kritisiert er auch noch *Hilberts* Bemühen, die Widerspruchsfreiheit seiner Systeme zu beweisen [XI 3, S. 61]:

> „Wie wohl bekannt ist, besteht *Hilbert* auf der Widerspruchsfreiheit als Kriterium für Richtigkeit. Ich vermute, daß der Grund der ist, daß er – wie alle Intuitionisten – a priori eine Rechtfertigung sucht... Ich behaupte, daß ein Beweis der Widerspruchsfreiheit weder notwendig noch hinreichend für die Widerspruchsfreiheit ist ... Wenn nämlich ein Widerspruch entdeckt werden sollte, dann bedeutet dieses nicht ein vollständiges Versagen des Systems, sondern, daß eine Veränderung und Verbesserung notwendig ist."

---

[1]) [XI 3, S. 6] Fußnote. „Intuition" ist hier im englischen Text wie ein Eigenname groß geschrieben!

[2]) Bei *Curry* deutsch zitiert.

Wir können uns diese Kritik *Currys* an *Hilbert* nicht zu eigen machen. Hier hat die verständliche Neigung, unzulässige metaphysische Konzeptionen aufzuspüren, in die Irre geführt. *Hilberts* Anliegen ist durchaus „mathematisch": Es geht ihm nicht um (eine irgendwo metaphysisch beheimatete) „Wahrheit", sondern um „Sicherheit"[1]: Um die Sicherheit nämlich, daß nicht gleichzeitig mit der Formel $\mathfrak{F}$ auch die Formel $\neg \mathfrak{F}$ ableitbar sei.

Aber auch gegen die Kritik an dem „vagen" Begriff der „Intuition" können die Anhänger dieser „Gottheit" ein wichtiges Gegenargument anführen. Um das zu verstehen, greifen wir noch einmal auf die Überlegungen zur Fundierung der Geometrie zurück (Kap. III und IX). Da eine befriedigende Erklärung der geometrischen Grundbegriffe nicht gelang, wurde auf eine „explizite" Definition verzichtet. Wir hatten auf diese Weise die Möglichkeit, uns unter Punkten „irgend etwas" vorzustellen – wenn es nur mit den Axiomen verträglich war. So ließen die Axiome der ersten Gruppe des *Hilbert*schen Systems mancherlei durchaus verschiedenartige Deutungen zu. (Siehe S. 62 ff.)

Wir wenden uns nun wieder zur Axiomatik der Zahlentheorie. Hier werden ja auch die natürlichen Zahlen nicht explizit definiert. Es ergibt sich die Frage: Sind die Zahlen durch ein Axiomensystem wie das auf S. 88 eindeutig charakterisiert? Oder kann man sich unter Umständen auch noch andere (von den Zahlen wesentlich verschiedene) „Dinge" vorstellen, für die ebenfalls diese Axiome richtig sind? *Es zeigt sich, daß es nicht möglich ist, die Zahlen „implizit" durch ein (endliches) Axiomensystem zu definieren.* Stets können wir noch „andere Dinge" angeben, für die die Aussagen des Systems außerdem zutreffen. *Th. Skolem* hat ([XI 4] und [XI 5]) folgenden Satz bewiesen:

> Ein endliches Axiomensystem kann nie die Zahlenreihe charakterisieren, d. h. von allen anderen Reihen unterscheiden, jedenfalls nicht, wenn das Tertium non datur auch darin vorkommt.

Daß bei dem Beweis des *Skolem*schen Satzes das „tertium non datur" benutzt wird, kann zum mindesten von den Formalisten nicht beanstandet werden. Es ist interessant, daß gerade mit diesem Prinzip eine gewisse „Unzulänglichkeit" der axiomatischen Methode erwiesen wird.

Skolem geht von einem System von Axiomen aus, die auch Aussagen über die Relationen $<$ und $>$ enthalten[2], z. B.:

1. Die Zahlen sind linear geordnet mittels der Beziehung $<$. Diese Beziehung ist asymmetrisch und transitiv.

2. Es gibt eine kleinste Zahl 1.

3. Zu jeder Zahl x gibt es eine unmittelbar größere $x + 1$, d. h.
   $x < y \Rightarrow x + 1 \leq y.$

4. ...

---

[1]) Siehe das Motto S. 143!

[2]) Das auf S. 88 angeführte System Z 1, ..., Z 9 enthält Symbole $<$ (und $>$) überhaupt nicht. Es wird bei *Kleene* so definiert? $a < b$ steht zur „Abkürzung" für $\underset{x}{\bigvee} (a + x = b).$

Er zeigt, daß man solche „Ordnungsrelationen" auch für gewisse Folgen zahlentheoretischer Funktionen [1])

$$f_1(x), f_2(x), f_3(x), \ldots \tag{1}$$

erklären kann.

Es sollen also Aussageformen des Typs

$$f_\nu(x) < f_\mu(x) \tag{2}$$

eingeführt werden. Setzt man für die Veränderliche x irgendeine natürliche Zahl ein, so hat die Aussage

$$f_\nu(n) < f_\mu(n)$$

(als Ungleichung zwischen Zahlen) einen Sinn: Sie ist entweder richtig oder falsch.

Es kann natürlich sehr wohl $f_\nu(n) < f_\mu(n)$ sein, für eine andere Zahl m aber $f_\nu(m) \geq f_\mu(m)$ gelten. Für die Funktionen $f_\nu(x)$ (mit „veränderlichem" x) hat deshalb (2) zunächst keinen Sinn. Man könnte nun ganz einfach festsetzen: $f_\nu(x) < f_\mu(x)$, wenn $\nu < \mu$. Das wäre aber für unsere Zwecke nicht sinnvoll. Es soll ja später gezeigt werden, daß für die *Funktionen* auch das Axiom 3 (S. 92) gilt, und das wäre bei dieser Festsetzung nicht gesichert.

Skolem definiert die Beziehung (2) sukzessiv. Um die Aussage $f_1(x) < f_2(x)$ zu definieren, werden die Funktionswerte $f_1(n)$ und $f_2(n)$ für $n = 1, 2, 3, \ldots$ verglichen. Legen wir uns ein dreizeiliges Schema an, in das wir die Nummern $1, 2, 3, \ldots$ eintragen! Die Nummer n kommt in die erste $(<)$-Zeile, wenn $f_1(n) < f_2(n)$ gilt, in die zweite, durch das Gleichheitszeichen charakterisierte Zeile, wenn $f_1(n) = f_2(n)$ richtig ist, und schließlich in die dritte, wenn $f_1(n) > f_2(n)$ gilt:

Das „Schema" könnte dann z. B. so aussehen:

$$
\begin{array}{c|c|c|c|c|c|c|c|c}
< & 1 & - & - & 4 & 5 & 6 & - & \ldots \\
\hline
= & - & - & 3 & - & - & - & - & \ldots \\
\hline
> & - & 2 & - & - & - & - & 7 & \ldots
\end{array}
\tag{3}
$$

In *mindestens* einer dieser Zeilen werden unendlich viele Nummern stehen. Falls dies für die erste Zeile zutrifft, setzen wir $f_1(x) < f_2(x)$ (unabhängig davon also, ob vielleicht auch in den beiden anderen Zeilen unendlich viele Nummern stehen!). Ist dies nicht der Fall, enthält aber die zweite Zeile unendlich viele Nummern, so soll $f_1(x) = f_2(x)$ gelten, und schließlich gilt $f_1(x) > f_2(x)$, wenn in keiner der beiden ersten Zeilen unendlich viele Ziffern stehen. Daß stets genau einer der drei Fälle vorliegt, ergibt sich aus dem „tertium non datur".

Damit ist eine Ordnungsbeziehung zwischen den beiden ersten Funktionen von (1) festgelegt. Durch eine Art von Rekursionsverfahren wird jetzt für irgend zwei Indizes ν und μ festgelegt, was $f_\nu(x) < f_\mu(x)$ zu bedeuten hat. Wir wollen die

---

[1]) Eine zahlentheoretische Funktion ist eine Abbildung $n \rightarrow f(n)$ mit $n \in N_0$, $f(n) \in N_0$. Oft bezeichnet man (z. B. in der Theorie der rekursiven Funktionen) das *Bild* $f(n)$ als Funktion. Wir folgen im Kap. XII dieser Praxis.

Einzelheiten des *Skolemschen* Beweises hier nicht durchsprechen. Es zeigt sich nach Definition der Ordnungsrelation für die betrachteten zahlentheoretischen Funktionen, daß alle auf Grund eines endlichen[1]) Axiomensystems mit den üblichen formalen Methoden beweisbaren Aussagen für Zahlen auch für die betrachteten Funktionen gelten. Die Menge der „Dinge", für die die Axiome gelten, ist dann zwar immer noch abzählbar, sie ist aber von einem anderen Ordnungstypus als die Folge der natürlichen Zahlen.

Man kann also nicht sagen, daß durch eines der üblichen Axiomensysteme für die natürlichen Zahlen eine „implizite Definition" erreicht wird: Wir haben immer die Freiheit, uns unter den „Dingen" des Systems „noch mehr" als nur die natürlichen Zahlen vorzustellen. Man kann diesen wichtigen Satz von *Skolem* als ein Argument für den Intuitionismus werten: Wenn man nämlich von der „Urintuition des Zählens" ausgeht („die ganzen Zahlen hat der liebe Gott gemacht . . .", siehe S. 53), ist die für unser Bewußtsein doch vorhandene Sonderstellung der Zahlenreihe a priori gesichert.

Diese „Sicherung" kann aber auch auf andere Weise erfolgen: Der polnische Grundlagenforscher *A. Mostowski* hat kürzlich in einem Referat über „den gegenwärtigen Stand der Grundlagenforschung in der Mathematik" [XI 6, S. 20] erklärt:

> Der einzig konsequente Standpunkt, der sowohl mit dem gesunden Menschenverstand als auch mit der mathematischen Tradition in Einklang steht, ist vielmehr die Annahme, daß Ursprung und letzte ‚raison d'être' (Seinsgrund) des Begriffs Zahl, sowohl der natürlichen als auch der reellen, *in der Erfahrung und der praktischen Anwendbarkeit liegen . . .*"

Von dieser Konzeption aus spricht er vom „*idealistischen Charakter der Ideen Hilberts*" *und der Neopositivisten,* „welche den Inhalt der Mathematik durch eine Analyse der Sprache klären" wollen [2]).

Curry hat den Intuitionisten nachgesagt, sie seien Idealisten (S. 91). Hier wird der gleiche Vorwurf des „Idealismus" den „Formalisten" zurückgegeben! Man könnte zunächst geneigt sein zu fragen, warum es denn unter den modernen Mathematikern so anrüchig geworden ist, „Idealist" zu sein. Der Grund ist wohl darin zu sehen, daß der Mathematiker – und das hat zunächst mit seiner „privaten" Weltanschauung nichts zu tun! – durch seine Arbeit zu einer Sachlichkeit und Präzision des Denkens gezwungen worden ist, die man bei „Idealisten" nicht immer antrifft.

Im übrigen wird der Begriff „Idealismus" bei *Curry* und *Mostowski* offenbar in verschiedenem Sinne gemeint: *Curry* nennt eine Fundierung der Mathematik „idealistisch", wenn sie nicht frei von metaphysischen Elementen ist (siehe S. 91). *Mostowski* ist überzeugt, daß „Versuche, die Mathematik ohne Berücksichtigung ihres naturwissenschaftlichen Ursprungs zu begründen, zum Scheitern verurteilt sind" [XI 6, S. 41]. Er nennt deshalb alle jene Auffassungen „idealistisch", die die Mathematik nicht auf die „reale Außenwelt" gründen [3]).

---

[1]) In der zweiten Arbeit [XI 5] wird der Satz auch für ein System von abzählbar vielen Axiomen bewiesen.

[2]) Siehe dazu z. B. [X 6].

[3]) Auch die meisten Intuitionisten vertreten die Auffassung: „Die mathematische Erkenntnis ist von der Erfahrung *unabhängig*", siehe S. 91.

Man hat es dem „Formalismus" als ein Negativum angekreidet, daß es (nach dem Satz von *Skolem*) nicht möglich ist, die Zahlenreihe durch ein Axiomensystem „implizit zu definieren". Wir müssen nun aber auch hinzufügen, daß die Möglichkeit, ein gegebenes Axiomensystem durch mancherlei ganz verschiedenartige Modelle zu realisieren, auch seine positiven Seiten hat. Die moderne Mathematik kennt eine Reihe von axiomatisch fundierten Theorien, die auf ganz verschiedenartige Problemstellungen angewandt werden können und so Anlaß geben zu unerwarteten Einsichten auf ganz verschiedenen Gebieten der Mathematik.

Als Beispiele seien genannt:

1. die Gruppentheorie,
2. die Theorie der *Hilbert*schen und *Banach*schen Räume,
3. die Theorie der Körper,
4. die Verbandstheorie.

Wir wollen uns das letzte Beispiel herausgreifen und einiges über die verschiedenartigen Anwendungsmöglichkeiten der Verbandstheorie sagen.

Eine Menge $\mathfrak{B}$ von Elementen $a, b, c \ldots$ heißt ein *Verband*, wenn in $\mathfrak{B}$ zwei Operationen $\cap$ und $\cup$ erklärt sind [1]), die folgenden Gesetzen genügen [2]):

$$(\mathfrak{B}\,1) \quad a \cap b \quad = b \cap a \qquad\qquad (\mathfrak{B}\,4) \quad (a \cup b) \cup c = a \cup (b \cup c)$$
$$(\mathfrak{B}\,2) \quad a \cup b \quad = b \cup a \qquad\qquad (\mathfrak{B}\,5) \quad a \cap (a \cup b) = a$$
$$(\mathfrak{B}\,3) \quad (a \cap b) \cap c = a \cap (b \cap c) \qquad (\mathfrak{B}\,6) \quad a \cup (a \cap b) = a.$$

Es sollen nun einige Beispiele von „Verbänden" gegeben werden.

A. Es sei $\mathfrak{B}_1$ die Menge der Punktmengen $\mathfrak{a}, \mathfrak{b}, \ldots$ einer gegebenen Ebene E.

Dann bedeutet

1. $\mathfrak{a} \cup \mathfrak{b}$ die

Vereinigungsmenge von $\mathfrak{a}$ und $\mathfrak{b}$,

2. $\mathfrak{a} \cap \mathfrak{b}$ den

Durchschnitt von $\mathfrak{a}$ und $\mathfrak{b}$.

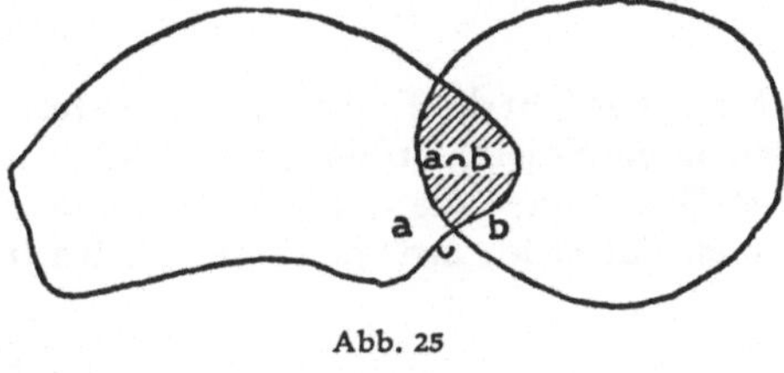

Abb. 25

Der „Durchschnitt" zweier Mengen $\mathfrak{a}$ und $\mathfrak{b}$ ist dabei die Menge, die genau jene Elemente enthält, die zu $\mathfrak{a}$ *und* zu $\mathfrak{b}$ gehören (Abb. 25). Der Begriff „Vereinigungsmenge" wurde schon früher ([2]), S. 50) erkärt.

---

[1]) Man liest (der Grund wird am Beispiel A klar): $a \cup b$: „a vereinigt mit b", $a \cap b$: „a geschnitten mit b".

[2]) Über das Gleichheitszeichen in $(\mathfrak{B}\,1)$ bis $(\mathfrak{B}\,6)$ muß noch etwas angemerkt werden. Der Begriff der „Gleichheit" läßt mancherlei Deutungen zu. Die „Gleichheit" von Strecken ist z. B. anders erklärt als die von Vektoren. – Hier sei unter „Gleichheit" irgendeine Relation verstanden, die 1. reflexiv, 2. symmetrisch und 3. transitiv ist. Es soll also gelten: 1. $a = a$ (jedes Element ist sich selber gleich), 2. $(a = b) \Rightarrow (b = a)$, 3. $(a = b \wedge b = c) \Rightarrow (a = c)$.

Zwei Mengen gelten genau dann als gleich, wenn sie dieselben Elemente enthalten. Man sieht sofort, daß für $\mathfrak{B}_1$ (mit der gegebenen Definition von $\cup$ und $\cap$) die Axiome ($\mathfrak{B}$ 1) bis ($\mathfrak{B}$ 6) erfüllt sind.

B. Es sei $\mathfrak{B}_2$ die Menge der natürlichen Zahlen von der Form

$$n = p_1^{\delta_1} \cdot p_2^{\delta_2} \cdot p_3^{\delta_3} \cdot p_4^{\delta_4}, \qquad \delta_\nu = 0 \text{ oder } 1. \tag{4}$$

Dabei sind p_ν die ersten vier Primzahlen, also:

$$p_1 = 2, \quad p_2 = 3, \quad p_3 = 5, \quad p_4 = 7.$$

Zu $\mathfrak{B}_2$ gehören genau $4^2 = 16$ Zahlen, nämlich:

$$1 \ (\text{alle } \delta_\nu = 0), 2, 3, 5, 7, 6, 10, 14, 15, 21, 35, 30, 42, 70,$$
$$105, 210 \ (\text{alle } \delta_\nu = 1).$$

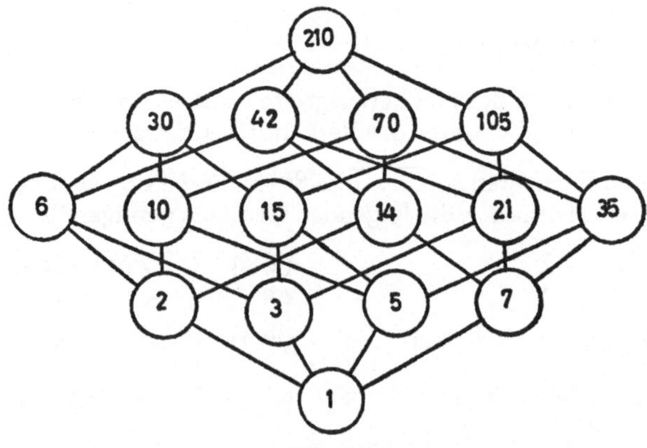

Abb. 26 a

Man übersieht die Teilbarkeitsverhältnisse der Zahlen dieser Menge gut, wenn man sie in ein Schema ordnet (Abb. 26 a): In der νten Zeile dieses Schemas (von unten gezählt) stehen die Zahlen, für die $(\nu - 1)$ Exponenten in (4) von 0 verschieden sind. Ein Strich zwischen zwei Zahlen in benachbarten Zeilen deutet an, daß die

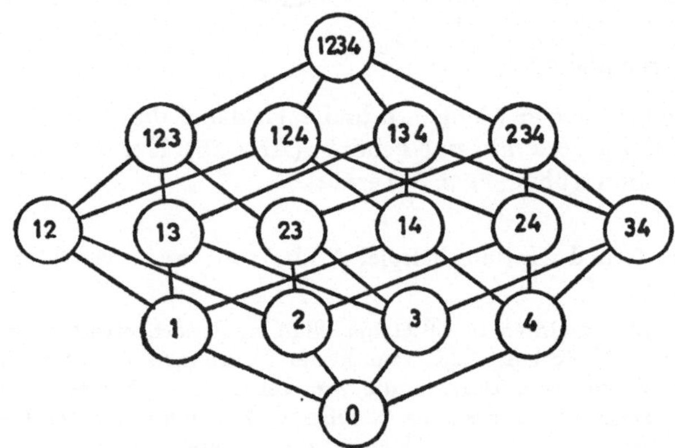

Abb. 26 b

eine (in der unteren Zeile stehende) Zahl ein Teiler der anderen ist. Abb. 26b gibt das gleiche Schema wieder mit der Veränderung, daß nicht die Zahlen selbst, sondern die in der Primfaktorenzerlegung der Zahl auftretenden Indizes eingetragen sind (1 2 4 für $p_1 \cdot p_2 \cdot p_4$ usf.).

Wir erklären nun für irgend zwei Zahlen a und b von $\mathfrak{B}_2$:

$a \cap b$ ist der größte gemeinsame Teiler von a und b,

$a \cup b$ ist das kleinste gemeinsame Vielfache von a und b.

Durch das Strichschema der Abb. 26 findet man sofort zu irgend zwei Zahlen a und b die Zahlen $a \cap b$ bzw. $a \cup b$.

Der Leser wird leicht nachweisen können, daß auch für diese Menge $\mathfrak{B}_2$ (mit den gegebenen Definitionen von $\cup$ und $\cap$) die Verbandsaxiome ($\mathfrak{B}$ 1) bis ($\mathfrak{B}$ 6) erfüllt sind. Es ist bemerkenswert, daß – im Gegensatz zum Verband $\mathfrak{B}_1$ vom Beispiel A – $\mathfrak{B}_2$ nur endlich viele Elemente enthält.

C. Als drittes Beispiel betrachten wir die „linearen Teilmengen" des (projektiven) dreidimensionalen Raumes. Darunter versteht man bekanntlich die Punkte, Geraden und Ebenen dieses Raumes und den Raum R_3 selbst. Es soll im folgenden auch die leere Menge dazu gerechnet werden. Wir erklären nun für irgend zwei Elemente x und y dieses Raumes:

$x \cap y$ ist der größte lineare Teilraum von R_3, der in x und in y enthalten ist

$x \cup y$ ist der kleinste lineare Teilraum von R_3, der x und y als Teilmengen enthält.

Seien beispielsweise x und y zwei sich schneidende (oder parallele) Geraden. Dann ist $x \cup y$ die durch x und y bestimmte Ebene, $x \cap y$ der Schnittpunkt der beiden Geraden [1]). Sind dagegen x und y windschiefe Geraden [2]), so ist $x \cup y$ der ganze R_3, und $x \cap y$ ist die leere Menge.

Auch die Menge $\mathfrak{B}_3$ dieser „linearen Teilmengen" bildet einen Verband, wie man unschwer zeigen kann.

D. Wir wollen jetzt zeigen, daß auch in der Aussagenlogik eine verbandstheoretische „Deutung" möglich ist. Daß die Aussagen

$$A \wedge B \quad \text{und} \quad B \wedge A$$

ebenso wie

$$A \vee B \quad \text{und} \quad B \vee A$$

den gleichen Wahrheitswert haben, ist trivial. Aber auch

$$A \quad \text{und} \quad A \vee (A \wedge B) \quad \text{oder}$$
$$A \quad \text{und} \quad A \wedge (A \vee B)$$

sind immer gleichzeitig „wahr" oder „falsch", welchen Wahrheitswert auch B hat. Nach Fußnote [1]), S. 74, gilt also:

$$
\begin{aligned}
A \vee B &\equiv B \vee A, & A &\equiv A \vee (A \wedge B), \\
A \wedge B &\equiv B \wedge A & A &\equiv A \wedge (A \vee B).
\end{aligned}
\tag{5}
$$

---

[1]) Auch zwei parallele Geraden einer Ebene des projektiven Raumes „schneiden sich": nämlich in einem „unendlich fernen Punkt".

[2]) Zwei Geraden heißen windschief, wenn sie nicht in einer Ebene liegen.

Ersetzen wir nun die Zeichen $\wedge$, $\vee$ durch $\cap$, $\cup$, so gewinnen wir aus (5) die Axiome ($\mathfrak{V}$ 1), ($\mathfrak{V}$ 2), ($\mathfrak{V}$ 5), ($\mathfrak{V}$ 6), und aus den Äquivalenzen

$$(A \wedge B) \wedge C \equiv A \wedge (B \wedge C)$$
$$(A \vee B) \vee C \equiv A \vee (B \vee C)$$

gewinnt man entsprechend ($\mathfrak{V}$ 3) und ($\mathfrak{V}$ 4).

Allerdings steht in (5) das Zeichen $\equiv$ und nicht $=$ (wie bei den Axiomen ($\mathfrak{V}$ 1) bis ($\mathfrak{V}$ 6)). Man erkennt aber leicht, daß unsere Äquivalenzrelation alle in Fußnote [2]), S. 95, geforderten Eigenschaften der „Gleichheit" hat, und damit ist die Möglichkeit gegeben, auch die Aussagenlogik „verbandstheoretisch" zu behandeln [1]).

Die besprochenen Beispiele A bis D stammen aus ganz verschiedenen „Sachgebieten" der Mathematik: A gehört zur Mengenlehre, B zur elementaren Zahlentheorie, C zur projektiven Geometrie und D zur mathematischen Logik. Jede aus den Axiomen der Verbandstheorie gewonnene Einsicht kann also in ganz verschiedenen Bezirken der Mathematik genutzt werden: Um nur ein Beispiel zu nennen: Aus den genannten symmetrisch in $\cup$ und $\cap$ aufgebauten Verbandsaxiomen läßt sich unschwer ein „Dualitätsprinzip" ableiten [XI 7, S. 4], das in der projektiven Geometrie schon lange bekannt ist, sich aber auch in einer nicht bewußt „verbandstheoretisch" aufgebauten Aussagenlogik nachweisen läßt [X 4, S. 13].

In den Kapiteln II und VII war mehrfach die Rede von der unzulässigen Verallgemeinerung gewonnener Erkenntnisse (etwa von endlichen auf unendliche Mengen), und wir haben eine besondere „Bildungsaufgabe" jedes mathematischen Unterrichts darin gesehen, daß er zu solcher kritischen Einsicht hinführt (S. 11). Hier können wir hinzufügen, daß der moderne Mathematiker trotzdem nicht der Geist ist, der „stets verneint". Die modernen axiomatisch fundierten und verschiedene Gebiete der Mathematik umfassenden Theorien reizen den Forscher zu immer weiter greifenden und doch *fundierten* Verallgemeinerungen vorhandener Erkenntnisse. Besonders großzügig ist dieses durch den Formalismus ermöglichte Verfahren der Verallgemeinerung von *Bourbaki* benutzt worden. Der revolutionäre Gedanke des *Bourbaki*-Kreises ist der: Man will die Mathematik nicht mehr von den klassischen, durch die Gesichtspunkte der Anwendungen bestimmten Disziplinen aufbauen, sondern aus jenen durch ihre Axiome bestimmten mathematischen Strukturen, die bisher den Charakter „übergreifender" Theorien hatten (siehe dazu die Beispiele auf S. 95). Vom Standpunkt der reinen Mathematik aus ist dieses Verfahren nur konsequent: Die Axiome etwa der Gruppen- oder Verbandstheorie sind ja wesentlich einfacher zu übersehen als die Voraussetzungen, die wir in der klassischen Analysis oder auch nur in der Theorie der reellen Zahlen machen.

Bevor wir (als ein Beispiel) die Auswirkungen dieses neuen Abstraktionsprozesses auf die Analysis behandeln, müssen wir wohl noch ein paar Worte über jenen mysteriösen *Bourbaki* sagen, dessen Name auf den Titelblättern so vieler Bände der „Actualités Scientifiques et Industrielles" [XI 8] steht, die von den „Elementen der Mathematik" handeln.

---

[1]) Siehe dazu z. B. [X 5].

Dieser *Bourbaki* existiert ebensowenig wie die Stadt Nancago, die im Datum des Vorwortes jener Schriften genannt wird, oder das Königreich Poldévie, dessen Akademie *Bourbaki* angehören soll. Mit etwas Phantasie kann man aus Nancago die Städtenamen Nancy und Chicago herauslesen. In der Tat sind es wohl vor allem französische und amerikanische Mathematiker, die an dem großen Gemeinschaftswerk „Éléments de Mathématique" beteiligt sind [XI 9]. Da sie aber offenbar auf die Anonymität ihres Unternehmens Wert legen, ist es wohl angebracht, diesen Spaß zu respektieren und weitere Fragen nach den Autoren zu unterlassen. Man kann dieses Unternehmen *Bourbaki* vergleichen mit den „Elementen" des *Euklid*. Auch damals ging es um eine Art Gemeinschaftsarbeit, die das gesamte mathematische Wissen der Zeit zusammenfaßte. Auch *Euklids* Werk geht von bestimmten Axiomen aus und ist durch die logische Strenge seiner Beweisführung ausgezeichnet. Das Werk *Bourbaki* ist nun nicht nur von *Euklid*, sondern auch von den bisherigen Methoden der klassischen Mathematik unterschieden durch eine neue Stufe der Abstraktion. Die sehr komplexen und in ihrer axiomatischen Struktur nicht immer einfach zu übersehenden klassischen Disziplinen werden aufgelöst in ihre „Grundstrukturen", deren Studium am Anfang der neuen „Elemente" steht.

Nehmen wir etwa die für die Analysis wichtige Theorie der reellen Zahlen! Wenn wir sie ihrer Größe nach vergleichen, deuten wir sie als „geordnete Menge". Eine geordnete Menge ist ein Spezialfall der oben (S. 95) ausführlicher besprochenen „Verbände". Hinsichtlich der Addition und Multiplikation bilden die reellen Zahlen aber einen „Körper". Wir werden also auch die Gesetze dieser Struktur beherrschen müssen, um Theorie der reellen Zahlen treiben zu können. Schließlich haben wir es in der Theorie der reellen Zahlen mit Grenzprozessen zu tun. Man kann natürlich – und das tut man gewöhnlich in den Vorlesungen über Analysis – die Grenzwertbetrachtungen speziell für die reellen Zahlen durch Erweiterung des Axiomensystems ermöglichen. Es entspricht aber der Ökonomie der neuen Betrachtungsweise, daß man die Theorie der Grenzprozesse nicht für den Spezialfall des ein- oder n-dimensionalen Raumes entwickelt, sondern gleich für den allgemeinen topologischen Raum.

Die algebraischen Strukturen, die geordneten Mengen und die topologischen Räume sind nun nach *Bourbaki* die „Grundstrukturen" der Mathematik. Ihre Gesetze gilt es zuerst zu erforschen. Dann erst erfolgt der weitere Ausbau etwa durch Übergang zu sogenannten „speziellen Strukturen", die man erhält, indem man zu den Axiomen einer Struktur noch ein oder einige spezielle Axiome dazu nimmt.

Wichtiger noch ist der Aufbau der mehrfachen Strukturen, die als „Kreuzweg" mehrerer einfacher Strukturen gedeutet werden können. Dazu ein Beispiel. Eine Menge $\mathfrak{M}$ von Elementen $x, y, z, \dots$ heißt ein *topologischer Raum*, wenn es eine Menge $\mathfrak{O}$ von Teilmengen von $\mathfrak{M}$ gibt mit folgender Eigenschaft:

1. Jede Vereinigung von Mengen von $\mathfrak{O}$ ist eine Menge von $\mathfrak{O}$,

2. jeder *endliche* Durchschnitt von Mengen von $\mathfrak{O}$ ist wieder eine Menge von $\mathfrak{O}$.

Es kann nun sein, daß eine solche Menge $\mathfrak{M}$ *außerdem* ein Vektorraum über einem Körper $\mathfrak{K}$ ist. Diese Eigenschaft liegt vor, wenn eine Art Addition der Elemente von

$\mathfrak{M}$ definiert ist und eine Multiplikation (links oder rechts) mit den Elementen α, β, $\gamma, \ldots$ von $\mathfrak{K}$, für die folgenden Gesetze gelten:

$$\alpha\,(x + y) = \alpha x + \alpha y,$$
$$(\alpha + \beta)\,x = \alpha x + \beta x,$$
$$\alpha\,(\beta x) \quad = (\alpha\beta)\,x,$$
$$1\,x = x.$$

Beispiele für topologische Vektorräume sind der n-dimensionale *Euklid*ische Raum, aber auch alle *Hilbert*schen Räume, etwa die Menge der in einem Bereich $\mathfrak{B}$ der komplexen Ebene regulären Funktionen mit beschränktem *Dirichlet*-Integral.

Damit haben wir Beispiele für die Überschneidung *zweier* mathematischer Strukturen. Wir erwähnten schon, daß wir die Theorie der reellen Zahlen als einen „Kreuzweg" von *drei* verschiedenen mathematischen Strukturen deuten können.

In unsern üblichen akademischen Vorlesungen steht die Vorlesung über Analysis oder die Grundvorlesung über „Höhere Mathematik" im Vorlesungsplan des 1. oder 2. Semesters. Es ist verständlich, daß im Werk *Bourbaki* die Definition des Differentialquotienten nicht gerade in einer der ersten Lieferungen zu finden ist. Es werden ja erst die bei der Definition dieses Begriffs beteiligten „Grundstrukturen" in voller Ausführlichkeit behandelt. Die „Ableitung" einer Funktion wird bei *Bourbaki* im 1. Kapitel des 4. Buches erklärt, und man ist fast ein wenig erstaunt darüber, daß die Definition auf den ersten Blick genauso aussieht, wie wir es von den Analysis-Vorlesungen gewohnt sind. Man darf aber nicht übersehen, daß die Begriffe „Funktion" und „Limes" hier in einem allgemeineren Sinne durch Erklärungen festgelegt sind, die die übliche Deutung in der Analysis als Spezialfall umfassen. Die Werte der Funktionen $x \to f\,(x)$ des reellen Arguments x sind hier Elemente eines topologischen Vektorraumes, der hier benutzte Limes-Begriff ist vorher im Band 3 der „Topologie" erklärt worden.

Es ist vielleicht angebracht, daran zu erinnern, daß man in der Vektoranalysis des dreidimensionalen Raumes mit dem Grenzwert

$$\lim \frac{\mathfrak{x}\,(t + h) - \mathfrak{x}\,(t)}{h}$$

arbeitet, wobei t ein reelles Argument ist und $\mathfrak{x}$ einen Vektor bedeutet. Bei *Bourbaki* tritt an die Stelle der Funktion $t \to \mathfrak{x}\,(t)$ eine Funktion $t \to f\,(t)$, deren Werte Vektoren eines topologischen Vektorraumes sind. Es zeigt sich, daß viele Gesetze der Differentiation auch bei dieser allgemeineren Deutung der Begriffe gültig bleiben.

XII. Rekursive Analysis

Die Zahl ist Anfang und Ende des Denkens.
Mit dem Gedanken wird die Zahl geboren.
Über die Zahl hinaus reicht der Gedanke nicht. [1]

Die erst vor wenigen Jahrzehnten durch *Skolem* [XII 1] begründete und vor allem von *Kleene*, *Péter* und *Goodstein* ([XI 1], [XII 2], [XII 3]) ausgebaute Theorie der rekursiven Funktionen ist eines der wichtigsten Hilfsmittel der modernen Grundlagenforschung geworden. Sie ist der konsequent durchgeführte Versuch, die Zahlentheorie, und darüber hinaus die ganze Analysis im Sinne *Kroneckers* auf den Gundprozeß des Zählens zurückzuführen.

Wir wollen den Grundgedanken der rekursiven Definition zunächst an einfachen Beispielen zahlentheoretischer Funktionen [2] erläutern.

Grundfunktionen der Theorie (für eine Variable) sind die Abbildungen

$$n \to f_1(n) = 0; \qquad n \to f_2(n) = n, \qquad n \to f_3(n) = n';$$

dabei ist n' der „Nachfolger" [3] von n.

Jetzt können wir die Addition $(+)$ für die Elemente von N_0 [4] *rekursiv* erklären:

$$\boxed{f_4(n,a) = a + n} : \quad \begin{cases} f_4(0,a) = a, \\ f_4(n',a) = (f_4(n,a))' = f_4(n,a) + 1. \end{cases} \tag{1}$$

Die zweite Zeile von (1) kann man (unter Benutzung der Grundfunktion $n \to f_3(n) = n'$) auch so schreiben:

$$f_4(n',a) = f_3(f_4(n,a)). \tag{1'}$$

Damit ist tatsächlich $a + k = f_4(k,a)$ für alle natürlichen Zahlen k erklärt; es ist ja nach (1):

$$f_4(0,a) = a + 0 = a,$$
$$f_4(1,a) = a + 1 = a',$$
$$f_4(2,a) = a + 2 = (f_4(1,a))' = a'',$$

. . . .

---

[1] Inschrift am *Mittag-Leffler-Institut* in Djursholm (Schweden).

[2] Vgl. die Fußnote [1], S. 93.

[3] Der Grundprozeß des Zählens steht *vor* dem Addieren. Deshalb heißt der Nachfolger von n zunächst n'; nach Erklärung der Addition setzt man auch $n' = n + 1$.

[4] $N_0 = N \cup \{0\}$.

Entsprechend wird die Multiplikation auf die Addition und damit rekursiv auf den Prozeß des Zählens zurückgeführt:

$$\boxed{f_5(n,a) = a \cdot n} : \quad \begin{cases} f_5(0,a) = 0, \\ f_5(n',a) = f_5(n,a) + a \end{cases} \tag{2}$$

oder auch

$$f_5(n',a) = f_4(a, f_5(n,a)). \tag{2'}$$

Man kann die Arithmetik der natürlichen Zahlen aus diesen rekursiven Definitionen begründen und u. a. beweisen [XII 7]:

$$a + k = k + a, \quad a \cdot k = k \cdot a. \tag{3}$$

Wir wollen zeigen, daß man auch relativ komplizierte zahlentheoretische Funktionen rekursiv erklären kann und führen zunächst die „rekursive Subtraktion" ein, die nicht aus der Menge N_0 herausführt. Mit den üblichen Symbolen ist dies die Erklärung von $a \dot{-} b$:

$$a \dot{-} b = \begin{cases} a - b, & \text{wenn } a \geq b, \\ 0 & \text{sonst.} \end{cases} \tag{4}$$

Die *rekursive* Definition von $a \dot{-} n$ erfolgt in zwei Schritten:

$$\boxed{f_6(n) = n \dot{-} 1} : \quad \begin{cases} f_6(0) \ = 0, \\ f_6(n') = n, \end{cases} \tag{5}$$

und

$$\boxed{f_7(n,a) = a \dot{-} n} : \quad \begin{cases} f_7(0,a) \ = a, \\ f_7(n',a) = f_7(n,a) \dot{-} 1. \end{cases} \tag{6}$$

Nützlich für den Aufbau komplizierter Funktionen ist die Signum-Funktion und ihr „Komplement":

$$\boxed{f_8(n) = \text{sg}\, n} : \quad \begin{cases} \text{sg}\, 0 \ = 0, \\ \text{sg}\, n' = 1, \end{cases} \tag{7}$$

und

$$\boxed{f_9(n) = \overline{\text{sg}}\, n} : \quad \overline{\text{sg}}\, n = 1 \dot{-} \text{sg}\, n. \tag{8}$$

Damit wurde zum ersten Male eine neue Funktion durch Substitution gewonnen. Es ist ja

$$\overline{\text{sg}}\, n = f_7(\text{sg}\, n, 1).$$

Wir werden dieses Verfahren später in der allgemeinen Definition der primitiv rekursiven Funktion (S. 104) „legalisieren". Natürlich kann man $\overline{\text{sg}}\, n$ *auch rekursiv* erklären:

$$\text{sg}\, 0 = 1, \quad \overline{\text{sg}}\, n' = 0.$$

Die Summenfunktion

$$f_{10}(n) = F(n) = \sum_{\nu = 0}^{n} f(\nu)$$

mit irgendeiner bereits rekursiv definierten Funktion f erklären wir so [1]:

$$\boxed{\;F(n) = \sum_{\nu=0}^{n} f(\nu)\;}: \quad \begin{cases} F(0) = f(0), \\ F(n') = F(n) + f(n'). \end{cases} \tag{9}$$

Wir benutzen diese neue Funktion zur Definition der bei der Division natürlicher Zahlen

$$a = p \cdot n + r, \quad (r < n), \tag{10}$$

auftretenden Funktion

$$p = p(a,n) = \left[\frac{a}{n}\right]: \quad \left[\frac{a}{0}\right] = a, \left[\frac{a}{n}\right] = \sum_{\nu=1}^{a} \overline{\mathrm{sg}}\,(\nu\,n \div a) \tag{11}$$

für $n \geq 1$. Zur Begründung dieser Festsetzung beachte man: Es ist

$$1 \cdot n \div a = 2 \cdot n \div a = \cdots = p \cdot n \div a = 0,$$

also

$$\overline{\mathrm{sg}}\,(1 \cdot n \div a) = \overline{\mathrm{sg}}\,(2 \cdot n \div a) = \cdots = \overline{\mathrm{sg}}\,(p \cdot n \div a) = 1, \; 1 + 1 + \cdots + 1 = p.$$

Weiter ist

$$(p+1) \cdot n \div a > 0, \; \overline{\mathrm{sg}}\,((p+1) \cdot n \div a) = 0, \ldots$$

Man kann also getrost für die obere Grenze der Summe in (11) a einsetzen.

Durch „Substitution" können wir weitere bemerkenswerte zahlentheoretische Funktionen [2] erklären:

Der durch die Division (10) bestimmte Rest $r = \mathrm{res}\,(a, n)$:

$$\mathrm{res}\,(a, n) = a \div \left[\frac{a}{n}\right] \cdot n. \tag{12}$$

Die Anzahl $S(n)$ der Teiler einer natürlichen Zahl n:

$$S(n) = \sum_{\nu=1}^{n} \overline{\mathrm{sg}}\,(\mathrm{res}\,(n, \nu)). \tag{13}$$

Ist nämlich ν Teiler von n, so ist $\mathrm{res}\,(n, \nu) = 0$, $\overline{\mathrm{sg}}\,(\mathrm{res}\,(n, \nu)) = 1$. Die Summe der auf diese Weise erhaltenen Einsen ergibt gerade die Zahl $S(n)$.

Der absolute Betrag

$$|a - b| = (a \div b) + (b \div a). \tag{14}$$

Die Anzahl $\pi(n)$ der Primzahlen, die nicht größer sind als n:

$$\pi(n) = \sum_{\nu=2}^{n} \overline{\mathrm{sg}}\,(S(\nu) \div 2). \tag{15}$$

---

[1] $\displaystyle\sum_{\nu=m}^{n} f(\nu)$ wird dann so erklärt: $\displaystyle\sum_{\nu=m}^{n} f(\nu) = F(n) \div F(m)$.

[2] Vgl. [1], S. 93!

Für eine Primzahl p (mit den Teilern 1 und p) ist ja $S(p) = 2$, $S(p) \mathbin{\dot{-}} 2 = 0$. Wegen [1]

$$F(0) = \sum_{\nu=2}^{0} f(\nu) = F(1) = \sum_{\nu=2}^{1} f(\nu) = 0$$

ist $\pi(0) = \pi(1) = 0$; für $n \geq 2$ hat man aber $\pi(2) = 1$, $\pi(3) = \pi(4) = 2$, $\pi(5) = 3$, usf.

Die größte ganze Zahl $[\sqrt{n}]$, deren Quadrat nicht größer als n ist:

$$[\sqrt{0}] = 0, \quad [\sqrt{n+1}] = [\sqrt{n}] + \overline{sg}\,|\,(n+1) - ([\sqrt{n}]+1)^2\,|. \tag{16}$$

Es ist nämlich $[\sqrt{n+1}]$ genau dann um 1 größer als $[\sqrt{n}]$, wenn $n + 1$ Quadratzahl ist. Es ist z. B.

$$[\sqrt{17}] = [\sqrt{16}] = 4, \ [\sqrt{25}] = [\sqrt{26}] = [\sqrt{35}] = 5,\ \text{usf.}$$

Nach diesen Beispielen wollen wir die allgemeine Definition einer primitiv rekursiven Funktion geben:

Definition 1: Die folgenden Funktionen heißen *primitiv rekursiv*:

a) $f(n_1, n_2, \ldots, n_m) = 0$,

b) $f(n_1, n_2, \ldots, n_m) = n_\mu \quad (\mu = 1, 2, \ldots, m)$,

c) $N(n) = n' = n + 1$.

d) Wenn

$\varphi(n_1, n_2, \ldots, n_m)$

und

$\psi(n_1, n_2, \ldots, n_m, s, t)$

primitiv rekursiv sind und wenn

$$f(n_1, n_2, \ldots, n_m, 0) = \varphi(n_1, n_2, \ldots, n_m), \tag{17}$$
$$f(n_1, n_2 \ldots, n_m, N(s)) = \psi(n_1, n_2, \ldots, n_m, s, f(n_1, n_2, \ldots, n_m, s))$$

gilt, dann heißt auch $f(n_1, n_2, \ldots, n_m, s)$ *primitiv rekursiv*.

e) Wenn $h_k(n_1, n_2, \ldots, n_m) \quad (k = 1, 2, \ldots, r)$

primitiv rekursive Funktionen sind und auch

$H(n_1, n_2, \ldots, n_r)$

primitiv rekursiv ist, dann heißt auch

$H(h_1(n_1, n_2, \ldots, n_m), \ldots, h_r(n_1, n_2, \ldots, n_m))$

primitiv rekursiv.

Die n_μ sind dabei *Parameter*, s heißt die *Rekursionsvariable*.

---

[1] Man beachte die Fußnote [1] auf S. 103!

Für nur einen Parameter vereinfachen sich die Gleichungen (17) so:

$$f(a, 0) = \varphi(a),$$
$$f(a, N(s)) = \psi(a, s, f(a, s)). \qquad (17')$$

Dieser Fall war z. B. bei der rekursiven Definition der Addition (vgl. (1)) gegeben; dabei war

$$\varphi(a) = a, \quad \psi(a, s, f(a, s)) = N(f(a, s)) = f(a, s) + 1.$$

Für die Funktion

$$f(a, n) = a^{n+1} \cdot (n + 1)!$$

haben wir die Rekursion:

$$f(a, 0) = \varphi(a) = a,$$
$$f(a, n + 1) = \psi(a, n, f(a, n)) = a \cdot (n + 1) \cdot f(a, n).$$

Die unter e) zugelassene Möglichkeit der *Substitution* haben wir zum ersten Mal bei der Definition (8) benutzt.

Besonders bedeutsam für die Grundlagenforschung ist die Tatsache, daß man gewissen Prädikaten [1]) $P(n_1, n_2, \ldots, n_r)$ $(n_\varrho \in N_0)$ primitiv rekursive Funktionen zuordnen kann, deren Berechnung über die Gültigkeit des Prädikats entscheidet:

Definition 2: Ein Prädikat $P(n_1, n_2, \ldots, n_r)$ $(n_\varrho \in N_0)$ heißt *primitiv rekursiv*, wenn es eine primitiv rekursive Funktion $f(n_1, n_2, \ldots, n_r)$ gibt, die genau dann gleich Null wird, wenn $P(n_1, n_2, \ldots, n_r)$ wahr ist. Eine solche Funktion f heißt *charakteristische Funktion* des Prädikats P.

Ohne Einschränkung der Allgemeinheit können wir annehmen, daß eine zu einem primitiv rekursiven Prädikat gehörende charakteristische Funktion $f(n_1, n_2, \ldots, n_r)$ den Wert 1 annimmt, wenn das Prädikat falsch ist. Hat man nämlich eine zu P gehörende Funktion $f(n_1, n_2, \ldots, n_r)$, wie sie die Definition erfordert, so ist

$$\operatorname{sg} f(n_1, n_2, \ldots, n_r)$$

immer 1, wenn P falsch ist.

Wir geben einige einfache Beispiele für primitiv rekursive Prädikate und die zugehörigen charakteristischen Funktionen:

$$(A) \quad m > n: \quad \alpha_1(m, n) = \overline{\operatorname{sg}}(m \dot{-} n),$$
$$(B) \quad m = n: \quad \alpha_2(m, n) = \operatorname{sg}(m \dot{-} n) + \operatorname{sg}(n \dot{-} m),$$
$$(C) \quad m \geq n: \quad \alpha_3(m, n) = \operatorname{sg}(n \dot{-} m).$$

Man kann im Fall C aber auch

$$\alpha_3(m, n) = \alpha_1(m, n) \cdot \alpha_2(m, n)$$

---

[1]) Vgl. dazu S. 82.

setzen. Die Darstellung der charakteristischen Funktion eines Prädikats ist also nicht eindeutig.

(D) $0 < m \leq n$: $\qquad \alpha_4(m, n) = \mathrm{sg}\,((1 \doteq m) + (m \doteq n))$,

(E) $Pr\,a$ („a *ist Primzahl"*): $\qquad \alpha_5(a) = \mathrm{sg}\,(S(a) \doteq 2) + \overline{\mathrm{sg}}\,(a \doteq 1)$.

Der zweite Summand muß deshalb zugefügt werden, weil $a = 1$ (bei der üblichen Definition) keine Primzahl ist.

(F) „*a ist durch 7 teilbar"*: $\qquad \alpha_6(a) = \mathrm{sg}\,(\mathrm{res}\,(a, 7))$.

Bedeutsam für den Ausbau der Theorie der primitiv rekursiven Prädikate sind die beiden folgenden Sätze:

Aussagenlogische Verknüpfungen primitiv rekursiver Prädikate sind wieder primitiv rekursiv.

Ist $P(v, n_2, n_3, \ldots, n_r)$ primitiv rekursiv, so gilt das auch für die Prädikate [1]:

$$\bigvee_{v \leq n} P(v, n_2, \ldots, n_r), \tag{18}$$

$$\bigwedge_{v \leq n} P(v, n_2, \ldots, n_r). \tag{19}$$

Es seien nämlich

$$P(n_1, n_2, \ldots, n_r) \text{ und } Q(n_1, n_2, \ldots, n_r)$$

die gegebenen Prädikate,

$$p(n_1, n_2, \ldots, n_r) \text{ und } q(n_1, n_2, \ldots, n_r)$$

die entsprechenden charakteristischen Funktionen. Dann gehören zu $\neg P$, $P \vee Q$ und $P \wedge Q$ offenbar die folgenden charakteristischen Funktionen:

$$\neg P: \quad \overline{\mathrm{sg}}\,p,$$
$$P \vee Q: \quad p \cdot q,$$
$$P \wedge Q: \quad \mathrm{sg}\,(p + q).$$

Zu den Prädikaten (18) und (19) gehören die Funktionen [2]

$$\prod_{v=0}^{n} p(v, n_2, \ldots, n_r), \tag{18'}$$

$$\mathrm{sg}\left(\sum_{v=0}^{n} p(v, n_2, \ldots, n_r)\right). \tag{19'}$$

Die Tatsache, daß man den hier definierten rekursiven Funktionen und Prädikaten das Attribut „primitiv" beigibt, legt den Schluß nahe, daß es noch eine andere Form der Rekursion gibt. Das ist in der Tat der Fall. Die von *Kleene* eingeführten *allgemein rekursiven Funktionen* (mit den entsprechenden Prädikaten) stellen eine

---

[1] Vgl. dazu S. 82.

[2] Man erkennt leicht, daß mit $f(v)$ auch $\prod_{v=0}^{n} f(v)$ primitiv rekursiv ist.

echte Verallgemeinerung unserer primitiv rekursiven Funktionen (bzw. Prädikate) dar. Es ist für unsere Zwecke nicht erforderlich, darauf einzugehen. Es sei auf die Literatur verwiesen ([XI 1], [XII 2]).

Aber über die praktische Bedeutung der rekursiven Funktionen und Prädikate soll noch ein Wort gesagt werden. Da die rekursiven Funktionen die Berechnung auf den Prozeß des Zählens zurückführen, ist es einleuchtend, daß man Maschinen bauen kann, die die Berechnung einer (primitiv oder allgemein) rekursiven Funktion für einen vorgegebenen Wert n ($n \in N_0$) in endlich vielen Schritten durchführen [1]). Da zu den primitiv rekursiven Prädikaten die entsprechenden charakteristischen Funktionen gehören, kann man auch die Entscheidung darüber, ob ein primitiv rekursives Prädikat für eine gewisse Zahl n wahr ist (z. B.: „n ist eine Primzahl"), durch eine Maschine vollziehen lassen.

Wir wollen nun zeigen, wie man von der Theorie der zahlentheoretischen Funktionen zu einer „rekursiven" Begründung der Analysis kommen kann. Zunächst führt man die negativen und die rationalen Zahlen in der üblichen Weise durch Zahlenpaare ein (vgl. z. B. [XII 8]). Dann führt man den Begriff der rekursiven und der rekursiv konvergenten Folge ein:

Definition 3: Eine Folge $\Phi\,(n)$ rationaler Zahlen heißt *rekursiv* (bzw. *primitiv rekursiv*), wenn

$$\Phi\,(n) = \frac{\varphi\,(n) - \psi\,(n)}{\chi\,(n)}$$

ist und die Folgen $\varphi\,(n)$, $\psi\,(n)$ und $\chi\,(n)$ (primitiv) rekursive Funktionen sind.

Definition 4: Eine primitiv rekursive Folge $\Phi\,(n)$ rationaler Zahlen heißt (*primitiv*) *rekursiv konvergent*, wenn es eine (primitiv) rekursive Funktion $N\,(m)$ gibt, so daß [2])

$$\Phi\,(\mu) - \Phi\,(\nu) = o\,(m) \tag{20}$$

gilt für $\mu, \nu \geq N\,(m)$.

$\Phi\,(n)$ heißt eine *rekursive Nullfolge*, wenn es eine rekursive Funktion $N\,(m)$ gibt, so daß $\Phi\,(n) = o\,(m)$ für $n \geq N\,(m)$. Wir sagen auch: $\Phi\,(n)$ konvergiert rekursiv gegen die rationale Zahl $\frac{p}{q}$, wenn $\Phi\,(n) - \frac{p}{q}$ eine rekursive Nullfolge ist. Statt rekursiv und rekursiv konvergent soll auch kurz *regulär* gesagt werden.

Definition 5: Zwei reguläre Folgen $\varphi\,(n)$ und $\psi\,(n)$ heißen *äquivalent* (im Zeichen: $\approx$), wenn $\varphi\,(n) - \psi\,(n)$ eine reguläre Nullfolge ist.

---

[1]) Über die „Turing-Maschinen" und die „Turing-Berechenbarkeit" rekursiver Funktionen vgl. [XII 2] oder [XIII 4].

[2]) Für $|a| < \dfrac{1}{10^m}$ sagen wir nach *Goodstein*: $a = o\,(m)$.

Ohne Einschränkung der Allgemeinheit können wir bei der in Definition 4 auftretenden Funktion $N(m)$ voraussetzen, daß

$$N(m+1) \geq N(m) \geq m$$

gilt.

Damit haben wir die Grundlagen geschaffen für eine rekursive Theorie der reellen Zahlen:

Definition 6: Eine rekursive und rekursiv konvergente Folge rationaler Zahlen heißt eine *reelle Zahl*. Zwei reelle Zahlen heißen *äquivalent*,

$$\varphi(n) \approx \psi(n),$$

wenn $\varphi(n) - \psi(n)$ eine reguläre Nullfolge ist.

Die Äquivalenz rekursiver reeller Zahlen ist eine symmetrische, transitive und reflexive Beziehung.

Es ist aufschlußreich, die Gemeinsamkeiten und die Unterschiede der rekursiven von der klassischen Theorie herauszustellen. Die Definition 4 erinnert an die klassische von *Cantor* begründete Theorie der reellen Zahlen. *Cantor*[1]) verstand unter einer reellen Zahl eine Äquivalenzklasse von Cauchy-Folgen. Eine *Cauchy-Folge*[2]) ist dabei eine Folge a_n von rationalen Zahlen, für die zu jedem $\varepsilon > 0$ eine Nummer $N = N(\varepsilon)$ gehört, so daß

$$|a_\mu - a_\nu| < \varepsilon \tag{20'}$$

ist für $\mu > N,\ \nu > N$.

Die Ähnlichkeit der Bedingungen (20) und (20') springt in die Augen. Es gibt aber einen gewichtigen Unterschied: In der klassischen Theorie genügt die *Existenz* einer Funktion $\varepsilon \to N(\varepsilon)$; sie kann aus dem Satz von der oberen Grenze gefolgert werden und muß nicht explizit gegeben sein. Die Definition 4 aber fordert die Angabe einer (primitiv) rekursiven Funktion $N(m)$. Dazu kommt, daß *Cantor* die reelle Zahl als eine *Klasse* äquivalenter Folgen einführt. Solche Klassenbildungen sind in der rekursiven Theorie nicht vorgesehen. Hier heißt die einzelne rekursiv konvergente Folge eine reelle Zahl. Trotzdem gibt es in der klassischen Theorie kontinuumviele reelle Zahlen (vgl. Kap. VI!). Die Menge der rekursiven reellen Zahlen ist aber abzählbar, weil es nur abzählbar viele (primitiv) rekursive Funktionen gibt (vgl. dazu Kap. XIII!).

Dieser „Verlust" bei der Bescheidung auf die konstruktiven Verfahren wiegt nicht schwer: Jede praktisch gebrauchte reelle Zahl läßt sich auch als rekursive reelle Zahl schreiben. Für die Zahl π z. B. mit der Dezimalbruchentwicklung

$$\pi = 3{,}1415926 \ldots = 3,\ \pi_1\,\pi_2\,\pi_3 \ldots$$

kann man eine primitiv rekursive Funktion angeben, die die Berechnung der n ten Stelle π_n gestattet, wenn nur die vorhergehenden Stellen bereits berechnet sind.

---

[1]) Vgl. [VI 1].

[2]) syn.: *Fundamentalfolge.*

Die Schwierigkeit liegt darin, daß die Rechnung wesentlich umständlicher wird, wenn man jede Funktion $N(k)$, die es „gibt", auch effektiv berechnen will und wenn man bei den Aussagen über Funktionen die üblichen Existenzsätze nicht benutzt.

Wir wollen das an einigen Beispielen klarmachen. Beginnen wir mit der „Existenz" der Zahl e.

In der klassischen Theorie kann man so schließen:

Die Folge

$$\varepsilon_n = \left(1 + \frac{1}{n}\right)^n \tag{21}$$

ist monoton wachsend, $\varepsilon_n < \varepsilon_{n+1}$, und aus der binomischen Entwicklung von (21) folgt leicht

$$\varepsilon_n < 1 + 1 + \frac{1}{2!} + \ldots + \frac{1}{n!} < 1 + 1 + \frac{1}{2} + \frac{1}{2^2} + \ldots + \frac{1}{2^n} < 3.$$

Die Folge ε_n ist daher monoton wachsend und beschränkt, der Grenzwert

$$\lim_{n \to \infty} \varepsilon_n = e$$

existiert.

Um die Existenz von e im Rahmen der *rekursiven* Theorie zu sichern, gehen wir aus von den Ungleichungen

$$\varepsilon_n = \left(1 + \frac{1}{n}\right)^n < \eta_n = \left(1 + \frac{1}{n}\right)^{n+1}$$

und

$$\varepsilon_n < \varepsilon_{n+1} < \eta_{n+1} < \eta_n.$$

Daraus gewinnt man die Abschätzung:

$$\varepsilon_{n+m} - \varepsilon_n < \eta_n - \varepsilon_n = \left(1 + \frac{1}{n}\right)^{n+1} - \left(1 + \frac{1}{n}\right)^n =$$

$$= \left(1 + \frac{1}{n}\right)^n \left(1 + \frac{1}{n} - 1\right) = \frac{1}{n}\left(1 + \frac{1}{n}\right)^n < \frac{3}{n}. \tag{22}$$

Für $n > N(k) = 3 \cdot 10^k$ wird dann also nach (22):

$$\varepsilon_{n+m} - \varepsilon_n < \frac{3}{n} < \frac{1}{10^k}$$

für alle natürlichen Zahlen m. Da $N(k)$ primitiv rekursiv ist, definiert die Folge (21) tatsächlich eine *rekursive reelle Zahl*. Man kann noch weiter leicht nachweisen, daß die Äquivalenzen

$$\varepsilon_n \approx \eta_n \approx 1 + 1 + \frac{1}{2!} + \ldots + \frac{1}{n!}$$

erfüllt sind.

Diese Deduktion macht nur wenig mehr Mühe als die „klassische". In dem üblichen Unterricht über Infinitesimalrechnung wird man oft den hier als klassisch bezeichneten Beweis in der Vorlesung erbringen und die effektive Berechnung der Funktion $N\,(k)$ der „Übung" überlassen.

Eine so einfache Zuordnung von Aussagen der klassischen und der rekursiven Theorie ist aber nicht immer möglich. Man kann zeigen, daß es eine rekursive Folge rationaler Zahlen a_n gibt, die *nicht* rekursiv konvergent ist und für die doch

$$S_n = a_1 + a_2 + a_3 + \ldots < 1 \tag{23}$$

gilt. Natürlich ist eine solche Folge a_n für die klassische Analysis eine Nullfolge. Aus der Ungleichung (23) folgt auch sofort, daß es keine positive rationale Zahl ε gibt, für die $a_n > \varepsilon$ für alle n gilt. Umgekehrt ist es aber nicht möglich, die Art der Annäherung dieser Folge a_n an Null mit Hilfe einer rekursiven Funktion $N\,(k)$ zu „messen". Der Zugang zu diesem Beispiel ist übrigens nicht ganz einfach. Man braucht dazu das Verfahren der „Gödelisierung", über das wir im Kap. XIII berichten werden.

Wir wollen zum Abschluß dieses Kapitels noch andeuten, wie sich aus den hier gezeigten Ansätzen eine rekursive Theorie der Funktionen aufbauen läßt. Die Definitionen für Stetigkeit, Differenzierbarkeit und gleichmäßige Konvergenz unterscheiden sich von den klassischen wieder dadurch, daß die in den Erklärungen auftretenden Funktionen ($k \rightarrow N\,(k)$ z. B.) *rekursiv* sein müssen.

Wir wollen darauf verzichten, diese Definitionen hier aufzuschreiben. Beschränken wir uns darauf, den klassischen und den rekursiven Beweis für einen bekannten Satz der Analysis zu skizzieren:

Die Funktion $x \rightarrow \cos x$ hat im Intervall [0; 2] *genau eine Nullstelle.*

Der klassische Beweis für diesen Satz kann von der Tatsache ausgehen, daß $\cos t$ für $t = 0$ den Wert $+1$ hat, für $t = 2$ aber negativ ist. Diese letzte Aussage kann man so begründen: Die Reihe $\cos t$ hat für $t = 2$ den Grenzwert

$$\cos 2 = 1 - \frac{2^2}{2!} + \frac{2^4}{4!} - \frac{2^6}{6!} + - \ldots \tag{24}$$

Diese Reihe (24) kann man aber auch so schreiben:

$$\cos 2 = - \frac{1}{3} - \left[\frac{2^6}{6!} - \frac{2^8}{8!} + \frac{2^{10}}{10!} - + \ldots \right].$$

Der Inhalt der Klammer ist offensichtlich positiv: Er ist ja eine alternierende Reihe mit Gliedern, deren Absolutwerte monoton nach 0 streben; das erste Glied ist positiv. Wir haben daher

$$\cos 2 < - \frac{1}{3}, \quad \cos 0 = +1.$$

Da die Funktion $t \rightarrow \cos t$ stetig ist, muß es zwischen $t = 0$ und $t = 2$ mindestens eine Nullstelle geben. Nun ist die Ableitung unserer Funktion

$$\frac{d}{dt} \cos t = - \sin t$$

im Intervall $(0; 2)$ negativ. Das erkennt man sofort, wenn man $\sin t$ in der Form

$$\sin t = t \left(1 - \frac{t^2}{2 \cdot 3}\right) + \frac{t^5}{5!} \left(1 - \frac{t^2}{6 \cdot 7}\right) + \ldots \tag{25}$$

schreibt. In (25) sind nämlich alle Summanden positiv für $0 < t \leq 2$. Die Funktion $t \to \cos t$ fällt danach im Intervall $[0; 2]$ monoton. Sie hat also wegen $\cos 0 \cdot 2 < 0$ zwischen 0 und 2 genau eine Nullstelle. Wir bezeichnen diese (durch Näherungsmethoden beliebig genau zu berechnende) Zahl mit $\frac{\pi}{2}$: $\cos \frac{\pi}{2} = 0$.

In der rekursiven Analysis ersetzt man Potenzreihen wie

$$f(x) = a_0 + a_1 x + a_2 x^2 + \ldots + a_n x^n + \ldots$$

(mit rationalen Koeffizienten a_ν) durch zweistellige rekursiv definierbare Funktionen

$$f(0; x) = 0, \quad f(n+1; x) = f(n; x) + a_n x^n.$$

Für die Cosinus-Funktion kann man entsprechend festsetzen:

$$\cos(0; x) = 0, \quad \cos(n+1; x) = \cos(n; x) + (-1)^n \frac{x^{2n}}{(2n)!}. \tag{26}$$

Man kann zeigen, daß durch (26) eine primitiv rekursive Funktion definiert ist. Was bedeutet nun in der rekursiven Analysis das Verschwinden einer solchen Funktion $f(n, x)$ für eine reelle Zahl x? Ist x durch eine rekursive und rekursiv konvergente Folge σ_n gegeben, so heißt x eine *Nullstelle* der Funktion $f(n, x)$, wenn $f(n, \sigma_n)$ eine *rekursive Nullfolge* ist.

Nun kann man für die durch (26) definierte Funktion folgendes zeigen: Es ist

$$\cos(n; 1{,}5) > 0 \quad \text{für } n \geq 3; \quad \cos(n; 1{,}6) < 0 \quad \text{für } n \geq 2,$$

und es gibt eine rekursiv konvergente Folge σ_n, für die

$$|\cos(n, \sigma_n)| < \frac{16}{10^{n+1}}$$

ist für alle natürlichen Zahlen n. Die effektive Durchführung dieser Rechnungen bietet keine grundsätzlichen Schwierigkeiten, ist aber doch viel mühsamer als die oben gegebene klassische Beweisführung. Wollte man die gesamte Analysis „rekursiv" und damit konstruktiv aufbauen, so müßte man ärgerliche Längen der Deduktionen in Kauf nehmen.

XIII. Entscheidungsprobleme

God exists since mathematics is consistent, and the devil exists since we cannot prove it.

Weil[1])

Der Versuch, im Sinne des *Hilbert*schen „Programms" die Widerspruchsfreiheit und Vollständigkeit eines Axiomensystems nachzuweisen, führt auf gewisse „Entscheidungsprobleme", mit denen wir uns jetzt beschäftigen wollen.

Die Frage, ob es „nicht entscheidbare" Probleme gebe, tauchte schon auf, als *Kronecker* seine Kritik an der *Weierstraß*schen Theorie der Irrationalzahlen anmeldete. Die im Jahre 1906 erschienenen „Grundbegriffe der Mengenlehre" von *Hessenberg* enthalten bereits ein ganzes Kapitel über „Logische Vollständigkeit und Entscheidbarkeit". Dort wird berichtet (S. 134), daß *H. A. Schwarz Kronecker* aufgefordert habe, ein nachweislich unentscheidbares Beispiel anzugeben.

Das gelang damals nicht. Im Jahre 1926 hat *Finsler* [XIII 1] diese Frage wieder aufgenommen.

Er geht aus von der einfachen mengentheoretischen Feststellung, daß es nicht mehr als „abzählbar viele" Beweise von mathematischen Sätzen geben kann. Alle Beweise werden nämlich mit endlich vielen „Zeichen" geführt. Dabei verstehen wir unter „Zeichen" die etwa in der deutschen Sprache benutzten Buchstaben und die sonst noch für einen mathematischen Beweis benötigten Symbole ($=, +, -, \ldots$). Die Menge aller „möglichen" Beweise ist nur eine (echte) Teilmenge einer gewissen abzählbaren Menge $\mathfrak{Z}$. Diese Menge $\mathfrak{Z}$ ist einfach die Menge *aller* möglichen „Zeichenkombinationen", die unser „Setzerkasten" zuläßt. Zu $\mathfrak{Z}$ gehören natürlich auch viele sinnlose Zeichenkombinationen, aber auch alle möglichen lyrischen Gedichte.

Daß $\mathfrak{Z}$ abzählbar ist, wird sofort klar, wenn man diese Menge nach irgendeiner Vorschrift „lexikographisch" ordnet.

Wir erinnern uns jetzt, daß die Menge aller reellen Zahlen *nicht* abzählbar (siehe S. 36) ist. Abzählbar ist dagegen nicht nur die Menge der rationalen, sondern auch die der algebraischen Zahlen[2]). Der schon von *Cantor* erbrachte Beweis für diese Tatsache ist in jedem Lehrbuch der Mengenlehre zu finden (z. B. in [VI 2]). Da die Menge aller reellen Zahlen nicht abzählbar ist, muß das auch für die Menge $\mathfrak{T}$ der nicht algebraischen oder *transzendenten* Zahlen gelten. Nun betrachte man den Satz:

„a ist eine transzendente Zahl".

---

[1]) „Gott existiert, weil die Mathematik widerspruchsfrei ist, und der Teufel existiert, weil wir es nicht beweisen können." Zitiert nach [X 5, S. 72].

[2]) Eine Zahl heißt algebraisch, wenn sie die Wurzel einer algebraischen Gleichung $a_n x^n + a_{n-1} x^{n-1} + \ldots + a_0 = 0$ ist mit ganzzahligen Koeffizienten a_ν.

Für die Zahl π wurde diese Aussage bekanntlich von *Lindemann* bewiesen. Kann man sie für jede transzendente Zahl a beweisen?

Finsler schließt so: Der Beweis kann deshalb nicht für alle transzendenten Zahlen erbracht werden, weil die Menge aller Beweise abzählbar, die der transzendenten Zahlen dagegen von der Mächtigkeit des Kontinuums ist. Gegen die Argumentation ist nun freilich der Einwand möglich [1]), daß doch Schlußweisen denkbar seien, die den Transzendenzbeweis gleich für eine Teilmenge von $\mathfrak{T}$ erledigen, die von der Mächtigkeit des Kontinuums ist.

Wir müssen uns versagen, auf die interessanten weiteren Beispiele der *Finslerschen* Arbeit einzugehen. Wir wollen lieber versuchen, das Verständnis für die wichtige Arbeit [XIII 2] von *Gödel* vorzubereiten, in der ein nicht entscheidbares Problem in einer streng formalisierten Theorie angegeben wurde.

Dazu soll zuerst ein bei *Hermes* [XII 4] angegebenes Beispiel eines nicht entscheidbaren Problems besprochen werden. Es benutzt den Begriff der „berechenbaren Funktion".

Wenn in diesem Kapitel von „Funktionen" die Rede ist, so sind (wenn nichts anderes vermerkt wird) immer zahlentheoretische Funktionen im Sinne von Fußnote [1]), S. 93 gemeint. Wir nennen eine solche Funktion $f(n)$ „berechenbar", wenn es ein Verfahren gibt, nach dem für jeden Wert n der Wert der Funktion $f(n)$ *in endlich vielen Schritten* berechnet werden kann.

Beispiele für solche berechenbaren Funktionen sind die primitiv rekursiven (Kap. XII). Es wurde aber schon gesagt (S. 106), daß es noch allgemeinere Typen von effektiv berechenbaren Funktionen gibt.

Als weitere Vorbereitung wollen wir jetzt folgendes Problem angreifen: Es soll mit Hilfe der Ziffern $0 \ldots 9$ eine Art „Telegraphie-System" hergestellt werden, mit dem man „Nachrichten" speziell mathematischen Inhalts übertragen kann.

Zu übertragen sind also: 1. Zahlen, 2. Buchstaben und Wörter der Umgangssprache, 3. mathematische Symbole wie $+$, $=$, $-$ usf. – Das geschieht etwa so:

Die Ziffer 0 wollen wir als „Trennzeichen" zwischen den einzelnen Symbolen verwenden. Das bedeutet, daß Zahlen wie 10, 20 usw. nicht als „Zeichen" verwendet werden dürfen, um Mißverständnisse zu vermeiden. Aber das ist auch nicht nötig. Wir können die Ziffern 1 bis 9 „sich selber" zuordnen, die Null dann der Zahl 11, und die folgenden Zahlen stehen dann (ohne die 20, 30, 40 usw.!) für die Buchstaben des gewöhnlichen Alphabets und die benötigten mathematischen Zeichen.

Wir stellen etwa folgendes „Wörterbuch" auf:

1	1	b	13	s	31	(	44
2	2	...		...		)	45
...		h	19	z	38	[	46
9	9	i	21	=	39	]	47
0	11	...		+	41	$\sqrt{}$	48
a	12	r	29	−	42	...	
				.	43		

---

[1]) Diese Bemerkung stammt von *R. Sprague*.

Dieses „Wörterbuch" kann bei Bedarf nach Belieben verlängert werden für weitere mathematische Zeichen. Mit den Zahlen bis 99 (ohne 50, 60, . . .) dürfte man aber auskommen.

Jetzt kann jeder Satz im Klartext und jede Formel durch eine Ziffernfolge symbolisiert werden. 0 steht dabei als „Trennungszeichen" zwischen einzelnen Symbolen, und man kann noch verabreden, daß man Wörter (der Umgangssprache) oder Zeilen einer mathematischen Deduktion durch 00 trennt.

$$f(12) = 17$$

kann z. B. „übersetzt" werden in die Ziffernfolge

$$1704401020450390107.$$

Der Name „*Hilbert*" lautet im „Telegrammtext":

$$19021023013016029032.$$

Diesen Prozeß der Charakterisierung von Wörtern und mathematischen Symbolen nennt man allgemein „Gödelisierung" nach dem österreichischen Mathematiker K. *Gödel*, der zuerst ein derartiges (sich nicht mit der hier gegebenen Zuordnung deckendes) Verfahren gegeben hat [XIII 2].

Wenden wir uns jetzt wieder den „berechenbaren" Funktionen zu! Zu jeder solchen Funktion gehört eine „Rechenvorschrift", die uns angibt, wie (für jedes n) der Funktionswert $f(n)$ zu berechnen sei. Für $f(n) = n!$ lautet diese Vorschrift etwa so:

$$f(0) = 1$$
$$f(n) = n \cdot f(n-1).$$

Durch die „Gödelisierung" wird dieser „Vorschrift" die „*Gödel*-Nummer der Funktion $f(n)$" zugeordnet:

$$170440110450390100170440250450390250430170440250420 1045. \qquad (1)$$

Durch unser „Wörterbuch" sind wir in der Lage, jeder berechenbaren Funktion – durch „Gödelisierung" der Berechnungsvorschrift – eine natürliche Zahl als „*Gödel*-Nummer" zuzuordnen.

Es ist einleuchtend, daß umgekehrt nicht jede natürliche Zahl *Gödel*-Nummer einer berechenbaren Funktion ist. Dazu ist ja zunächst notwendig, daß die 0 genügend oft und so verteilt vorkommt, daß die Zahl als „Telegrammtext" gedeutet werden kann. Aber selbst wenn dies zutrifft, kann die Interpretation einfach eine sinnlose Folge von Zeichen, Klammern, Buchstaben usw. ergeben.

Wir wollen nun unter Benutzung der „Gödelisierung" eine *nicht berechenbare* Funktion definieren. Es sei

$$g(n) = \begin{cases} 1, \text{ wenn } n \text{ *nicht* die *Gödel*-Nummer einer berechenbaren} \\ \quad \text{Funktion ist,} \\ f(n) + 1, \text{ wenn } n \text{ die *Gödel*-Nummer der berechenbaren Funktion} \\ \quad f(n) \text{ ist.} \end{cases} \qquad (2)$$

Diese Funktion $g(n)$ kann nicht berechenbar sein. Denn sonst gäbe es ja eine *Gödel*-Nummer N für $g(n)$, die man durch „Übersetzung" der etwa existierenden

Rechenvorschrift für $g\,(n)$ gewinnen könnte. Dann wäre aber nach der Definition (2) von $g\,(n): g\,(N) = g\,(N) + 1$, und das ist ein Widerspruch. Die Annahme, $g\,(n)$ sei „berechenbar", ist also falsch.

Das bedeutet, daß man nicht etwa die Definition (2) selbst als eine solche „Rechenvorschrift" deuten darf. Diese Definition macht ja eine „Fallunterscheidung". Und nur, wenn die hier geforderte Entscheidung (ob n die *Gödel*-Nummer einer berechenbaren Funktion ist oder nicht) „berechenbar" wäre, könnte man aus der Definition (2) auch eine „Rechenvorschrift" gewinnen.

Wir wollen die Möglichkeit, eine Entscheidung zu *berechnen*, an einem anderen einfacheren Beispiel erläutern.

Definieren wir

$$h\,(n) = \left\{ \begin{array}{l} 0,\ \text{wenn } n \text{ eine Primzahl ist,} \\ n \text{ sonst.} \end{array} \right. \tag{3}$$

Auch hier ist wie bei (2) in die Definition eine „Fallentscheidung" aufgenommen. Diese „Entscheidung" kann aber in eine Rechenvorschrift umgeformt werden. Dazu beachten wir, daß der Satz

$$Pr\,(n): n \text{ ist eine Primzahl}$$

ein *primitiv rekursives Prädikat* ist. Es gibt (vgl. S. 106) zu diesem Prädikat eine charakteristische Funktion

$$\alpha_5\,(n) = \mathrm{sg}\,(S\,(n) \dot{-} 2) + \overline{\mathrm{sg}}\,(n \dot{-} 1),$$

die genau dann verschwindet, wenn $Pr\,(n)$ wahr ist. Sonst hat sie den Wert 1. Die Funktion $h\,(n)$ kann deshalb einfach so berechnet werden:

$$h\,(n) = \alpha_5\,(n) \cdot n.$$

Die hier auftretende charakteristische Funktion $\alpha_5\,(n)$ ist eine Art von Roboter, der die in (3) geforderte Entscheidung automatisch vollzieht.

Einen solchen Roboter gibt es für die durch (2) definierte Funktion $g\,(n)$ nicht. Das lehrt der oben durchgeführte Beweis. Wir können das Ergebnis auch so formulieren:

Es ist nicht entscheidbar, ob n die Gödel-Nummer einer berechenbaren Funktion ist.

Das heißt: Es gibt keine berechenbare Funktion, die genau dann gleich 0 wird, wenn n eine solche *Gödel*-Nummer ist. Das schließt natürlich nicht aus, daß man durch Rückübersetzen einer natürlichen Zahl (etwa von (1) auf S. 114) in die „mathematische Umgangssprache" nach dem „Wörterbuch" auf S. 113 zufällig wirklich auf die *Gödel*-Nummer einer berechenbaren Funktion stößt oder auch auf eine sinnlose Zeichenkombination, die ganz bestimmt *nicht* die *Gödel*-Nummer einer berechenbaren Zahl sein kann. Mit der Formulierung: „Es ist nicht entscheidbar . . ." ist nur behauptet, daß es keine berechenbare Funktion gibt, die diese Entscheidung für alle n „vollzieht".

Die bisherigen Beispiele von „Entscheidungsproblemen" haben einen wesentlichen Mangel: Bei den „abzählbar vielen" Beweisen *Finslers* und bei den auf irgendeine Weise zu definierenden „berechenbaren Funktionen" war ausdrücklich die Verwendung der „Umgangssprache" zugelassen. Die Buchstaben der gewöhnlichen Sprache spielen ja sowohl in der Abzählung der „möglichen Beweise" wie in dem

„Wörterbuch" zur Verschlüsselung der „Berechnungsvorschriften" der Funktionen eine Rolle. Man könnte meinen, daß das Auftreten „nicht entscheidbarer" Probleme gerade in diesem Umstand begründet liegt.

Oder gibt es auch in der Mathematik der „formalen Systeme" solche nicht entscheidbaren Probleme? *Gödel* hat [XIII 2] den Nachweis geführt, daß das in der Tat zutrifft. *Heinrich Scholz* hat diese wichtige Veröffentlichung von *Gödel* einmal „die Kritik der reinen Vernunft vom Jahre 1931" genannt.

Wir wollen versuchen, den Grundgedanken dieses Beweises hier darzustellen.

Betrachten wir das auf Seite 88 in Kapitel XI eingeführte „formale System" der Zahlentheorie. Zu den Axiomen gehören nicht nur Z 1 bis Z 9, sondern auch die Fundamente der Aussagen- und Prädikatenlogik mit ihren „Schlußregeln". Es ist ohne weiteres möglich, allen denkbaren Aussagen dieses formalen Systems eine „*Gödel*-Nummer" zuzuordnen. Das Wörterbuch müßte etwas anders aussehen als das auf S. 113 eingeführte. Es besteht nicht mehr die Notwendigkeit, „Klartextaussagen" zu verschlüsseln, dafür brauchen wir *Gödel*-Nummern für alle Zeichen der formalen Logik. Da wir außerdem Aussagen mit „Zahlenvariablen" $x, y, z, \ldots$ (in beliebiger Anzahl) zulassen müssen, brauchen wir auch „*Gödel*-Nummern" für diese Variablen. Hier verfährt man am besten so, daß man die Variablen mit x, x', $x'', x''', \ldots$ bezeichnet und einfach eine *Gödel*-Nummer für x und eine für das Zeichen ' einführt. Die Einzelheiten dieses Verfahrens brauchen wir hier nicht zu exerzieren. Es genügt die Feststellung, daß auf die eine oder andere Weise [1]) eine „Gödelisierung" aller (richtigen oder falschen) zahlentheoretischen Aussagen möglich ist, ganz gleich, ob es sich um reine Zahlenbeziehungen handelt (z. B.: $3 + 2 = 5$) oder um Aussagen mit Zahlenvariablen wie

$$\bigwedge_{x} [\, (x \cdot x - 1) = (x + 1)\, (x - 1) \,]. \tag{4}$$

Eine *Gödel*-Nummer kann aber nicht nur der Formel, sondern auch dem formalisierten Beweis (siehe S. 87) zugeordnet werden. Wenn man das in diesem Kapitel angegebene Verfahren der Gödelisierung (mit den schon erwähnten notwendigen Änderungen) benutzt, braucht man nur die *Gödel*-Nummern der einzelnen Zeilen des Beweises hintereinander aufzuschreiben, gekoppelt durch das „Trennungszeichen" 00.

Wir wollen im folgenden zahlentheoretische Formeln mit einer „freien" Variablen [2]) betrachten. $\mathfrak{F}_n\,(x)$ sei eine solche Formel mit der *Gödel*-Nummer n. Setzt man für die Variable x gerade diese Zahl n ein, so erhält man eine Beziehung zwischen Zahlen, die wir sinngemäß mit $\mathfrak{F}_n\,(n)$ bezeichnen.

Nehmen wir an, $\mathfrak{F}_n\,(n)$ sei eine in unserem formalen System beweisbare Aussage. Dann gibt es eine *Gödel*-Nummer m für diesen Beweis. Zwischen den Zahlen n und m besteht dann ein gewisser zahlentheoretischer Zusammenhang. Das kann man sich etwa so veranschaulichen:

---

[1]) Das ursprünglich von *Gödel* angegebene Verfahren ist etwas anders angelegt als das auf S. 113 f. besprochene. Für den Beweisgang ist das aber nicht wichtig.

[2]) Eine Variable heißt „frei", wenn sie nicht durch ein All- oder Existenzzeichen [$\bigwedge_{x}$ oder $\bigvee$] „gebunden" ist, x in (4) ist also nicht „frei".

116

Es seien A und B gewisse „Aussagen" in unserem formalen System. Dann wird sich die *Gödel*-Nummer von $A \Rightarrow B$ aus den *Gödel*-Nummern a von A und b von B so zusammensetzen:

$$a00c00b,$$

wobei c die *Gödel*-Nummer des Zeichens $\Rightarrow$ ist. Da nun jeder formale Beweis sich nach den Schlußregeln aus den Axiomen aufbauen läßt bis zu der „zu beweisenden" Schlußformel, muß auch zwischen der *Gödel*-Nummer der zu beweisenden Schlußformel und der des ganzen Beweises ein gewisser Zusammenhang bestehen. Die genaue Untersuchung dieses „Zusammenhanges" zwischen der *Gödel*-Nummer n der Formel $\mathfrak{F}_n\,(x)$ und der Nummer m des Beweises von $\mathfrak{F}_n\,(n)$ ist nicht ganz einfach und muß hier übergangen werden. Wir müssen uns darauf beschränken, folgendes Ergebnis hinzunehmen:

Es gibt eine Formel A (n, m), die genau dann richtig ist, wenn m die Gödel-Nummer des Beweises von $\mathfrak{F}_n$ (n) ist [1]).

Die Aussage:

$$\bigwedge_{x'} \neg\, A\,(x, x') \quad \text{(„für alle } x' \text{ ist } A\,(x, x') \text{ falsch")} \tag{5}$$

mit der einen „freien" Variablen x bedeutet dann:

$$\textit{Die Formel } \mathfrak{F}_x\,(x) \textit{ ist nicht beweisbar.} \tag{5a}$$

Denn gäbe es einen (formalen) Beweis, so hätte dieser Beweis doch eine *Gödel*-Nummer m, und für diese Zahl m müßte $A\,(x, m)$ richtig sein. (5) sagt nun aber gerade, daß $A\,(x, x')$ für *alle* Werte von x' falsch ist!

Die Formel (5) hat nun aber gewiß auch eine *Gödel*-Nummer. Sie sei N. Setzen wir für x in (5) die Zahl N ein, so erhalten wir

$$\bigwedge_{x'} \neg\, A\,(N, x') \quad \text{(„für alle } x' \text{ ist } A\,(N, x') \text{ falsch").} \tag{6}$$

Diese Formel behauptet ihre eigene Unbeweisbarkeit!

Denn sie sagt doch nach (5a): Es gibt keinen Beweis für die Formel $\mathfrak{F}_N\,(N)$. Das ist aber doch die Formel, die man erhält, wenn man in die Formel der *Gödel*-Nummer N eben dieses N für die Variable x einsetzt. Die Formel mit der *Gödel*-Nummer N ist aber (5), und wenn man hier N für x setzt, erhält man (6)!

(6) ist nicht „*entscheidbar*". Das heißt: Weder die Aussage (6) noch ihre Negation ist beweisbar – wenn man die Widerspruchsfreiheit unseres formalen Systems voraussetzt.

Denn nehmen wir einmal an, (6) sei (formal) beweisbar. Dann müßte es für diesen Beweis doch eine *Gödel*-Nummer M geben, und für diese Zahl M wäre die Formel $A\,(N, M)$ wahr. *Es gibt* dann also eine gewisse Zahl M, für die $A\,(N, M)$ richtig ist, und deshalb kann *nicht*

$$\bigwedge_{x'} \neg\, A\,(N, x')$$

gelten, d. h. (6) wäre falsch.

------

[1]) $A\,(n, m)$ ist eine „primitiv-rekursive" Beziehung. Vgl. Kap. XII.

Aber man kann auch nicht die Negation von (6) beweisen. Aus dieser Negation ergibt sich die (auch „formal" daraus ableitbare) Aussage

$$\bigvee_{x'} A(N, x') \qquad (\text{„\emph{Es gibt} ein } x', \text{ für das } A(N, x') \text{ gilt"}). \tag{7}$$

Das läßt sich aber wieder so deuten: Es gibt doch einen Beweis für (6), und die *Gödel*-Nummer dieses Beweises ist gerade jene Zahl, deren Existenz durch (7) behauptet wird.

Wir haben also damit in (6) ein Beispiel einer nicht entscheidbaren Formel im „formalen System" der Zahlentheorie gefunden.

Bei diesen Überlegungen wurde vorausgesetzt, daß unser formales System widerspruchsfrei sei. Kann man das beweisen? Wir nehmen damit die im Kapitel XI gestellte *Hilbert*sche Frage wieder auf. Überlegen wir zunächst, wie ein solcher Beweis etwa geführt werden könnte. Nach den im Bereich der formalen Logik angestellten Überlegungen genügt es, *einen* bestimmten Widerspruch herauszugreifen und nachzuweisen, daß dieser Widerspruch nicht „ableitbar" ist in unserem System. Nun kann man [XI 1, S. 210] im formalen System der Zahlentheorie leicht zeigen:

$$\neg \, (0 = 1) \qquad (\text{„}0 = 1\text{" ist falsch}). \tag{8}$$

Ist nun womöglich *auch* die Aussage

$$0 = 1 \tag{9}$$

ableitbar?

Es sei r die *Gödel*-Nummer von (9). Auch (9) können wir als eine Formel $\mathfrak{F}_r(x)$ bezeichnen. In ihr kommt allerdings überhaupt keine „Variable" x vor. Das bedeutet dann, daß $\mathfrak{F}_r(x)$ für alle Werte x, also auch für $x = r$, dieselbe Formel ist. Daß (9) *nicht* beweisbar ist, könnte man dann so ausdrücken:

$$\bigwedge_{x'} \neg \, A(r, x'). \tag{10}$$

Denn (10) kann doch so interpretiert werden: Keine Zahl x' ist die *Gödel*-Nummer eines Beweises für (9). Ein formaler Beweis von (10) wäre also der Kern eines Beweises für die Widerspruchsfreiheit unseres Systems.

Die (angenommene) Widerspruchsfreiheit unseres Systems führte aber zu dem Schluß, daß (6) nicht beweisbar sei. Dieser Beweis wurde allerdings nicht „formal", sondern durch Überlegungen in der Umgangssprache geführt. Wir wollen einen solchen Beweis zum Unterschied von dem formalen „intuitiv" nennen. Wir haben also „intuitiv" die Nichtbeweisbarkeit von (6) nachgewiesen, die doch gerade durch (6) selbst ausgedrückt wird. Wenn es nun gelänge, die Widerspruchsfreiheit in der angedeuteten Weise (oder auf einem anderen Wege) *formal* zu beweisen, so könnte man (siehe dazu [XI 1, S. 210]) die „intuitiven" Überlegungen von S. 114 zu einem „formalen" Beweis von (6) verdichten. Daß aber die Annahme, (6) sei beweisbar, auf einen Widerspruch führt, haben wir früher bereits erkannt.

Das heißt also: ein formaler Beweis für die Widerspruchsfreiheit unseres Systems führt auf einen Widerspruch. Wenn wir unser System kurz mit dem Buchstaben $\mathfrak{S}$ bezeichnen, können wir die gewonnene Einsicht auch so formulieren:

Falls das zahlentheoretische System $\mathfrak{S}$ widerspruchsfrei ist, dann ist die Widerspruchsfreiheit nicht mit den Mitteln dieses Systems zu beweisen.

Man hat diese Einsicht zusammen mit den Konsequenzen des *Skolemschen* Satzes (Kap. XI) so gedeutet, daß das *Hilbertsche* Programm nicht durchführbar und der „Formalismus" gescheitert sei[1]). Aber man kann die Dinge auch anders sehen.

Halten wir uns an folgende Ergebnisse:

1. Es gibt in der formalen Zahlentheorie nicht entscheidbare Probleme.
2. Die Widerspruchsfreiheit des formalen Systems kann nicht mit den Mitteln des Systems bewiesen werden.
3. Die Axiome der Zahlentheorie leisten keine „implizite Definition" der Zahlenreihe (siehe S. 92).

Wenn man etwa mit *Curry* in der Mathematik die „Wissenschaft von den formalen Systemen" sieht, wird man diese Einsichten als interessante, wenn auch für manche Forscher vielleicht unerwartete Erkenntnisse über ein bestimmtes „formales System" sehen. Freilich: *Hilbert* hatte den Beweis der Widerspruchsfreiheit fest in seinem Programm geplant. Nun haben die oben durchgeführten Überlegungen aber nur gezeigt, daß die Widerspruchsfreiheit von $\mathfrak{S}$ *nicht mit Mitteln von* $\mathfrak{S}$ beweisbar ist. Drastisch ausgedrückt: Man kann sich nicht an seinem eigenen Zopf aus dem Sumpfe ziehen, aus dem Sumpf des (durch den fehlenden Beweis der Widerspruchsfreiheit) „Ungesicherten".

Man muß außerhalb des Sumpfes stehen, wenn man jemanden herausziehen will. Und wenn man die Widerspruchsfreiheit von $\mathfrak{S}$ nachweisen will, muß man Hilfsmittel zur Verfügung haben, die nicht zu $\mathfrak{S}$ selber gehören.

Im Jahre 1936 hat *Gentzen* die Widerspruchsfreiheit der Zahlentheorie bewiesen mit Hilfe der „transfiniten Induktion" ([XIII 3] und [XIII 4]). Dabei handelt es sich um eine Verallgemeinerung des bekannten Induktionsschlusses für die Zahlenreihe auf abzählbare Mengen von komplizierterem „Ordnungstypus". Später hat auch *Ackermann* [XIII 5] auf anderem Wege, aber ebenfalls unter Benutzung einer solchen „transfiniten Induktion"[2]) die Widerspruchsfreiheit der Zahlentheorie begründet.

Gentzen vertritt (wie wir meinen: mit Recht) die Ansicht [XIII 4, S. 9], daß sein Beweis durchaus „konstruktiv" sei. Damit wäre dann die von *Hilbert* gestellte Aufgabe „dennoch" gelöst, wenn auch nicht in der ursprünglich vorgesehenen Form.

Die Beschäftigung mit der Theorie der rekursiven Funktionen hat zu vielen erkenntnistheoretisch bedeutsamen Ergebnissen geführt. Wir wollen wenigstens einen wichtigen Satz über die „arithmetischen" Formeln erwähnen. Man nennt eine

---

[1]) So urteilt auch neuerdings noch *Mostowski* [XI 6]. Eine andere Auffassung vertritt *Gentzen* [XIII 4].

[2]) Schon früher hatte *Ackermann* „unter Verfolgung eines ursprünglichen *Hilbertschen* Ansatzes" einen Beweis für die Widerspruchsfreiheit *eines Teiles* der Zahlentheorie erbracht. Dieser (schon vor Veröffentlichung der Arbeit von *Gödel* zu diesem Thema verfaßte) Beweis findet sich z. B. in [IV 1, Band 2, § 2, 4].

Beziehung [1]) zwischen nichtnegativen ganzen Zahlen oder Zahlenvariablen *arithmetisch*, wenn sie mit Hilfe der Zeichen $+$, $\cdot$ („mal") und den logischen Symbolen dargestellt werden kann.

$$2 + 2 = 4, \quad 3 \cdot 3 = 9, \quad \bigwedge_{n} [(n+1) \cdot (n+1) = n \cdot n + 2 \cdot n + 1]$$

sind danach arithmetische Beziehungen. Aber auch die Aussage *„Es gibt pythagoreische Zahlen"*:

$$\bigvee_{x} \bigvee_{y} \bigvee_{z} (x \cdot x + y \cdot y = z \cdot z)$$

gehört hierher oder die *Goldbachsche Vermutung*, die man ja so schreiben kann:

$$\bigwedge_{n} \bigvee_{p} \bigvee_{q} [\{n + n = p + q\} \wedge \{ \bigwedge_{p} \bigwedge_{q} (p = u \cdot v \Rightarrow p = u \vee p = v) \wedge$$
$$\wedge \, (q = u \cdot v \Rightarrow q = u \vee q = v)\}].$$

Es sei nun $\mathfrak{A}_m(n)$ eine einstellige arithmetische Formel mit der *Gödel*-Nummer m. Dann gilt:

Das Prädikat

$$\text{„} \mathfrak{A}_m(n) \text{ ist eine wahre arithmetische Formel"} \tag{11}$$

ist nicht entscheidbar.

Das heißt: Es gibt keine rekursive Funktion $f(m, n)$, die genau dann verschwindet, wenn $\mathfrak{A}_m(n)$ eine arithmetische Formel ist.

Die Bedeutung dieses Ergebnisses leuchtet ein: Rekursive Funktionen kann man durch Automaten berechnen. Gäbe es eine rekursive Funktion, die die Gültigkeit des Satzes (11) entscheidet, könnte man die Lösung aller offenen arithmetischen Fragen einer Maschine übertragen. Es ist eine wichtige (und vielleicht auch tröstliche) Einsicht, daß die schöpferische Leistung des Forschers auch in Zukunft nicht überflüssig wird.

Wir wollen noch einen weiteren Begriff einführen, der in der modernen Grundlagenforschung eine wichtige Rolle spielt: den der *aufzählbaren* Menge.

Eine Menge M nichtnegativer ganzer Zahlen heißt *aufzählbar*, wenn $x \in M$ genau dann gilt, wenn

$$\bigvee_{y} R(x, y)$$

für ein rekursives Prädikat $R(x, y)$.

Man kann es auch so ausdrücken: Eine aufzählbare Menge M ist eine Menge

$$M = \{x \,|\, x \in N_0 \wedge \bigvee_{y} f(x, y) = 0\}$$

für eine gewisse rekursive Funktion $f(x, y)$.

Um die „Aufzählung" der Menge M zu vollziehen, denke man sich die Paare (m, n) etwa in der „diagonalen" Abzählung notiert:

$$(0,0), \ (0,1), \ (1,0), \ (0,2), \ (1,1), \ (2,0), \ \ldots \tag{12}$$

---

[1]) auch: eine *Formel*.

120

Man prüft nun für alle Paare dieser Folge, ob $f(x, y) = 0$ richtig ist und notiert diejenigen x, für die das zutrifft. Auf diese Weise erhält man eine „Aufzählung" der Elemente von M, die z. B. so anfangen kann:

$$0, \ 3, \ 1, \ 5, \ 9, \ 16, \ 12, \ \ldots$$

Die Zahl 2 kommt bisher nicht vor. Es *kann* sein, daß sie noch auftritt (weil z. B. $f(2,93452) = 0$ gilt!). Aber man kann im allgemeinen nicht *entscheiden*, ob eine vorgegebene Zahl zur Menge M gehört oder nicht. Gibt es eine rekursive Funktion, die eine solche Entscheidung vollzieht, dann heißt die Menge *nicht nur aufzählbar, sondern rekursiv.* Von der Menge der *Gödel*-Nummern der einstelligen allgemein rekursiven Funktionen kann man zeigen: *Sie ist aufzählbar, aber nicht rekursiv.*

Wir haben den Versuch unternommen, auch moderne Untersuchungen über Grundlagenprobleme in einer möglichst einfachen Sprache verständlich zu machen[1]). Es ist einleuchtend, daß wir in diesem Bericht nicht bis an die Front der heutigen Forschung führen können. Allein die verschiedenartigen Entscheidungsprobleme haben zu einer umfangreichen Literatur[2]) Anlaß gegeben, die wir hier nicht würdigen können.

Wir wollen im folgenden Kapitel über neue Verfahren zu einer operativen oder konstruktiven Begründung der Analysis berichten. Erinnern wir uns: Beim *rekursiven* Aufbau der Analysis (Kap. XII) arbeitet man mit einer nur *abzählbaren* Menge rekursiver reeller Zahlen, und doch führt eine solche Einschränkung nicht zu einer Vereinfachung der Deduktionen. Im Bilde gesprochen: Man wirft Ballast ab, und trotzdem wird das Gepäck schwerer. Es gibt nun moderne Versuche, die den Einwänden der Konstruktivisten gerecht werden wollen und dabei doch das Kontinuum als Gegenstand mathematischer Forschung erhalten.

---

[1]) Dabei haben wir uns bewußt darauf beschränkt, die Grundanliegen des Intuitionismus und des Formalismus verständlich zu machen. Auf eine Würdigung der Bemühungen von *Russell* und *Whitehead*, die Mathematik auf die Logik zurückzuführen, haben wir verzichtet. Heute wird im allgemeinen die Ansicht vertreten, daß das „Unendlichkeitsaxiom" („Jede Zahl n hat einen Nachfolger n' " [$n' = n + 1$]) „kein dem Zählprozeß wissenschaftstheoretisch voraufgehendes Grundgesetz der reinen Logik, vielmehr ein wirkliches Zahlaxiom" [X 7, Teil 2, S. 38] sei. Deshalb hat die „logische Interpretation" der Mathematik eine „entscheidende Lücke".

[2]) Siehe z. B. [XIII 6] und [XIII 7] mit den umfangreichen Literaturverzeichnissen.

XIV. Operative und konstruktive Mathematik

Gott ist ein Kind, und als er zu spielen begann, trieb er Mathematik.
Sie ist die göttlichste Spielerei unter den Menschen.

V. Erath[1]

Bei allen Erfolgen der formalistischen Methode bleibt es unbefriedigend, daß die Axiome bei dieser Konzeption als absolut willkürliche Setzungen erscheinen. Es ist deshalb bemerkenswert, daß es einen modernen Versuch zur Grundlegung der Mathematik gibt, bei dem klassische Axiome der Arithmetik und der formalen Logik beweisbare Sätze sind. Natürlich kann es sich hier nicht um Beweise im Sinne des formalistischen Prinzips handeln. In der „operativen Mathematik" von *P. Lorenzen* ([XIV 1], [XIV 2]) ergeben sich die Axiome vielmehr als Aussagen, die aus dem operativen Verfahren einfacher Kalküle begründet werden können.

Vielleicht ist diese neue Methode geeignet, die Spannung zwischen Intuitionismus und Formalismus einmal zu überwinden. Es ist jedenfalls bemerkenswert, daß die Arbeiten von *P. Lorenzen* zur operativen Mathematik auch schon bei Physikern viel Beachtung gefunden haben[2]. Wir wollen versuchen, wenigstens die Grundzüge des operativen Verfahrens verständlich zu machen.

Allen Kalkülen ist das schematische Operieren mit gewissen Symbolen gemeinsam. *Curry* hat darauf hingewiesen, daß die Elemente eines Kalküls nicht unbedingt auf Papier geschriebene Zeichen sein müssen. Man kann sich das Funktionieren eines Kalküls auch mit Hilfe verschiedenartiger Steine, Klötzchen oder dergleichen verdeutlichen. Der Kalkül wäre dann zu interpretieren als eine Vorschrift zur Herstellung von „Figuren" aus gewissen gegebenen Elementen („Atomen").

Beschäftigen wir uns also mit Vorschriften, wie sie etwa zur Herstellung linearer Ornamente formuliert werden können. Als „Atome" unseres Kalküls (oder als Elemente eines linearen Ornaments) wählen wir gewisse Zeichen, z. B. 0 und $+$. Ein Kalkül ist nun festgelegt durch

1. eine oder mehrere zulässige „Anfangsfiguren", z. B.: 0,
2. eine oder mehrere Regeln zur Fortsetzung der Figur,

$$z. B.: \quad (R_1): \quad a \Rightarrow a + \ ,$$
$$(R_2): \quad a \Rightarrow 0 \ a \ 0 \ .$$

Dabei steht a (bzw. $b, c, d, \ldots$) als Variable für irgendeine aus Atomen des Kalküls zusammengesetzte Figur. Eine aus Atomen und Variablen zusammengesetzte Figur

---

[1] *V. Erath:* Das blinde Spiel, Tübingen 1954, S. 253.

[2] *C. F. v. Weizsäcker* in verschiedenen Vorträgen, *G. Süßmann* in einem Brief an den Verfasser.

(z. B. 0 a 0 in der Regel (R_2)) heißt auch eine „Formel". In diesem Kalkül K_1 können z. B. die folgenden Figuren gelegt werden:

1.	0	
2.	0 +	(R_1)
3.	0 0 + 0	(R_2)
4.	0 0 0 + 0 0	(R_2)
5.	0 0 0 + 0 0 +	(R_1)

Die in Klammern angegebene Regel macht deutlich, wie die Figur aus der vorigen[1]) gewonnen wurde. Im Kalkül K_1 kann man (durch ausschließliche Benutzung der Regel (R_1)) auch die folgende Figur erhalten: 0 + + + + + + + + + +. Dagegen ist es gewiß unmöglich, daß in K_1 die Figur 0 0 entsteht, denn offenbar ist 0 + die einzige Figur des Kalküls, die aus nur zwei Atomen besteht.

Nennen wir zunächst einige weitere Kalküle dieser Art als Beispiele. Zur Beschreibung eines Kalküls geben wir stets erst die zu benutzenden Atome an, dann die Anfangsbedingungen und Regeln.

$$K_2: \qquad \text{Atome: } 0 \, , \, |$$

(A):	0 , |
(R_1):	$a \;\Rightarrow 0\,0\,a\,\|$
(R_2):	$a, b \Rightarrow \quad a\,b$.

Die zweite Regel dieses Kalküls ist so gemeint: Sind a und b irgendwelche im Kalkül bereits gelegte Figuren, so ist auch die Figur zulässig, die durch Nebeneinanderlegen der Figuren a und b entsteht. So kann in K_2 z. B. die Figur 0 0 0 0 0 0 | | gelegt werden:

1.	0	
2.	0 0 0 |	(R_1)
3.	0 0 0 0 0 | |	(R_1)
4.	0 0 0 0 0 0 | |	(R_2), nach 1. und 3.

Ein besonders einfacher Kalkül ist der folgende:

$$K_3: \qquad \text{Atom: } |$$

(A):	|
(R_1):	$a \Rightarrow a\,\|$.

Die auf diese Weise gelegten Figuren |, | |, | | |, ... sind „Zahlen", die wir zur Abkürzung auch mit den Symbolen 1, 2, 3, ... bezeichnen können.

Zwei andere Kalküle, die es mit den Zahlen zu tun haben, sind die folgenden:

$$K_4: \qquad \text{Atome: } |, \, =$$

(A):	| = |
(R_1):	$a = b \Rightarrow a\,\| = b\,\|$.

---

[1]) Wird eine Figur unter Benutzung einer andern als der unmittelbar vorangehenden gewonnen, so wird das besonders notiert. Siehe dazu die folgenden Beispiele!

Aus der „Gleichung" $|=|$ gewinnen wir hier $||=||$, $|||=|||$ usf. Etwas komplizierter ist der Kalkül K_5:

K_5:   Atome: $|$, $+$, $=$, $\times$.

(A_1): $|+|=||$
(A_2): $|\times|=|$.

(R_1): $a+|=b \Rightarrow a|+|=b|$
(R_2): $a+b=c \Rightarrow a+b|=c|$
(R_3): $a\times|=b \Rightarrow a|\times|=b|$
(R_4): $a\times b=c$, $c+a=d \Rightarrow a\times b|=d$.

Deutet man die Figuren $|$, $||$, $|||$, $\ldots$ als natürliche Zahlen und liest man die Zeichen $=$, $+$ und $\times$ wie üblich als gleich, plus und mal, so kann man z. B. die Regel (R_4) in die übliche mathematische Umgangssprache so übersetzen:

$$a\,b=c,\ c+a=d \Rightarrow a\,(b+1)=d.$$

In diesem Kalkül ist nun die Figur $||\times||=||||$ $(2\times 2=4)$ ableitbar. Das kann man so zeigen:

1. $|+|=||$ (A_1)
2. $||+|=|||$ (R_1)
3. $||+||=||||$ (R_2)
4. $|\times|=|$ (A_2)
5. $||\times|=||$ (R_3)
6. $||\times||=||||$ (R_4), nach 5. und 3.

Diese „Ableitung" der Figur $||\times||=||||$ kann als „Beweis" der Gleichung $2\times 2=4$ im Kalkül K_5 gedeutet werden. Wir drücken das im Symbol so aus:

$$\vdash_{K_5} \quad ||\times||=||||.$$

Das ist so zu lesen: Im Kalkül K_5 kann die Figur $||\times||=||||$ „gelegt" werden. Analog gilt nach früheren Ergebnissen:

$$\vdash_{K_2} \ 0\,0\,0\,0\,0\,0\,||; \quad \vdash_{K_3} \ ||=||.$$

Überlegungen dieser Art liegen noch durchaus im Bereich der formalistischen Schlußweise. Neu sind aber nun bei *P. Lorenzen* jene Schlüsse, die aus den Gesetzlichkeiten der Kalküle zu allgemeinen „Prinzipien" führen.

Beginnen wir mit einigen einfachen Bemerkungen über die Anfangsfiguren. Es sei A eine in einem Kalkül K ableitbare Figur (z. B. $0\,0+0$ in K_1) [1]). Ändert man jetzt den Kalkül K_1 in einen Kalkül K_1' durch Hinzufügung von $0\,0+0$ als mögliches Anfangsglied, so ist damit keine wesentliche Änderung erreicht. Jede im Kalkül K_1' ableitbare Figur ist offenbar auch in K_1 ableitbar und umgekehrt. Fügt man dagegen dem Kalkül K_1 eine nicht in K_1 ableitbare Figur als Anfangsfigur hinzu, so werden in dem neuen Kalkül auch Figuren ableitbar sein, die es im alten nicht waren. Die

---

[1]) Wir bezeichnen mit $A, B, C, \ldots$ bestimmte *feste* Figuren, mit $a, b, c, \ldots$ (z. B. in den Regeln) Figuren*variable*, für die beliebige aus den Atomen von K gebildete Figuren eingesetzt werden dürfen.

Aussage: „B ist im Kalkül K nach Hinzufügung der Anfangsfigur A ableitbar"
schreiben wir kurz so:

$$A \vdash_K B.$$

So gilt z. B.

$$+ \vdash_{K_1} + +.$$

Entsprechend bedeutet

$$R \vdash_K R' \tag{1}$$

in der Umgangssprache: Fügt man den *Regeln* des Kalküls K noch die *Regel R*
hinzu, so gilt in dem so veränderten Kalkül auch die Regel R'. Ein Beispiel für (1) ist

$$a + \Rightarrow + a \vdash_{K_1} b \Rightarrow + 0 \, b \, 0. \tag{2}$$

In Worten: *Fügt man den Regeln (R_1) und (R_2) des Kalküls K_1 noch die Regel (R):*
$a + \Rightarrow + a$ *hinzu, so ist in dem so erweiterten Kalkül auch die Regel (R')*
$b \Rightarrow + 0 \, b \, 0$ *anwendbar*. Das kann so begründet werden: Es sei B irgendeine in K_1
ableitbare Figur. Dann folgt aus B durch Anwendung von R_2, R_1 und R:

$$
\begin{array}{lll}
1. & B & \\
2. & 0 \, B \, 0 & (R_2) \\
3. & 0 \, B \, 0 + & (R_1) \\
4. & + 0 \, B \, 0 & (R): \quad a + \Rightarrow + a
\end{array}
$$

Wir wollen noch anmerken, daß in der Aussage (2) nicht etwa die *Variable a*
durch eine spezielle Figur ersetzt werden darf. Unsere Ableitung gilt ja unter der
Voraussetzung, daß für *jede* ableitbare Figur a die Ersetzung von $a +$ durch $+ a$
nach der neuen Regel erlaubt wird. Ersetzen wir hier a durch eine spezielle Figur, so
schränken wir die Voraussetzung ein, und der oben unter Nr. 4 notierte Schluß kann
u. U. nicht vollzogen werden.

Ist eine Figur A in einem Kalkül K ableitbar, nachdem man in K noch die Anfangsfiguren A_ν ($\nu = 1, 2, \ldots, n$) und die Regeln $R^{(\mu)}$ ($\mu = 1, 2, \ldots, m$) hinzugefügt hat,
so schreiben wir dafür

$$A_1, \ldots, A_n; \; R^{(1)}, \ldots, R^{(m)} \vdash_K A. \tag{3}$$

Man kann auch zur Vereinfachung die Anfangsfiguren als spezielle Regeln ansehen,
nämlich als Regeln ohne Vorderformel. Sie sagen ja aus, daß eine gewisse Figur in
jedem Fall in einem Kalkül gelegt werden kann. Dann kann man sich auf die Vor-
gabe von Regeln beschränken und statt (3) schreiben

$$R^{(1)}, \ldots, R^{(N)} \vdash_K A. \tag{3'}$$

Zur Ableitung des wichtigen „Induktionsprinzips" wollen wir nun den Begriff der
„Objektvariablen" einführen. Wir haben bisher mit $a, b, c, \ldots$ beliebige, aus den
Atomen eines Kalküls zusammenstellbare Figuren bezeichnet. Mit $\alpha_\nu, \beta_\nu, \ldots$ sollen
im folgenden *Variable für die in dem Kalkül K_ν ableitbaren Figuren* bezeichnet
werden [1].

---

[1] Regeln wie $a \Rightarrow a \mid$ werden in K_3 z. B. natürlich nur immer auf Figuren angewandt, die
im Kalkül bereits abgeleitet sind. Aber in der Regel $a + \Rightarrow + a$ z. B. (in (2)) ist $a +$,
nicht aber unbedingt a selbst eine im Kalkül abgeleitete Figur.

Betrachten wir jetzt – um ein einführendes Beispiel zu gewinnen – irgendeine Ableitung einer Figur B im Kalkül K_2! Die Anfangsfigur sei 0. Dann mag die Ableitung von B etwa so aussehen:

$$
\begin{aligned}
&1) \qquad 0 \\
&\qquad\quad \vdots \\
&m) \qquad A \qquad\qquad\qquad\qquad\qquad\qquad (4) \\
&\qquad\quad \vdots \\
&n) \qquad B
\end{aligned}
$$

Wir wollen jetzt fragen, welche zusätzlichen Regeln und Anfangsbedingungen man *in einem beliebigen Kalkül K* einführen muß, damit

$$
\begin{aligned}
&1) \qquad 0\,0\,0 \\
&\qquad\quad \vdots \\
&m) \qquad 0\,A\,0 \qquad\qquad\qquad\qquad\qquad (5) \\
&\qquad\quad \vdots \\
&n) \qquad 0\,B\,0
\end{aligned}
$$

eine Ableitung in K wird. In der Ableitung (4) wurden die Anfangsbedingungen und Regeln von K_2 benutzt:

$$
(A)\ 0, | \ ; \quad (R_1):\ a \Rightarrow 0\,0\,a\,| \ ; \quad (R_2):\ a, b \Rightarrow a\,b . \qquad (6)
$$

(5) kann nun als „Ableitung" angesprochen werden, in der statt (6) die folgenden Anfangsbedingungen und Regeln benutzt werden:

$$
\begin{aligned}
&(A_1'):\ 0\,0\,0 ; \quad (A_2'):\ 0\,|\,0 ; \\
&(R_1'):\ 0\,a\,0 \Rightarrow 0\,0\,0\,a\,|\,0 ; \quad (R_2'):\ 0\,a\,0,\ 0\,b\,0 \Rightarrow 0\,a\,b\,0 .
\end{aligned} \qquad (7)
$$

Fügt man die Bedingungen (7) irgendeinem beliebig gewählten Kalkül K hinzu[1]), so ist auch in diesem Kalkül jede Figur $0\,B\,0$ ableitbar. Dabei ist B irgendeine in K_2 ableitbare Figur. Schreiben wir statt B die „Objektvariable" β_2 des Kalküls K_2, so haben wir also

$$
(A_1'),\ (A_2');\quad (R_1'),\ (R_2') \ \Big|\!\overline{} \ \ 0\,\beta_2\,0 \qquad (8)
$$

Diese auf die Aussage (8) führende Überlegung kann nun verallgemeinert werden. An die Stelle des Kalküls K_2 kann man irgendeinen Kalkül K_ν setzen, und die Formel $0\,\beta_\nu\,0$ ist auswechselbar gegen irgendeine Formel $F(\beta_\nu)$, in der (außer den Atomen von K) β_ν vorkommt. Hat der Kalkül K_ν nun an Stelle von (7) die Regeln[2])

$$
\begin{aligned}
&B_1^{(1)},\ B_2^{(1)},\ \ \ldots \Rightarrow B^{(1)} \\
&B_1^{(2)},\ B_2^{(2)},\ \ \ldots \Rightarrow B^{(2)} \\
&\qquad\qquad\quad \ldots \\
&\qquad\qquad\quad \ldots \\
&B_1^{(\varkappa_\nu)},\ B_2^{(\varkappa_\nu)},\ \ \ldots \Rightarrow B^{(\varkappa_\nu)},
\end{aligned} \qquad (9)
$$

---

[1]) Der Kalkül K soll u. a. die Atome 0 und $|$ enthalten.

[2]) Die Anfangsbedingungen sind hier (vgl. S. 125) als Spezialfälle von Regeln aufgefaßt.

so sind bei der (5) entsprechenden Ableitung von $F(B)$ die Regeln

$$(R_1): \qquad F(B_1^{(1)}), \quad F(B_2^{(1)}), \quad \ldots \;\Rightarrow F(B^{(1)})$$
$$(R_2): \qquad F(B_1^{(2)}), \quad F(B_2^{(2)}), \quad \ldots \;\Rightarrow F(B^{(2)})$$
$$\ldots \qquad\qquad\qquad\qquad\qquad\qquad\qquad (9')$$
$$\ldots$$
$$(R_{\varkappa_\nu}): \qquad F(B_1^{(\varkappa_\nu)}), \quad F(B_2^{(\varkappa_\nu)}), \quad \ldots \;\Rightarrow F(B^{(\varkappa_\nu)})$$

zu benutzen. Damit tritt an Stelle von (8) *das allgemeine „Induktionsprinzip"*

$$(R_1), \quad (R_2), \quad \ldots, \quad (R_{\varkappa_\nu}) \;\underset{K}{\vdash}\; F(\beta_\nu). \qquad (8')$$

Hier steht $(R_1), (R_2), \ldots, (R_{\varkappa_\nu})$ für die Regeln (9'). In Worten: *Ist β_ν die Objektvariable in einem Kalkül K_ν, $F(\beta_\nu)$ eine Formel, die β_ν enthält, so ist $F(\beta_\nu)$ in jedem Kalkül K ableitbar, wenn man den Regeln von K die Regeln (9') hinzufügt* [1]).

Die Bezeichnung „Induktionsprinzip" wird klar, wenn wir an Stelle von K_ν den Kalkül K_3 benutzen. Dann haben wir

$$(A): \qquad \mathsf{I}$$
$$(R): \qquad a \Rightarrow a\,\mathsf{I}\,.$$

Alle in K_3 ableitbaren Figuren sind von der Form $\mathsf{I}, \mathsf{I}\,\mathsf{I}, \ldots$ Schreiben wir für die Objektvariable in diesem Kalkül wie üblich n, so nimmt in diesem Fall das allgemeine Induktionsprinzip (8') die Form an:

$$F(\mathsf{I}); \quad F(n) \Rightarrow F(n\,\mathsf{I}) \;\underset{K}{\vdash}\; F(n). \qquad (8'')$$

Das ist eine andere Form des allgemeinen Prinzips der vollständigen Induktion, das man gewöhnlich so formuliert: Ist eine Aussage für 1 richtig und folgt aus der Richtigkeit für n die für $n+1$, so ist die Aussage für alle natürlichen Zahlen richtig. Dieser Satz hat jetzt den neuen Sinn eines für das schematische Operieren gültigen Prinzips bekommen. Er ist uns schon in anderer Form in dem Axiomensystem von *Kleene* begegnet (Z 9 auf S. 88). Dort aber war es ein willkürlich gesetztes Axiom, hier erscheint es als ein begründetes Prinzip für das schematische Operieren.

Es ist das Ziel der Arbeit von *Lorenzen*, „der gesamten Logik und Mathematik eine solche operative Deutung" zu geben ([XIV 2] S. 28). Wir müssen uns versagen, an dieser Stelle die operative Methode zur Fundierung der Mathematik weiter zu entwickeln. Die Ableitung des allgemeinen Induktionsprinzips mag als Beleg für die Fruchtbarkeit der neuen bis zur Begründung der Analysis [2]) reichenden Methode gelten.

Wer in seiner grundlegenden Schrift ([XIV 2]) blättert, gewinnt freilich den Eindruck, daß der Weg von den einfachen Kalkülen über die operativ begründete Logik bis zur Analysis recht weit ist. Aber inzwischen hat *Lorenzen* in einem für die

---

[1]) Dabei ist vorausgesetzt, daß die Atome von K_ν auch zu K gehören.

[2]) Es gibt bekanntlich auch Versuche des Intuitionismus zur Fundierung der Analysis (siehe Kap. VIII). Während aber dort weite Teile der klassischen Analysis „geopfert" werden müssen, gibt die operative Methode eine Begründung, die keine Substanzverluste fordert.

Praxis der Mathematiker gedachten Buch ([XIV 3]) eine konstruktive Einführung in die klassische Analysis" gegeben. Dieses Werk scheint uns besonders gut geeignet zu sein, um den Unterschied zwischen der axiomatisch-formalistischen und der operativen Betrachtungsweise zu verdeutlichen.

Da steht am Anfang (S. 8) die Regel für die Konstruktion der Ziffern:

$$\Rightarrow | = |$$
$$m = n \Rightarrow m\,| = n\,|. \tag{10}$$

Entsprechend seiner Grundkonzeption verzichtet *Lorenzen* auf weitere „Axiome". Er schließt aus (10) auf

$$m\,| = n\,| \Rightarrow m = n$$

und sagt [1] (S. 9):

> „Gleichheitsaussagen, die sich nicht nach (10) konstruieren lassen, sind falsch." (S)

Nach Definition der Relation $\neq$ wird dann festgestellt:

$$| \neq a\,|. \tag{11}$$

Das heißt: Kein Element a hat den Nachfolger $|$. „Wer dies bezweifeln wollte, müßte die Konstruierbarkeit von $m\,| = |$ behaupten. Keine der Regeln von (10) liefert hierzu aber einen Schritt" (S. 9).

Das stimmt. Aber die Negation von (11) ist mit (10) doch durchaus „verträglich". Es gibt ja Körper, für die (10) gilt, (11) aber falsch ist. Man nehme etwa die Addition der Restklassen modulo 5 [2] und setze

$$[1] = 1 = |,\quad 2 = \|,\quad 3 = \|\|,\quad 4 = \|\|\|,\quad 5 = \|\|\|\|,$$
$$[a]\,| = [a + 1].$$

Dann ist **1** der Nachfolger von **5**: $5\,| = |$.

Nach Satz (S) sind aber solche Aussagen falsch. Man kann sie ausschließen, indem man die Gültigkeit von (S) *postuliert*. Ein Formalist würde (S) kursiv setzen und als „Axiom" bezeichnen. *Lorenzen* hat aber etwas gegen Axiome, und deshalb steht der Satz (S) (ohne diese Bezeichnung, ohne irgendeine Hervorhebung) mitten im Text. Man könnte das so verstehen, daß dieser Satz eine *Folgerung* aus der Festsetzung (10) sei.

Es würde sich nicht lohnen, über solche Möglichkeiten des Mißverstehens so viel zu reden, wenn sie nicht für die axiom-feindlichen Konstruktivisten typisch zu sein schienen. Dazu noch einige Bemerkungen über den weiteren Ausbau der Analysis bei *Lorenzen*.

„Mengen" werden nur dann zugelassen, wenn sie „konstruierbar" sind. *Lorenzen* räumt ein, daß es logische Einwände gegen eine axiomatische Mengenlehre nicht

---

[1] Die Herausstellung und Bezeichnung des Satzes (S) erfolgt hier durch uns. Er steht bei *Lorenzen* mitten im Text.

[2] Die Restklassen bezeichnet man oft durch Klammern, manchmal einfach durch Fettdruck. Also: [2] oder **2** steht für die Restklasse 2 modulo 5.

gibt. Da aber für ihn nur das Konstruierbare Objekt mathematischer Überlegung sein kann, schließt er so (S. 36):

> Der einzige Einwand gegen die axiomatischen Mengenlehren (selbstverständlich nur gegen diejenigen, für die man kein konstruktives Modell hat) liegt in der Frage: Wozu eigentlich?

Wir wollen versuchen, diese Frage zu beantworten. *Lorenzen* bringt in seiner zitierten Schrift die klassische Theorie *Cantors* für die reellen Zahlen (eine schöne Huldigung für den Begründer der Mengenlehre). Er betont aber ausdrücklich, daß die „konzentrierten Folgen (rationaler Zahlen) [1]) keine definite Menge, sondern nur eine Klasse" bilden. „Klassen" sind aber doch eigentlich in einer konstruktiven Theorie nicht zugelassen. So fehlt auch bei *Lorenzen* eine explizite Definition der reellen Zahl. Es heißt nur:

> Durch Abstraktion bezüglich $\sim$ bilden wir aus den konzentrierten Folgen rationaler Zahlen jetzt „reelle Zahlen", d. h. wir beschränken unsere Aussagen über die Folgen auf (bezüglich $\sim$) invariante Aussagen – und schreiben die Aussagen dann als Aussagen über abstrakte Objekte, *die reellen Zahlen*.

In einer axiomatisch fundierten Mengenlehre [2]) heißt es kürzer:

> We define a real number as a $\sim$-equivalence class of Cauchy-sequences of rational numbers.

In der Sache liegt doch zwischen dem *Lorenzenschen* Verfahren und dem der Mengentheoretiker kein wesentlicher Unterschied. Man kann (nach einem englischen Sprichwort) nicht den Kuchen essen und in der Hand behalten. Man kann nicht ohne wesentlichen Substanzverlust Analysis treiben, wenn man die Mengenbildung wesentlich einschränkt.

Kann man es wirklich nicht? Es gibt immer wieder Mathematiker, die das bezweifeln und neue konstruktive Fundierungen der Analysis versuchen. Wir wollen – schon um unsere These von der Verunklärung der Fundamente durch die Konstruktivisten zu begründen – noch über einen weiteren Versuch berichten. E. *Bishop* hat [XIV 4] sich um eine konstruktive Behandlung der Analysis bemüht, die nicht komplizierter sein will als die übliche. *Bishop* zieht in der Einleitung seines Werkes gegen die „Existenzaussagen" der klassischen Analysis mit den üblichen Argumenten zu Felde und kündigt eine auch für Praktiker interessante Theorie an, in der jede Zahl, die es „gibt", auch berechenbar ist.

Er setzt den Umgang mit ganzen und rationalen Zahlen als bekannt voraus und beginnt mit einer neuen Theorie der reellen Zahlen. Sie hat einige Ähnlichkeit mit der rekursiven Theorie (vgl. Kap. XII, S. 107 ff.!). Eine einzelne konvergente Folge rationaler Zahlen wird als reelle Zahl erklärt:

Eine Folge x_n von rationalen Zahlen heißt regulär, wenn

$$| x_m - x_n | < m^{-1} + n^{-1}, \quad m, n \in N.$$

---

[1]) Syn. für *Cauchy*-Folgen bzw. Fundamentalfolgen.
[2]) [XIV 5], S. 149.

Eine reelle Zahl ist eine reguläre Folge rationaler Zahlen. Zwei reelle Zahlen $x \equiv x_n$, $y \equiv y_n$ heißen gleich, wenn

$$|x_n - y_n| < 2\,n^{-1}, \quad n \in N.$$

Aus dieser Erklärung wird nun die Theorie der reellen Zahlen (mit der üblichen Definition der Addition, Multiplikation usw.) entwickelt, bis hin zu dem Satz 1 (S. 25):

a_n sei eine Folge reeller Zahlen. x_0 und y_0 seien reelle Zahlen, $x_0 < y_0$. Dann gibt es eine reelle Zahl x mit der Eigenschaft

$$x_0 \leqq x \leqq y_0$$

und

$$x \neq a_n, \quad n \in N.$$

Man traut seinen Augen nicht und liest den Satz noch einmal: Dieses Theorem ist doch der klassische Satz von *Cantor* über die Nichtabzählbarkeit der Menge der reellen Zahlen. Auch der nachfolgende Beweis entspricht der *Cantorschen* Deduktion in ihrer ersten Fassung [1]. Es scheint doch, daß auch die Konstruktivisten eine stille Liebe für den Begründer der Mengenlehre bewahrt haben.

Aber wie ist diese Deduktion möglich? In der rekursiven Analysis hat man abzählbar viele rekursive Funktionen und entsprechend auch nur abzählbar viele rekursive reelle Zahlen [2]. Wie kommt *Bishop* auf das Kontinuum?

Antwort: Durch seine weite Fassung des Begriffes „Folge". Es heißt da (S. 12):

> *Eine Folge ist eine Regel, die jeder positiven ganzen Zahl n ein mathematisches Objekt a_n zuordnet.*

Es wird nichts gesagt über die Art der zulässigen „Regeln" und über die in Frage kommenden „Objekte". Offenbar sind beliebige Regeln zulässig, die auf irgendeine Weise in der Umgangssprache formuliert sind. Hier liegt ein entscheidender Unterschied zur rekursiven Analysis, die nur solche zahlentheoretischen Funktionen zuläßt, die nach dem Gesetz der primitiv- oder allgemein-rekursiven Funktionen konstruiert sind. Auch die moderne axiomatisch fundierte Mengenlehre ist streng in der Festlegung der „zulässigen" Mengen durch Funktionale [3]. Eine sich „konstruktiv" gebende Theorie sollte nicht weniger klar in ihrem Aufbau sein als die attackierte formalistische.

Wir meinen: Wenn ein Analytiker einen präzise fundierten Aufbau seiner Disziplin sucht, dann hat er die Wahl zwischen einer Axiomatik, die vom Mengenbegriff ausgeht, und einer „rekursiven" Theorie der Funktionen. Wenn er ein modernes Axiomensystem der Mengenlehre zugrunde legt [4], läßt er auch reine „Existenzaussagen" zu, die etwa durch das „Auswahlaxiom" (vgl. S. 49) begründet werden. Wer sich für einen „rekursiven" Aufbau der Analysis entscheidet (vgl. Kap. XII), verzichtet auf alle überabzählbaren Mengen; seine Beweise werden schwerfälliger

---

[1]) Vgl. dazu z. B. [VI 8] S. 30.

[2]) Vgl. Kap. XII!

[3]) [VI 8], S. 183 ff.

[4]) z. B. [VI 8], S. 187.

als die seines mengentheoretisch arbeitenden Kollegen. Aber er gewinnt den Vorteil, daß alle seine Aussagen konstruktiv sind. Wenn er beweist, daß es irgendeine Zahl „gibt", dann hat er auch zugleich ein Verfahren, um diese Zahl mit Hilfe von rekursiven Funktionen zu berechnen.

Es gibt nur sehr wenige Mathematiker, die grundsätzlich „konstruktiv" oder „operativ" arbeiten [1]). Etwas größer ist die Zahl derer, die im Prinzip für konstruktive Verfahren eintreten, in der Praxis aber doch die klassische (formalistisch zu fundierende) Mathematik benutzen.

Es ist mehrfach vorgeschlagen worden (z. B. durch *Hermes*), den „Grundlagenstreit" zu beenden auf Grund der Einsicht, daß die formalistische und die „rekursive" oder „operative" Betrachtungsweise nebeneinander bestehen können. Das von *Goethe* geforderte „Gelten lassen" des anderen ist in der Mathematik schon deshalb angebracht, weil es in unserem Fach schon lange verschiedenartige Arbeitsweisen mit unterschiedlichen Voraussetzungen gibt.

Man bemüht sich z. B. in der Geometrie um die Konstruktion mit Zirkel und Lineal doch nicht deshalb, weil es unfein wäre, einen Rechtwinkelhaken zu benutzen. Es ist wichtig zu erforschen, welche Konstruktionen eine analytische Entsprechung in Gleichungensystemen mit quadratischen Gleichungen haben, welche auf algebraische Gleichungen höheren Grades führen. Man kann weiter nach einer stetigkeitsfreien (elementaren) Theorie des Flächeninhalts fragen, nicht weil das Stetigkeitsaxiom suspekt ist, sondern weil es interessant ist zu wissen, was man alles *ohne* Stetigkeitsaxiom machen kann. Und so mag man auch in der Analysis jene Verfahren erforschen, die sich mit Hilfe von rekursiven Funktionen beschreiben lassen. Man braucht aber den nicht als „Metaphysiker" zu verdächtigen, der in Grundlagenfragen einen anderen Standort einnimmt.

Es scheint, daß die „Formalisten" eher zu einer Verständigung geneigt sind als die Vertreter der anderen Seite. *Lorenzen* z. B. will [2]) eine axiomatische Deduktion nur gelten lassen in der Hoffnung, daß es später noch gelingen möge, einen „konstruktiven" Beweis nachzuliefern. Hier bleibt doch der Anspruch erhalten, daß „gültig" eben doch nur eine konstruktive oder operative Schlußweise sei.

Die Auffassung *Kroneckers*, daß die ganzen Zahlen „der liebe Gott gemacht" habe, findet eben immer noch Anhänger. Manche Verfechter konstruktiver Verfahren drücken es heute anders aus: Die ganzen Zahlen haben ihren Seinsgrund in der physikalischen Welt; es gibt Dinge, die man *zählen* kann. Deshalb ist ein Aufbau der Mathematik aus dem Grundprozeß des Zählens besser gesichert als eine Deduktion aus mehr oder weniger willkürlich gesetzten Axiomen.

Hier ist aber zu fragen, *wo* es in der Natur denn Zahlen gibt. Es gibt Dinge, die man *zählen* oder auch *zu Mengen zusammenfassen* kann. Der Mengenbegriff ist in der Erfahrung nicht schwächer fundiert als der der Zahl. Freilich: Es „gibt" nur endliche Mengen. Aber es „gibt" auch nicht die Menge der natürlichen Zahlen, *es gibt nicht einmal beliebig große Zahlen*. Wenn unsere Physiker Recht haben, daß es nur endlich viele Dinge gibt, dann ist die Vorstellung, daß jede Zahl einen Nachfolger

---

[1]) Nach *Lorenzen*: Weniger als 1 Prozent aller Mathematiker.
[2]) Vgl. S. 122 ff.!

habe, eine Abstraktion (wie ja schon der Zahlbegriff selbst eine Abstraktion darstellt). Ob man nun im Abstrahieren etwas mehr oder weniger weit geht, sollte kein Grund zum Streit sein. Entscheidend ist die Frage, ob denn ein durch Abstraktion entstehendes System gegen Widersprüche gesichert ist. Und hier ist (s. o.!) der Standort der Formalisten „solider" als der mancher Konstruktivisten.

Die formalen Systeme des Mathematikers stehen – mindestens in ihren einfachsten Modellen! – in einer gewissen Beziehung zur physikalischen Welt. Aber die Untersuchung solcher Zusammenhänge ist schwierig und sollte nicht in der Einleitung mathematischer Lehrbücher mit einem Satz abgetan werden.

Es erscheint jedenfalls nützlich, wenn man bei der Darstellung mathematischer Theorien diese Grundlagenfragen beiseite läßt. In diesem Sinne möchten wir den Formalismus als ein methodisches Prinzip empfehlen. Wenn ein moderner Mathematiker seine Disziplin formalistisch deutet, so heißt das nicht unbedingt, daß für ihn Mathematik nur ein Spiel der Symbole und Formeln sei. Er läßt nur die schwierige Frage aus, was denn die Mathematik noch mehr sein kann als nur die Wissenschaft von den formalen Systemen. Dieses Verfahren hat den großen Vorteil, daß es in der (so verstandenen) Mathematik keine Meinungsverschiedenheiten gibt.

Formalismus als Methode: Wir meinen, daß sich auf diese Parole die überwiegende Mehrzahl der Mathematiker einigen könnte. Wir verzichten in der Mathematik auf ontologische Untersuchungen und auf die Festlegung philosophischer Standorte. Nicht deshalb, weil wir für Fragestellungen dieser Art kein Organ hätten. Wir halten es aber für einen Gewinn in einer zerstrittenen Welt, wenn im Bereich der Mathematik gemeinsame Aussagen möglich sind für Vertreter aller philosophischen oder politischen Konzeptionen.

Damit ist freilich das ontologische Problem nur aus der Alltagsarbeit des Mathematikers herausgeschoben. Man wird auch weiterhin fragen müssen: „Woher kommen die Axiome?" Sind sie absolut willkürliche Setzungen (nur dem Postulat der Widerspruchsfreiheit unterworfen) oder in jedem Fall Abstraktionen aus der Erfahrung?

Warum ist z. B. bei *Kleene* (vgl. S. 88) die relativ komplizierte Formel (das Induktionsgesetz!)

$$A\,(0)\,\bigwedge\{\,\bigwedge_x\,[A\,(x)\Rightarrow A\,(x')]\}\Rightarrow A\,(x)$$

Axiom, die einfache Aussage $a = a$ aber ein zu beweisender Satz? Auch die schon gestellte Frage nach der Beziehung zwischen den Axiomen und den physikalischen Erfahrungen gehört zu jenem Problemkreis, der am Rande der mathematischen Grundlagenforschung auftaucht. Probleme dieser Art gehören nicht mehr zur Metamathematik (im üblichen Verständnis des Wortes). Es sind „voraxiomatische" Probleme, die die Ontologie der mathematischen Objekte betreffen. Nach *Reichenbach* (S. 67) soll es ja zwischen mathematischen Philosophen keine Meinungsverschiedenheiten mehr geben, wenn jeder seine Thesen klar genug formuliert. Daran sollte es eigentlich nicht fehlen, und man könnte hoffen, daß die im Bereich der (formalen) Mathematik übliche Sicherheit der Aussagen sich auch auf die „voraxiomatischen" Fragestellungen ausdehnen ließe.

Erste Schritte in dieser Richtung hat *Lorenzen* getan. Die Bedeutung seiner „operativen" Mathematik scheint uns vor allem darin zu liegen, daß er einen originellen Versuch unternommen hat, die wichtigsten Axiome der Mathematik und der formalen Logik aus den einleuchtenden Gesetzlichkeiten der operativen Kalküle zu deuten.

XV. „Angewandte" Mathematik heute

Jede Wissenschaft ist soweit Wissenschaft, wie Mathematik in ihr ist.
Kant

In dem großen zweibändigen „Mathematischen Wörterbuch" von *Naas-Schmid* (XV [1] findet sich unter dem Stichwort „Atom" nicht nur der „obere Nachbar eines Nullelementes in einem Verband". Es findet sich auch ein Beitrag zum physikalischen Begriff „Atom", und es gibt weiter die Stichwörter „Atomenergie", „Atomhülle", „Atomkern", „Atommodell", „Atomspektren", „Atomwärme". Warum nimmt man diese (und viele andere) physikalische Begriffe in ein *mathematisches* Wörterbuch auf?

Dies ist wohl der Grund: Seit Jahrhunderten ist die Physik das wichtigste Anwendungsfeld der Mathematik. Man notiert deshalb in einem mathematischen Wörterbuch nicht nur die auf physikalische Anwendungen bezogenen mathematischen Begriffe (wie etwa die *„Schrödingersche* Differentialgleichung"), sondern auch die wichtigsten nicht mit mathematischen Symbolen gekoppelten Begriffe der Physiker.

Warum auch nicht? Man könnte einwenden, daß die Mathematik in unserem Jahrhundert in vielen Disziplinen angewandt wird, die früher nur mit sogenannten geisteswissenschaftlichen Methoden arbeiteten. Die Volkswirtschaftler beschäftigen sich mit linearer Programmierung und Spieltheorie, die Soziologen und Psychologen berechnen Korrelationskoeffizienten, die Didaktiker benutzen die Ergebnisse der Wahrscheinlichkeitsrechnung und der Informationstheorie, um exakte Aussagen in jenen Bereichen zu gewinnen, in denen früher nur die pädagogische Intuition gefragt war. Wir haben also neue Freunde gewonnen, und sind ihnen natürlich schuldig, daß wir die Begriffe Varianz, Korrelation, Signifikanztest usw. in unsere Wörterbücher aufnehmen. Aber das sind ja mathematische Begriffe. Müssen wir jetzt auch aus den Lehrbüchern der Volkswirtschaft, der Soziologie und der Psychologie die wichtigsten Termini in unsere mathematische Literatur übernehmen?

Man könnte meinen: Was der Physik recht ist, ist den frisch zur Mathematik bekehrten Disziplinen billig.

Und müssen wir von den um „Gegenwartsnähe" bemühten Gymnasiallehrern erwarten, daß sie ihr Repertoire an Aufgaben jetzt um Beispiele aus Volkswirtschaft, Soziologie usw. erweitern?

Es leuchtet ein, daß hier der Anpassungsbereitschaft des Mathematikers praktische Grenzen gesetzt sind. Es lohnt sich, in unserem technischen Zeitalter das Verhältnis der Mathematik zu ihren Anwendungsgebieten neu zu durchdenken. Dazu scheint uns ein Blick auf die Geschichte der Wahrscheinlichkeitsrechnung und ihrer modernen Ausweitungen (Statistik, Informationstheorie) besonders nützlich.

Die klassische Wahrscheinlichkeitsrechnung entstand in Frankreich (*Fermat, Pascal*) aus der Problematik des Glücksspiels. Man erklärte die Wahrscheinlichkeit für das Eintreten eines Ereignisses E als das Verhältnis der Anzahl g der für das Ereignis E „günstigen" zur Anzahl m der „möglichen" Fälle:

$$w = \frac{g}{m}. \tag{1}$$

Dabei wurde stillschweigend vorausgesetzt, daß alle in Frage kommenden „Ereignisse" (Würfeln einer Zahl, Ziehen einer bestimmten Karte aus einem Spiel) *gleich wahrscheinlich* seien. Die Problematik dieser Voraussetzung wurde deutlich bei dem *Bertrand*schen Paradoxon und bei gewissen Fragestellungen der Statistik.

Dies ist das *Bertrandsche Problem*: In einem Kreis wird „auf gut Glück" eine Sehne gezogen (Abb. 27). Wie groß ist die Wahrscheinlichkeit dafür, daß sie größer ist als die Seite des einbeschriebenen gleichseitigen Dreiecks?

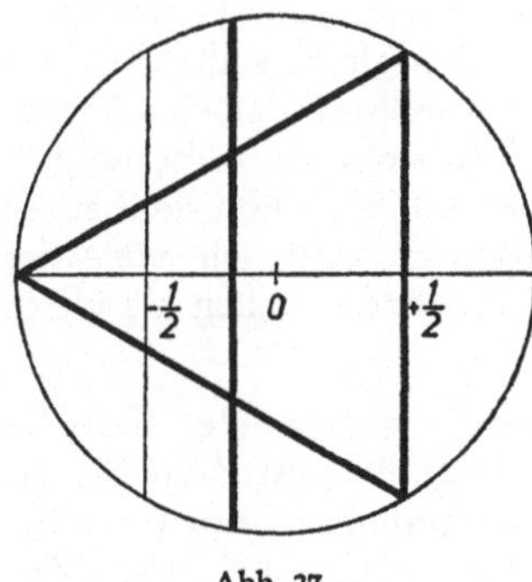

Abb. 27

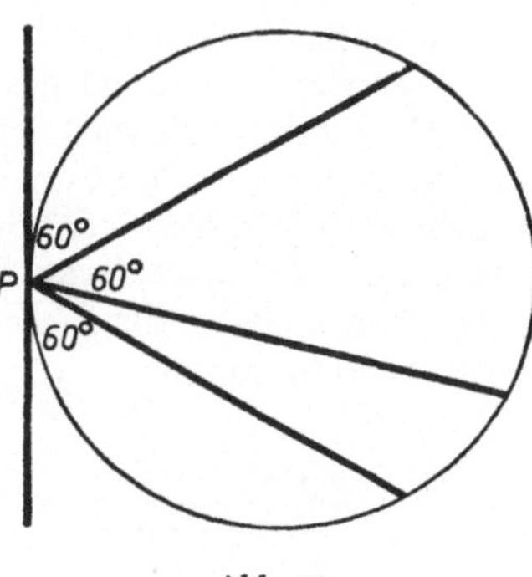

Abb. 28

Hier bieten sich mehrere Lösungen an. Wir wollen nur zwei diskutieren.

a) Aus Symmetriegründen ist die Richtung der gezeichneten Geraden gewiß gleichgültig. Geben wir also einen Durchmesser vor und betrachten wir nur solche Sehnen, die darauf senkrecht stehen. Es sei unsere Gerade die Achse eines Koordinatensystems mit dem Nullpunkt im Mittelpunkt M des Kreises (mit dem Radius 1). Die Sehnen (senkrecht zur Achse), die zwischen $-\tfrac{1}{2}$ und $+\tfrac{1}{2}$ die Achse schneiden, sind länger als die Seite des einbeschriebenen gleichseitigen Dreiecks. Die Länge dieser Strecke $[-\tfrac{1}{2}, +\tfrac{1}{2}]$ ist 1, die des Durchmessers 2. Deshalb ist die gesuchte Wahrscheinlichkeit $w = \tfrac{1}{2}$.

b) Aus Symmetriegründen können wir auch einen Punkt auf dem Umfang des Kreises festhalten und die von diesem Punkt p ausgehenden Sehnen betrachten (Abb. 28). „Günstig" sind die Sehnen, die im Innern eines Winkels von 60° verlaufen. Für die „ungünstigen" Fälle bieten sich zwei Winkel von 60° an. Deshalb ist die gesuchte Wahrscheinlichkeit $w = \tfrac{1}{3}$.

Diese Paradoxie löst sich auf durch die Bemerkung, daß in beiden Fällen verschiedene Vorstellungen von „gleicher Wahrscheinlichkeit" zugrunde gelegt wurden. Im 1. Fall ist das Zeichnen der Sehne senkrecht zu irgendwelchen Stücken des Durchmessers von gleicher Länge als „gleich wahrscheinlich" vorausgesetzt, im 2. Fall das Zeichnen eines Strahls in einem Winkel von vorgegebener Größe α. Beide Verfahren sind technisch zu realisieren: Man kann etwa den Durchmesser von Abb. 27 in z. B. 300 kongruente Teilstücke zerlegen, den gestreckten Winkel der Abb. 28 in 300 kongruente Teilwinkel $\triangle \alpha$. In jedem Fall wird ausgelost, in welcher Strecke die „auf gut Glück" gezogene Sehne schneiden soll bzw. in welchem der Teilwinkel sie einzuzeichnen ist.

Das *Bertrandsche* Paradoxon macht deutlich, daß man zu verschiedenartigen Ergebnissen kommt, wenn man die Vorstellung von der Gleichwahrscheinlichkeit variiert. Noch bedeutsamer für die Wahrscheinlichkeitstheorie sind die Überlegungen der Physiker über die Grundlagen von statistischen Verfahren. Statistische Untersuchungen über die Verteilung der Geschwindigkeiten auf die Atome eines Gases oder der Energie eines Systems auf die möglichen Stufen werden meist durch Modellversuche beschrieben. Man geht davon aus, daß eine gewisse Anzahl n von „Teilchen" auf N „Zellen" zu verteilen sind. Die klassische (von *Boltzmann* begründete) Statistik geht dabei immer von der Voraussetzung aus, daß je zwei Verteilungen der individuell gegebenen Teilchen auf die Zellen gleich wahrscheinlich sind. Die moderne Physik sieht aber gute Gründe für die Annahme, daß eine Unterscheidung individueller Objekte für Elektronen oder Lichtquanten gar nicht möglich ist. Die *Bose*-Statistik sieht deshalb von den „Individuen" völlig ab und sieht einen „Zustand" als ausreichend beschrieben an, wenn ausgesagt wird, wie viele der n Teilchen in jeder der N Zellen liegen. Irgend zwei „Zustände" sollen als gleich wahrscheinlich gelten.

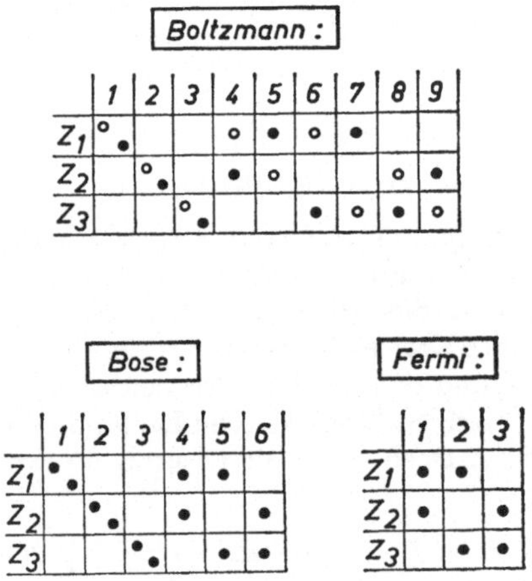

Die von *Fermi* begründete Statistik schließlich benutzt ein von *Pauli* für die Atomphysik aufgestelltes Prinzip. Es besagt (in der Anwendung auf unser Verteilungsproblem), daß niemals zwei Teilchen in einer Zelle untergebracht sein können. Abb. 29 zeigt die möglichen Verteilungen von zwei Teilchen auf drei Zellen in den Statistiken von *Boltzmann*, *Bose* und *Fermi*.

In der klassischen (*Boltzmannschen*) Statistik werden die einzelnen Individuen unterschieden (hier: ein voller „Punkt" und ein „Ring" als Symbol für die beiden Teilchen). Es gibt $3^2 = 9$ Möglichkeiten, die zwei Teilchen auf 3 Zellen zu verteilen. In der *Bose*-Statistik entfallen die „individuellen" Unterscheidungen. Die Fälle 4 und 5, 6 und 7, 8 und 9 der klassischen Statistik fallen zusammen: Es gibt 6 mögliche (und als „gleich wahrscheinlich" angesetzte) Verteilungen.

Das „*Pauli*-Verbot" in der *Fermi*-Statistik schließlich führt auf nur drei mögliche (und „gleich wahrscheinliche") Verteilungen.

Abb. 29

Diese Beispiele aus der Anwendung der Wahrscheinlichkeitsrechnung auf die Geometrie oder die Physik zeigen, daß die Annahme der „Gleichwahrscheinlichkeit" für gewisse Ereignisse durchaus problematisch ist. Es mag berechtigt sein, beim („ehrlichen"!) Spiel mit einem Würfel jeder der möglichen sechs Zahlen die gleiche Chance zuzusprechen. In anderen Fällen kann eine solche Voraussetzung zweifelhaft sein.

Es liegt deshalb nahe, nach einer Begründung der Wahrscheinlichkeitsrechnung zu suchen, die diese Schwäche der klassischen Theorie nicht hat.

Der Übersichtlichkeit wegen übergehen wir die (für den Mathematiker unbefriedigenden) Versuche zu einer statistischen Definition der Wahrscheinlichkeit [1]) und berichten über die moderne mathematische Fassung des Wahrscheinlichkeitsbegriffs. Gesucht ist eine Theorie, die gewissen „Ereignissen" Zahlenwerte zuordnet. Die Abbildung soll die uns aus der klassischen Wahrscheinlichkeitsrechnung zu übernehmenden Eigenschaften haben, aber doch die Freiheit lassen, die „Gleichwahrscheinlichkeit" jeweils nach den Bedürfnissen der Praxis festzusetzen. Dazu deuten wir die in Frage kommenden „Ereignisse" als Elemente einer *Booleschen Algebra*.

Eine Boolesche Algebra ist ein distributiver und komplementärer Verband. Ein Verband V (vgl. S. 95) heißt distributiv, wenn die beiden Distributivgesetze

$$a \cap (b \cup c) = (a \cap b) \cup (a \cap c),$$
$$a \cup (b \cap c) = (a \cup b) \cap (a \cup c) \tag{2}$$

gelten; er heißt *komplementär*, wenn er ein Null- und ein Einselement hat (0 und 1) und zu jedem $x \in V$ ein Element $x' \in V$ gehört (das *Komplement* von x) mit der Eigenschaft

$$x \cap x' = 0, \quad x \cup x' = 1. \tag{3}$$

Die Menge der Teilmengen einer gegebenen Menge M (die Potenzmenge $\mathfrak{P}(M)$) bildet z. B. eine solche *Boolesche* Algebra (mit der üblichen Deutung von $\cap$ und $\cup$ als Durchschnitt und Vereinigung). Eine *Boolesche* Algebra B heißt *normiert*, wenn eine Funktion

$$w: \quad a \to w(a) \tag{4}$$

existiert, die jedem Element $a \in B$ eine reelle Zahl $w(a)$ zuordnet und die folgenden Bedingungen erfüllt:

$$0 \leq w(a); \ w(1) = 1;$$
$$a \cap b = 0 \Rightarrow w(a \cup b) = w(a) + w(b). \tag{5}$$

$w(a)$ heißt dann die *Norm* des Elementes $a \in B$.

Der Buchstabe „w" für die Norm deutet schon darauf hin, daß wir diese Möglichkeit der „Normierung" einer *Boolesch*en Algebra für die Fundierung der Wahrscheinlichkeitsrechnung nutzbar machen wollen. Wir erklären:

Die Wahrscheinlichkeitsrechnung ist die Theorie der normierten Booleschen Algebren.

---

[1]) Siehe dazu [XV 2], S. 33 ff.

Um den Sinn dieser Erklärung verständlich zu machen, betrachten wir noch einmal den in Abb. 26 b (S. 96) dargestellten Verband. Wir können ihn als den Potenzmengenverband von

$$M = \{1, 2, 3, 4\}$$

deuten; dieser Verband hat den Charakter einer *Booleschen* Algebra, wie man leicht nachprüft: Es gelten die Gesetze (2) und zu jeder Teilmenge von M hat die Komplementärmenge den Charakter des Komplements im Sinne von (3).

Ordnen wir nun den Elementen von M die „Elementarereignisse" beim Ziehen von Spielkarten (aus einem System von 32 Skatkarten) zu:

$$1 \leftrightarrow E_1: \quad \text{ich ziehe eine Kreuz-Karte,}$$
$$2 \leftrightarrow E_2: \quad \text{ich ziehe eine Pik-Karte,}$$
$$3 \leftrightarrow E_3: \quad \text{ich ziehe eine Herz-Karte,}$$
$$4 \leftrightarrow E_4: \quad \text{ich ziehe eine Karo-Karte.}$$

Dann steht $1 \cup 2$ (im Bild einfach: 12) für das Ereignis:

$$E_1 \vee E_2: \quad \text{Ich ziehe eine schwarze Karte (Kreuz oder Pik),}$$

usf. 1234 steht für das „sichere", 0 für das „unmögliche" Ereignis.

Wir können jetzt den Elementarereignissen E_ν (den „Atomen" [1])) unserer *Boole*schen Algebra die Norm

$$w\,(E_\nu) = \tfrac{1}{4} \quad (\nu = 1, 2, 3, 4) \tag{6}$$

zuordnen. Nach (5) gehört dann zu $E_1 \vee E_2$ die Norm $w = \tfrac{1}{4} + \tfrac{1}{4} = \tfrac{1}{2}$. Weiter wird $w\,(E_1 \vee E_2 \vee E_3 \vee E_4) = 1$. Unsere Norm hat also tatsächlich die Eigenschaften, die wir bei dieser Ereignisalgebra [2]) erwarten müssen.

Wir sind aber nicht daran gebunden, die Norm nach (6) festzusetzen. Man kann auch

$$w\,(E_1) = \tfrac{1}{2}, \quad w\,(E_2) = w\,(E_3) = w\,(E_4) = \tfrac{1}{6}$$

setzen und die übrigen Werte der Norm nach (5) bestimmen. Eine solche Festsetzung wäre angebracht, wenn wir etwa eine Menge von 48 Karten ins Spiel bringen, von denen 24 Karten ein Kreuz zeigen, je 8 ein Pik, Herz oder Karo.

Wir haben damit gerade jenes Maß an Bindung und Freiheit durch die mathematische Theorie der Wahrscheinlichkeit gewonnen, das wir brauchen. Unsere Erklärung der Wahrscheinlichkeit als Norm einer *Boole*schen Algebra läßt verschiedene Möglichkeiten zur Definition der „Gleichwahrscheinlichkeit" offen, und es ist Sache des Physikers, die Festlegung für seine Fragestellung selbst zu vollziehen.

---

[1]) Ein „oberer Nachbar" des Nullelementes in einem Verband heißt ein *Atom*. Nicht jeder Verband hat Atome!

[2]) In der Anwendung auf Fragen der Wahrscheinlichkeitsrechnung nennt man eine *Boolesche* Algebra auch eine *Ereignisalgebra*.

Es ist gut, wenn die Verantwortungen klar verteilt sind. Der Mathematiker liefert eine formale Theorie: Er deutet die „Wahrscheinlichkeit" als die Norm einer *Boole*-schen Algebra, als das Bild eines Funktionals, das gewisse in der allgemeinen Theorie festgelegte Eigenschaften haben muß. Die Frage, wie die Norm (im Rahmen der allgemeinen Theorie) im Einzelfall der praktischen Anwendung zu erklären sei, hat der Praktiker zu beantworten.

Um die Fruchtbarkeit einer solchen theoretischen Fundierung der Wahrscheinlichkeitsrechnung zu verdeutlichen, wollen wir noch das folgende Problem stellen:

Ein rechteckiger Acker R (mit den Seitenlängen a und b) werde maschinell besät. Wie groß ist die Wahrscheinlichkeit dafür, daß ein Samenkorn gerade in die Teilmenge $T \subset R$ fällt? (Abb. 30)

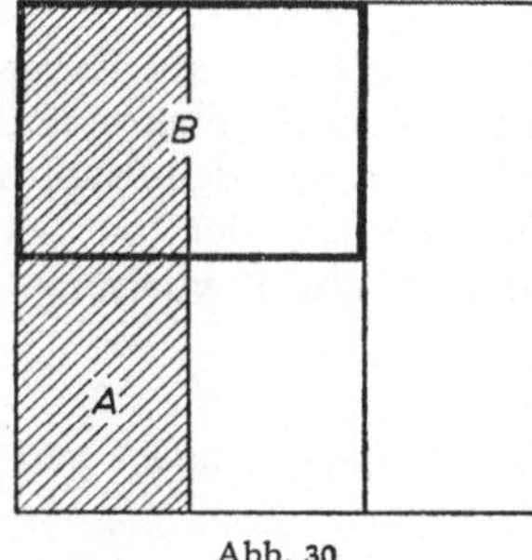

Abb. 30

Es liegt nahe, diese Wahrscheinlichkeit für irgendeine (meßbare) Teilmenge $T \subset R$ durch

$$w\,(T) = \frac{F\,(T)}{a \cdot b}$$

festzusetzen [1]). Dabei ist $F\,(T)$ der Flächeninhalt von T.

Im Falle $a = b = 1$ ist die Wahrscheinlichkeit direkt gleich dem Flächeninhalt von T. Damit wird klar, daß die Theorie der normierten *Boole*schen Algebren auch noch in einem der „Würfelbudenmathematik" scheinbar fernliegenden Gebiet der Mathematik von Nutzen ist: in der Maßtheorie. Ersetzen wir das Rechteck durch irgendeine Punktmenge M der Ebene und fragen wir, welchen Teilmengen $a \subset M$ man ein Funktional $w\,(a)$ zuordnen kann mit den Eigenschaften (5). Das ist eine Grundfrage der Maßtheorie. Es zeigt sich also, daß diese Theorie einen formalen Kern hat, der dem der Wahrscheinlichkeitsrechnung entspricht. An dieser Stelle wird – wieder einmal – die Fruchtbarkeit der mathematischen Formalisierung deutlich.

Die Geschichte der Wahrscheinlichkeitsrechnung verdeutlicht besonders eindrucksvoll eine für viele mathematische Disziplinen typische Veränderung der Beziehungen zwischen der ursprünglich „praktischen" Fragestellung und der Theorie. Die Formalisierung vollzieht sich schrittweise. Diese Entwicklung kann man in der Geometrie, aber auch in der Analysis nachweisen. *Newton* begründete die Infinitesimalrechnung, weil er mit dem Bewegungsproblem in der Physik fertig werden wollte, und

---

[1]) Für Abb. 30 ist z. B. $w\,(A) = w\,(B) = \tfrac{1}{8}$.

seine ersten Begriffsbildungen („Fluxionen") lassen diesen Zusammenhang deutlich werden. Heute können wir die Aussagen der Infinitesimalrechnung ohne Bezug auf Mechanik oder Geometrie formulieren.

Eines der jüngsten Anwendungsgebiete der Wahrscheinlichkeitsrechnung ist die *Informationstheorie* [1]). Sie fragt nach den Möglichkeiten, mit einem Minimum an Symbolen eines Codes ein Maximum an Information zu übertragen. In den Lehrbüchern dieser sehr jungen Wissenschaft findet man viele mathematische Formeln, aber die Definitionen und Sätze benutzen immer wieder Begriffsbildungen der Physik oder der Nachrichtentechnik. Es stellt sich aber auch hier heraus, daß die Informationstheorie einen mathematischen Kern hat, der sich ohne Bezug auf spezielle Codes oder auf Gegebenheiten der elektrischen Nachrichtentechnik formulieren läßt.

Wir geben als Beispiel für die Möglichkeit der Formalisierung zwei Definitionen und einen Satz an, die keine Bezüge auf die Fragestellungen der Nachrichtentechnik enthalten. Sie sind – auch unabhängig von den Problemen der Nachrichtenübertragung – von mathematischem Interesse. Der Satz ist aber *zugleich* eine grundlegende Aussage für die Praxis der Nachrichtentechnik.

Hier die Definitionen:

Definition 1. Ein n-Tupel $W = (w_1, w_2, \ldots, w_n)$ von reellen Zahlen w_ν mit den Eigenschaften

$$0 \leqq w_\nu \leqq 1, \quad \sum_{\nu=1}^{n} w_\nu = 1 \tag{7}$$

heißt eine *W-Verteilung*. Sie heißt *symmetrisch*, wenn alle w_ν gleich sind:

$$w_\nu = \frac{1}{n} \quad (\nu = 1, 2, \ldots, n).$$

Definition 2. Es sei $W = (w_1, w_2, \ldots, w_n)$ eine *W-Verteilung*. Die reelle Zahl [2])

$$E = E(W) = \sum_{\nu=1}^{n} w_\nu \cdot \mathrm{lb} \frac{1}{w_\nu} \tag{8}$$

heißt die *Entropie* [3]) der *W-Verteilung*.

Für diese *W-Verteilungen* gilt nun das

Theorem: Es sei $W = (w_1, w_2, \ldots, w_n)$ eine *W-Verteilung* und

$$F: \quad (w_1, w_2, \ldots, w_n) \rightarrow F(w_1, w_2, \ldots, w_n) \tag{9}$$

---

[1]) Vgl. dazu [XV 2], Kap. IX.

[2]) lb ist der Logarithmus mit der Basis 2.

[3]) Über den Zusammenhang dieses Funktionals $E(W)$ mit der „Entropie" der Physik vgl. z. B. [XV 3].

140

eine symmetrische reellwertige Funktion der Variablen w_ν $(\nu = 1, 2, \ldots, n)$, die folgende Eigenschaften hat:

(A)   Die Funktion ist stetig.

(B)   Die Funktion

$$\left(\frac{1}{k}, \frac{1}{k}, \ \ldots, \frac{1}{k}\right) \to F\left(\frac{1}{k}, \frac{1}{k}, \ \ldots, \frac{1}{k}\right) = g(k)$$

wächst monoton mit k.

(C)   Für das Bild der Funktion (9) gilt

$$F(w_1, w_2, \ldots, w_n) = F(w_1 + w_2, w_3, \ldots, w_n) + (w_1 + w_2)\, F\left(\frac{w_1}{w_1 + w_2}, \frac{w_2}{w_1 + w_2}\right).$$

Dann ist

$$F(w_1, w_2, \ldots, w_n) = c \cdot \sum_{\nu = 1}^{n} w_\nu \, \mathrm{lb} \, \frac{1}{w_\nu} \cdot \tag{10}$$

Dieses rein mathematisch formulierte Theorem besagt für den Nachrichtentechniker, daß man den für die Anwendungen wichtigen Entropie-Begriff nicht gut anders als durch die sogenannte *Shannon*sche Formel (10) definieren kann.

Es könnte sein, daß manchem Techniker die Neigung des Mathematikers zum Formalisieren suspekt ist. Er wittert dahinter eine Abwertung der Tätigkeit des Praktikers, der doch den Mathematiker in den meisten Fällen erst zu seinen Fragestellungen angeregt hat.

Es geht aber gar nicht um Wertungen, sondern um Klärung der Verantwortlichkeit. Es gibt in technischen Untersuchungen rein mathematische Sätze, die bei engem Bezug der Aussagen auf das technische Problem nicht immer als solche erkennbar sind. Dann gibt es aber Entscheidungen über die Wahl des einen oder anderen formalen Systems, Verfügung über freie Konstanten oder willkürliche Funktionen usf. Hier, an der „Nahtstelle" zwischen Theorie und Praxis, muß der Techniker (der Physiker, der Soziologe usw.) entscheiden. Ein Musterbeispiel dafür lieferte unser Problem aus der Statistik: Welcher Ansatz für ein bestimmtes Problem der richtige ist (*Boltzmann*, *Bose* oder *Fermi*), kann nur der Experimentalphysiker sagen.

Bei den vielen neuartigen Anwendungen mathematischer Verfahren auf politische, psychologische oder soziologische Fragestellungen ist diese Schwierigkeit zu beachten. Die Mathematik und die theoretische Physik haben soviel Kredit, daß die Gefahr besteht, daß eine These schon deshalb als richtig gilt, weil sie mit mathematischen Formeln begründet wird. Diese Art von Ehrfurcht ist gefährlich. Ein Beispiel: Ein viel beachtetes Buch von *Fucks* über „Die Formeln zur Macht"[1] hat auf naive Gemüter einfach deshalb großen Eindruck gemacht, weil hier politische Prognosen mit mathematischen Formeln motiviert wurden. Wir haben hier nicht zu ent-

---

[1] Rororo-Band 6601, 1967.

scheiden, ob *Fucks* Recht hat oder nicht. Wir wollen nur sagen (und die mancherlei modernen „Anwendungen" mathematischer Methoden machen das notwendig), daß eine Theorie noch nicht deshalb richtig ist, weil in ihrer Begründung einige mathematische Formeln vorkommen.

Dieser Hinweis scheint uns auch angebracht im Blick auf die Anwendung mathematischer Methoden in der Psychologie und in der Didaktik. Es bleibt in jedem Fall zu prüfen, wie weit die Anwendung eines bestimmten mathematischen Ansatzes berechtigt ist, und diese Entscheidung dürfte in den bisher als „Geisteswissenschaften" geltenden Disziplinen manchmal schwieriger sein als in der Physik. Noch vor wenigen Jahrzehnten war man der Meinung, daß auf dem Gebiet der Pädagogik mathematische Methoden überhaupt nicht anwendbar seien. *Felix Klein* hat einmal gesagt:

> „Soll ich mich im allgemeinen Sinne über Pädagogik äußern, so will ich folgende Betrachtung vorausschicken: Man kann das pädagogische Problem mathematisch formulieren, indem man die individuellen Qualitäten des Lehrers und seiner n Schüler als ebensoviele Unbekannte einführt und nun verlangt, eine Funktion von $(n + 1)$ Variablen
>
> $$F(x_0, x_1, \ldots, x_n)$$
>
> unter gegebenen Nebenbedingungen zu einem Maximum zu machen. Ließe sich das Problem eines Tages entsprechend den bis dahin realisierten Fortschritten der psychologischen Wissenschaft direkt mathematisch behandeln, so wäre die (praktische) Pädagogik von da an eine Wissenschaft – solange das aber nicht der Fall ist, muß sie als Kunst gelten [1]."

Heute nennen sich die Pädagogen Erziehungswissenschaftler, und einige von ihnen versuchen, diese Bezeichnung durch Anwendung mathematischer Methoden in der allgemeinen Didaktik zu rechtfertigen. Es wäre schön, wenn sie Erfolge hätten. Aber vielleicht darf gerade ein Mathematiker sagen, daß man die Schwierigkeiten, die *Felix Klein* sah, nicht unterschätzen sollte.

Fassen wir zusammen: Das Anwendungsgebiet der Mathematik hat sich vervielfacht, und es dürfte immer schwieriger werden, im Unterricht in Schulen und Hochschulen für die vielen Anwendungsgebiete unserer Wissenschaft besondere Einführungen zu geben. Das ist schon deshalb problematisch, weil ein heute in der Praxis benutztes Verfahren in wenigen Jahren überholt sein kann. Uns hat man im Blick auf die „praktische Bedeutung" der Mathematik in der Schule mit logarithmischem Rechnen gelangweilt. Sollen wir heute das Programmieren üben? Wer weiß denn, welche Verfahren in einigen Jahren gebraucht werden? Was *immer* gebraucht wird, ist saubere Mathematik. Lehren wir die Wissenschaft von den formalen Systemen [2] und wecken wir bei den Schülern eine solche Freiheit und Unbefangenheit des Denkens, daß sie für die praktischen Probleme des 21. Jahrhunderts von selbst jene Ansätze finden, die dann gebraucht werden.

---

[1] Vortrag auf der Naturforscher-Versammlung in Düsseldorf, 1898. Hier zitiert nach „Praxis der Mathematik", 1962, S. 314.

[2] Das bedeutet nicht unbedingt „formalistische" Mathematik. Wir wollen den Begriff so weit fassen, daß auch etwa die rekursive Theorie der Funktionen eingeschlossen ist.

XVI. Der philosophische Ertrag
der mathematischen Grundlagenforschung

Es gibt nicht Wahrheiten, sondern nur die Eine Wahrheit, die das Ewige und Absolute selber ist.

Nikolaus von Cues

Es geht nicht um Wahrheit, sondern nur um „Sicherheit".

Hilbert[1])

Die modernen Untersuchungen der mathematischen Grundlagenforschung haben das Eine gemeinsam: Sie bemühen sich, metaphysische Elemente beim Aufbau der Mathematik zu vermeiden. Das gilt für die (hier nur am Rand erwähnte) logizistische Richtung von *Russell* ebenso wie für den Intuitionismus und den Formalismus. Ja, man könnte sagen, daß sich diese beiden Richtungen geradezu überbieten in dem Bemühen, die Metaphysik aus der Mathematik auszutreiben[2]). Es gilt als eine „enthusiastische Übertreibung", wenn man die Mathematik „einen Teil des Absoluten" oder das „Vergnügen der Götter" nennt:

> „Doing mathematics is a human activity, an important and necessary one – but human and not conversation with supernatural beings."[3])

Die Absage an die Ideen *Platons* wird in diesen Formulierungen offensichtlich. Aber auch die als Motto über dieses Kapitel gesetzten Zitate bestätigen die Abkehr des modernen mathematischen Denkens von metaphysischen Konzeptionen: *Nikolaus von Cues* fragt nach der „Einen Wahrheit, die das Ewige und das Absolute selber ist", *Hilbert* will nur „Sicherheit", die Sicherheit nämlich, daß nicht gleichzeitig mit der Formel $\mathfrak{F}$ auch die Formel $\neg\,\mathfrak{F}$ in einem formalen System abgeleitet werden kann.

Nun gilt es für viele Menschen unserer Zeit als ausgemacht, daß Mathematiker und Naturwissenschaftler gewissermaßen „von Natur" Positivisten[4]) sind, und die

---

[1]) N. v. C. „De venat. sap." c. 15.

Hilbert in seinem Vortrag „Über das Unendliche", den er 1925 in München hielt. Im Anhang VIII von [IX 1, 7. Aufl. 1930].

[2]) Siehe dazu Kap. VIII und XI, vor allem S. 91.

[3]) „Die Beschäftigung mit der Mathematik ist eine menschliche Aktivität, eine wichtige und notwendige – aber eine menschliche und kein Gespräch mit übernatürlichen Wesen" [XVI 1, S. IX].

[4]) Der Begriff des Positivismus kann verschieden gefaßt werden. In diesem Kapitel soll er (wenn nichts anderes gesagt wird) im Sinne von *Stegmüller* [XVI 2, S. 106] verstanden werden: Der Positivismus ist „jener philosophische Standpunkt, der Metaphysik für sinnlos erklärt".

Meinungen sind höchstens darüber geteilt, ob diese Feststellung als ein Lob oder als ein Tadel gelten soll.

Die Geschichte der mathematischen Grundlagenforschung zeigt aber, daß diese Auffassung falsch ist. Die erste von *Platon* gegebene und über Jahrtausende „gültige" Fundierung der Mathematik machte die Mathematik geradezu zum „Wecker der Erkenntnis" und zwar der Erkenntnis metaphysischer Wahrheiten (Kap. II). Und die in diesem Buch gegebenen Zitate von *Wolfgang Bolyai* (S. 12), *Cantor* (S. 41 ff.), *Heinrich Scholz* (S. 85) u. a. zeigten doch, daß es unter den Mathematikern auch der neueren Zeit nicht nur „Positivisten" gibt.

Aber gerade weil es so ist, kommt der Tatsache besondere Bedeutung zu, daß die moderne Mathematik sich von der „platonischen" Auffassung gelöst hat. Wir haben versucht, es in dieser Schrift zu begründen: Es waren zwingende *sachliche* Gründe, die zu einer Abkehr von metaphysischen Elementen *im Aufbau der Mathematik* führten: Eine „Ontologie" der geometrischen Grundbegriffe erwies sich als unmöglich, der Vorstoß in allzu allgemeine und aus dem Bezirk des Mathematischen herausragende Begriffsbildungen führte in der Mengenlehre zu „Antinomien", und die Intuitionisten erkannten, daß der uneingeschränkte Gebrauch des „tertium non datur" nicht mit mathematischen Argumenten zu rechtfertigen ist.

Man mag es bedauern, daß das mathematische Denken unserer Zeit nicht mehr in die lichte Welt *Platons* führt. Aber man kann nicht gut leugnen, daß die kritische Vorsicht des modernen Mathematikers ihre gewichtigen Gründe hat.

Es bleibt freilich die Frage offen, ob denn die restlose Austreibung metaphysischer Elemente aus den Fundamenten der Mathematik überhaupt möglich ist. *Curry* hat jedenfalls (S. 91) den Intuitionisten nachgesagt, daß sie noch an den Gott „Intuition" glauben, und *Stegmüller* [XVI 2, S. 179 ff.] zeigte, daß der (hier nur in der Fußnote [1]), S. 121 erwähnte) logizistische Versuch zur Begründung der Mathematik auf „abstrakte Platonische Wesenheiten" nicht verzichtet. Gegen den konsequenten Formalismus im Sinne von *Curry* kann dieser „Vorwurf" wohl kaum erhoben werden. Man muß sich aber dann damit abfinden, daß die „Wissenschaft von den formalen Systemen" (S. 91) sich nicht unwesentlich von der Mathematik vergangener Jahrhunderte unterscheidet.

Nach *G. Martin* [XVI 3] hatte es die Mathematik der Vergangenheit [1]) mit „definiten Mannigfaltigkeiten" (im Sinne von *Husserl*) zu tun. Von den formalen Systemen der modernen Axiomatik kann man aber nicht sagen, daß

> „eine endliche Anzahl ... aus dem Wesen des jeweiligen Gebietes zu schöpfender Begriffe ... die Gesamtheit aller möglichen Gestalten oder Gebiete ... vollständig und eindeutig bestimmt, so daß also in ihm prinzipiell nichts mehr offen bleibt." [2])

---

[1]) *G. Martin* stellt die Mathematik des Altertums, des Mittelalters und der Neuzeit der der Gegenwart gegenüber.

[2]) Nach der von *G. Martin* zitierten *Husserl*schen Definition der „definitiven Mannigfaltigkeiten".

Wir wissen (Kap. XI und XIII), daß im Gegenteil

1. die Zahlenreihe *nicht* durch ein Axiomensystem „charakterisiert" werden kann [1]),
2. die Frage der Widerspruchsfreiheit des Systems sehr wohl „offen bleibt", wenn man sich auf die Hilfsmittel des Systems selbst beschränkt.

Das formale System der Zahlentheorie ist also *keine* „definite Mannigfaltigkeit" im Sinne von *Husserl*.

Dies Ergebnis kann man auch so kommentieren: Der Mathematiker hat für die notwendige Befreiung vom „metaphysischen Ballast" einen nicht geringen Preis bezahlen müssen.

Die Wandlung des naturwissenschaftlichen Weltbildes durch *Kopernikus* war eine Angelegenheit der Astronomie. Sie hat aber im Laufe der folgenden Jahrhunderte das gesamte wissenschaftliche Denken der Menschen umgestaltet. Es ist deshalb berechtigt zu fragen, wie sich die tiefgreifende Veränderung der mathematischen Denkweise in unserm Jahrhundert über das Fach hinaus auswirken wird. Dabei ist zu beachten, daß auch in der modernen Physik sich eine ähnliche Entwicklung vollzogen hat wie in der Mathematik. *Jordan* [XVI 4, S. 134] spricht von

> „einer klärenden Reinigung unseres Aussagensystems von metaphysischen, das Wesen und die Leistungsgrenzen des wissenschaftlichen Denkvermögens verkennenden Aussagen."

Die Abkehr von überkommenen metaphysischen Vorstellungen kann als ein gemeinsames Anliegen der mathematischen Naturwissenschaften gelten. Wir wollen uns aber darauf beschränken, die Möglichkeiten des an seinen Grundlagenproblemen geschulten *Mathematikers* im philosophischen Gespräch unserer Zeit aufzuweisen.

Die in den vorangegangenen Kapiteln dargestellten Ergebnisse der Grundlagenforschung können oft in einem Satz zusammengefaßt werden, der eine Negation ausspricht:

> „Es ist unmöglich ..."
> „Es ist nicht zulässig ..."

Als Beispiele seien angeführt [2]):

> Es ist unmöglich, die Grundbegriffe der Geometrie explizit zu definieren.
>
> Es ist in der Mengenlehre nicht zulässig, imprädikable Begriffsbildungen einzuführen.
>
> Es ist unmöglich, die Widerspruchsfreiheit der formalen Zahlentheorie mit den Mitteln der formalen Theorie selbst nachzuweisen.

---

[1]) *G. Martin* spricht davon, daß „die Arithmetik der natürlichen Zahlen nicht mehr durch ein endliches System von Axiomen begründet werden kann". Daß der Ton hier nicht auf „endlich" liegen kann, ist offensichtlich: In der zweiten *Skolem*schen Arbeit [XI 5] ist auch von „abzählbar" vielen Axiomen die Rede, die nicht zur „Charakterisierung" der Zahlenreihe ausreichen. Es erscheint weiter zweckmäßig, „charakterisieren" und „begründen" zu unterscheiden. Die Zahlentheorie kann sehr wohl durch endlich viele Axiome „begründet" werden. Aber sie ist dadurch nicht „charakterisiert", denn es gibt andere „Dinge", für die die Axiome „richtig" sind, nämlich gewisse zahlentheoretische Funktionen. (Siehe Kap. XI.)

[2]) Auch zu diesen Aussagen über „Unmöglichkeiten" gibt es Analoga in der modernen Physik, siehe dazu etwa [IX 9] und [XVI 4]!

Die Einsicht in die mancherlei „Unmöglichkeiten" macht kritisch. Und es ist verständlich, wenn sich diese kritische Haltung auch gerade bei solchen Erörterungen auswirkt, die weit abführen vom Gegenstand der mathematischen Forschung. Denn es liegt doch nahe, so zu schließen: Wenn schon die recht simplen ontologischen Fragen nicht lösbar sind (oder sich als nicht sinnvoll erweisen), die am Rande der mathematischen Grundlagenprobleme auftauchen, wie sollte es möglich sein, auf die in noch unzugänglichere Reiche vorstoßenden Fragen etwa der Metaphysiker eine Antwort zu finden?

Hier wird oft geantwortet, daß es Einsichten gebe – oder doch geben könnte! –, die abseits von allen mathematischen und naturwissenschaftlichen Verfahren gewonnen werden können.

Wir meinen, daß gerade ein Mathematiker sich einer solchen Argumentation nicht verschließen sollte. Er weiß aus seiner Arbeit, daß unbegründete Verallgemeinerungen oft zu Trugschlüssen führen, und er hat keinen Anlaß, einem wissenschaftlichen Verfahren nur deshalb zu mißtrauen, weil es nicht die Methoden seines Faches benutzt. Wir können hier *Reichenbach* [I 2] nicht folgen, der alle nicht mathematisch-naturwissenschaftlich orientierte Philosophie als „spekulativ" verwirft.

Aber selbst wenn ein Mathematiker – wie etwa *Heinrich Scholz* (siehe S. 85) – sich „für gänzlich ungeeignet" hält, „ein Positivist nach dem Bilde des Herrn *Carnap*" zu sein, so wird er trotzdem im philosophischen Gespräch die Rolle eines kritischen Partners übernehmen. Das hat gute Gründe: *Hilbert* hat einmal gesagt[1]), das Anliegen der mathematischen Beweisführung sei nichts anderes

> „als die Tätigkeit unseres Verstandes zu beschreiben, ein Protokoll über die Regeln aufzunehmen, nach denen unser Denken tatsächlich verfährt."

Es „verfährt" also danach (oder sollte doch danach „verfahren"!) nicht nur bei mathematischen und logistischen Deduktionen! Im Bereich der Mathematik und der mathematischen Logik werden nur die Verstöße gegen diese „Regeln" sofort offenbar, in den Argumentationen der nicht mathematischen Disziplinen sind sie zuweilen hinter undurchsichtigen Begriffsbildungen verborgen und deshalb schwerer erkennbar[2]).

Es ist deshalb verständlich, wenn der durch den Umgang mit mancherlei Antinomien und Paradoxien gewitzte Mathematiker in der philosophischen Diskussion der Geist ist, der – oft – verneint. Es geschieht das nicht aus der mephistophelischen Freude an der Negation, sondern aus einer in der Zucht der mathematischen Arbeit gewonnenen Einsicht in die Möglichkeiten *und Grenzen* exakter Forschung.

---

[1]) Zitiert nach [IV 2, S. 383].

[2]) Siehe dazu z. B. [XVI 5, S. 19–20]. Bedeutsam ist auch die Stellung von *Gauß* zur zünftigen Philosophie (aus einem Brief an *Schumacher*, zitiert nach [IX 12, S. 163]): „Daß sie einem Philosophen ex professo keine Verworrenheit in Begriffen und Definitionen zutrauen, wundert mich fast. Nirgends mehr sind solche ja zu Hause als bei Philosophen, die keine Mathematiker sind ... Sehen Sie sich doch nur bei den heutigen Philosophen um, bei *Schelling, Hegel, Nees von Esenbeck* und Consorten, stehen Ihnen nicht die Haare bei ihren Definitionen zu Berge...?"

146

Die Mathematik war in den Tagen der Platonischen Akademie der „Wecker der Erkenntnis". Hier liegen – das sei am Rande erwähnt – wichtige Bildungsmöglichkeiten des modernen mathematischen Unterrichts, die bisher weder von den Schulen noch von den Universitäten voll ausgenutzt sind. Die Mathematik kann auch heute „Wecker der Erkenntnis" sein, wenn auch in einem erheblich anderen Sinne als in den Tagen *Platons*.

Es ist nun an der Zeit, die „kritische Funktion" des mathematischen Denkers durch einige Beispiele zu belegen. Hier bietet sich – aus der neueren Literatur –vor allem das schon mehrfach zitierte Werk von *Reichenbach* an. Er spricht da [I 2, S. 341] von den *„mit Fehlschlüssen durchsetzten* Versuchen" der traditionellen Philosophie, „eine überwissenschaftliche Erkenntnis aufzufinden".

Einen oft wiederkehrenden „Fehler" der traditionellen Philosophie sieht *Reichenbach* in der Erörterung sinnloser Problemstellungen. Ein Beispiel dafür ist die Frage nach der „ersten Ursache" oder der „Schöpfung aus dem Nichts".

> „Eine Kausalerklärung bedeutet, daß man ein voraufgegangenes Ereignis angibt, das mit einem späteren Ereignis durch allgemeine Gesetze verknüpft ist. Wenn es ein erstes Ereignis gäbe, dann könnte es keine Ursache haben, und es wäre sinnlos, nach einer Erklärung zu fragen. Aber es braucht kein erstes Ereignis gegeben zu haben. Wir können uns vorstellen, daß vor jedem Ereignis ein früheres da war, so daß es für die Zeit keinen Anfang gibt. Die Unendlichkeit der Zeit in beiden Richtungen bereitet dem Verständnis keine Schwierigkeiten."

Der Mathematiker kennt nämlich sehr wohl „geordnete Mengen", die kein erstes Element haben. Das einfachste Beispiel ist die Menge der (positiven und negativen) ganzen Zahlen. Auch der Umgang mit Grenzwerten von Summen von der Art $\sum\limits_{-\infty}^{+\infty} \mu_\nu$ ist in der Analysis durchaus üblich.

> „Der Einwurf, daß es ein erstes Ereignis gegeben haben muß, verrät also Mangel an Übung im mathematischen Denken." [I 2, S. 235].

Das ist gewiß richtig. Aber man muß hier doch einwenden, daß dieses Beispiel deshalb nicht sehr überzeugend wirkt, weil diese primitive Argumentation zum mindesten nicht typisch ist für die moderne nicht mathematisch orientierte Philosophie [1]). Seit den Tagen *Kants* gilt es doch als ausgemacht, daß man die Existenz Gottes nicht durch den Schluß auf eine „erste Ursache" nachweisen kann.

Überzeugender ist schon sein Einwand gegen die Sprache der „zünftigen Philosophie". Die Einleitung des *Reichenbach*schen Werkes beginnt mit der Analyse eines Satzes, der von einem „berühmten Philosophen" [I 2, S. 13] stammt:

> „Die Vernunft ist die Substanz wie die unendliche Macht, sich selbst der unendliche Stoff alles natürlichen geistigen Lebens, wie die unendliche Form, die Betätigung dieses ihres Inhalts. Die Substanz ist sie, nämlich das, wodurch und worin alle Wirklichkeit ihr Sein und Bestehen hat."

Reichenbach bemüht sich um eine grammatische Analyse dieses Satzes und kommt zu dem Schluß: „Wenn dieser Satz überhaupt einen Sinn hat – warum muß er diesen Sinn auf so dunkle Weise ausdrücken?"

---

[1]) Das schließt natürlich nicht aus, daß *Reichenbach* konkreten Anlaß hatte, diese Schlußweise zurückzuweisen. Jedenfalls geht das aus einer Bemerkung [I 2, S. 242] hervor.

Von ganz anderer Art ist die Kritik, die der Marburger Mathematiker *K. Reide-meister* an der Existenzphilosophie übt. In dem in [XVI 6] enthaltenen Aufsatz „Positivismus und Existenzphilosophie" [1]) würdigt er „die heroischen Anfänge des existentiellen Philosophierens" in *Nietzsche* und *Kierkegaard*, die mit ihrem radikalen Ja zu der „nur in einem äußersten Augenblick der Entschiedenheit" zu erreichenden Ursprünglichkeit und Echtheit, dem Nein zu „allem systematisch Befestigten" und das Echte Verstellenden ihr Leben verzehren. Die zweite Etappe dieser Bewegung hat es dann mit der Frage zu tun: *„Wie ist die Verbindlichkeit dieses Echten zu denken?"*

Der Versuch, „existentielle Situationen" aufzuspüren, hat aber nun eine „Verwech-selung von Verstehen und Erkennen", zu einer „Gleichordnung von Vernünftig-Verbindlichem und Unerkennbarem" zur Folge. Die Autonomie gegenüber der Vernunft führt schließlich zu völliger Isolierung der Denkenden:

> „Der einzige Gegenstand, der der Auflösung widerstanden hat, ist die positive Wirklichkeit, und die Verneinung des Positivismus scheint die einzige Aussage zu sein, die sich noch allgemeiner Anerkennung erfreut. So kann man mit einigem Recht behaupten, daß die Kommunikation in der Existenzphilosophie nur durch den Positivismus gerettet wird."

Die „Sachlichkeit" des Positivismus (vgl. Fußnote [1])) bewährt sich in der wissen-schaftlichen Arbeit mit ihren einheitlichen Ergebnissen, und die „in Schulen zer-rissene" Existenzphilosophie ist vor die Wahl gestellt,

> „den Anspruch auf Erkenntnis a priori, mit dem sie beginnt, einer sachlichen Prüfung zu unterziehen oder sich zur Unsachlichkeit dieses Ausspruchs zu bekennen."

Wir möchten den Argumentationen *Reidemeisters* hinzufügen, daß die Geschichte der mathematischen Naturwissenschaften in den letzten hundert Jahren ein Beleg ist für die *Bedeutung des Objektiven* in der Geistesgeschichte. Die Wandlung des physikalischen Weltbildes und die Änderung in der Denkweise der Mathematiker kann nicht psychologisierend aus der „Existenz" des naturforschenden Menschen verständlich gemacht werden.

Aus dem schönen Pathos, mit dem *Wolfgang Bolyai* (S. 12) von der „jungfräulichen Wahrheit" der Geometrie spricht, ist doch herauszuhören, daß ihn die metaphysisch fundierte Auffassung seiner Wissenschaft durchaus befriedigte (wenn auch das ungelöste Parallelenproblem noch ärgerlich war). Und ebenso darf angenommen werden, daß die Naturwissenschaftler des 19. Jahrhunderts sich ganz wohl befanden bei ihrem mechanistischen Weltbild. Eine Wandlung des Denkens, die auf „Ungenauigkeitsrelationen" in der Physik und „Unmöglichkeitsbeweise" in der Mathematik führt, kann nicht aus der „Psychologie" des forschenden und an die Möglichkeiten der Forschung glaubenden Menschen erklärt werden.

---

[1]) Der Begriff „Positivismus" ist hier anders gemeint als bei *Stegmüller* (vgl. [4]), S. 143). Der Positivismus bei *Reidemeister* „gewinnt seine Position zur Begründung und Be-urteilung von Erkenntnissen durch eine Aussonderung einfacher wahrer Sätze ... Er vermeidet es, von Unbestimmtem und Unsicherem zu sprechen, um diesen positiven Bezirk rein zu halten." [XVI 5, S. 10].

Sie hatte ihre *objektiven* Gründe. Und es erscheint als eine besondere Aufgabe des Mathematikers und Naturwissenschaftlers, auf die Bedeutung des „Sachlichen" hinzuzeigen in einer Zeit, in der alle Welt nach *Sartres* Formel „die Existenz vor die Essenz" stellt.

Ein besonders wichtiger Beleg für den philosophischen Ertrag der mathematischen Grundlagenforschung ist die Schrift [XVI 2] von *Stegmüller*. Allein die Tatsache macht das Buch bemerkenswert, daß hier ein von der Soziologie herkommender Philosoph sich eingehend mit den Grundlagenproblemen der Mathematik und der Naturwissenschaften befaßt, um die Möglichkeiten einer gegründeten Metaphysik zu untersuchen.

Er folgt dabei nicht der Auffassung der Wiener Schule, die alles, was nicht den Regeln der Sprachlogik genügt, als metaphysisch[1] „und daher sinnlos" [XVI 2, S. 47] bezeichnet. *Stegmüller* schließt so (S. 51):

> „Entweder die Formregeln werden vollkommen frei festgelegt. Dann ist es sinnlos, „metaphysische" Aussagen wegen ihrer fehlerhaften grammatischen Struktur als sinnlos zu verwerfen. Denn diese Verwerfung ist nichts anderes als der Ausfluß einer bestimmten willkürlichen Wahlhandlung. Statt ,deine Aussage ist ein sinnloser Satz' sollte es besser heißen ,deine Aussage gehört einer andern Sprache an als jener, die ich als Wissenschaftssprache gewählt habe . . .'
>
> Oder aber die Formregeln werden auf Grund einer intuitiven Überlegung festgelegt."

Dann aber wäre diese „Intuition" zu rechtfertigen, und dieses Problem der „Evidenz" ist wieder – ein metaphysisches Problem!

Diese Ablehnung des „Positivismus"[2] ist aber kein Freibrief für eine neue spekulative Metaphysik: *Stegmüller* zeigt, daß alle metaphysischen Probleme mit dem bereits erwähnten unlösbaren „Evidenzproblem" zusammenhängen. Seine These lautet [XVI 2, S. 106]:

> *„Was immer der Positivismus gegen die Metaphysik vorbringen mag, ist sinnlos. Was immer die Metaphysik zur Selbstverteidigung gegen den Positivismus vorbringen mag, ist falsch."*

Stegmüller beschäftigt sich dann eingehend mit den Grundlagenproblemen der Mathematik und der Naturwissenschaften, um der Frage nachzugehen,

> „inwieweit die einzelwissenschaftliche Forschung metaphysische Voraussetzungen, die in speziellen Evidenzannahmen bestehen, enthält" [XVI 2, S. 154].

Den *Gödel*schen Satz (Kap. XIII) bezeichnet er als die „nachweisbare Unmöglichkeit der Formalisierung alles inhaltlichen Denkens". Diese Formalisierung ist deshalb unmöglich, weil der Nachweis der Widerspruchsfreiheit nicht mit den Mitteln des formalen Systems erbracht werden kann. Daraus wird gefolgert [XVI 2, S. 241]:

> „Eine ,Selbstgarantie' des menschlichen Denkens ist, auf welchem Gebiete auch immer, ausgeschlossen. Man kann nicht vollkommen ,voraussetzungslos' ein positives Resultat gewinnen. Man muß bereits an etwas glauben, um etwas anderes rechtfertigen zu können."

---

[1] Metaphysik ist bei *Stegmüller* [XVI 2, S. 22] „alles, was Wissenschaft zu sein beansprucht, ohne Erfahrungswissenschaft oder Formalwissenschaft zu sein".

[2] Hier ist (anders als bei *Reidemeister*) Positivismus wieder im Sinne von [4]), S. 143, gemeint.

Diese Formulierungen erscheinen uns deshalb nicht ganz zutreffend, weil sie den Unterschied zwischen dem „Evidenten" in der Mathematik (bzw. der mathematischen Logik) und der Metaphysik verwischen. *Stegmüller* hat ganz recht, wenn er [XVI 2, S. 96] auf eine Definition des Begriffes „Evidenz" ausdrücklich verzichtet. Aber das läßt sich doch sagen: Das, was etwa in der mathematischen Logik [1] als „evident" vorausgesetzt – nach *Stegmüllers* Formulierung „geglaubt" – wird, ist die Grundlage für eine in sich widerspruchsfreie Beweisführung. Darauf *kann* man nicht verzichten, wenn nicht jede „Kommunikation" sinnlos werden soll. Das war ja auch der Grund, weshalb *Heinrich Scholz* (siehe S. 84) diese *„Leibnizsätze"* (in einer neuen Sinndeutung des Wortes) als „metaphysisch" bezeichnen wollte. Die Berechtigung solcher „Evidenzannahmen" wird deshalb auch von keiner Seite ernstlich bestritten. Gegen die „Evidenzannahmen" bei metaphysischen Argumentationen ist aber immer der Einwand möglich, daß es sich um „überflüssige Denkgewohnheiten" handle.

Wir können die Argumentationen *Stegmüllers* hier freilich nicht erschöpfend würdigen. Registrieren wir aber noch das Ergebnis seiner Untersuchungen: Am Ende steht die „Paradoxie der Erkenntnismetaphysik" [XVI 2, S. 389]. Sie besteht darin, daß

> „man sich beim Suchen nach ‚Objektivität', ‚Intersubjektivität', ‚Allgemeingültigkeit', die alle aus dem Subjekt herausführen sollen, in die ‚subjektivste Subjektivität', die Evidenz, flüchten muß (und sich dabei dort, wohin man sich flüchtete, gar nicht ausruhen kann: die Evidenz ist kein ‚sicherer Ort')."

Die Skepsis *Stegmüllers* ist nicht „populär": Sie widerspricht der Denkweise der Metaphysiker und der der Positivisten (im Sinne der Wiener Schule). Aber was man auch im einzelnen gegen seine Argumentation vorbringen mag: Wir sehen keine Möglichkeit, seine entscheidenden Thesen zu widerlegen.

Vielleicht ist es die Aufgabe des mathematisch-naturwissenschaftlichen Zeitalters, sich diesen Einsichten zu stellen. So ganz neu sind solche Erkenntnisse nicht. Man kann sie aus der Paradiesesgeschichte der Bibel ebenso herauslesen wie aus dem „Metaphysiker" von *Friedrich Schiller*:

> „Wie tief liegt unter mir die Welt!
> Kaum seh ich noch die Menschen unten wallen!
> Wie trägt mich meine Kunst, die höchste unter allen,
> So nahe an des Himmels Zelt!"
> So ruft von seines Turmes Dache
> Der Schieferdecker, so der kleine große Mann,
> Hans Metaphysikus, in seinem Schreibgemache.
> „Sag an, du kleiner großer Mann,
> Der Turm, von dem dein Blick so vornehm niederschauet,
> Wovon ist er, worauf ist er erbauet?
> Wie kannst du selbst hinauf – und seine kahlen Höhn,
> Wozu sind sie dir nütz, als in das Tal zu sehn?"

---

[1] Die Axiome der Mathematik erscheinen allerdings gelegentlich „unmotiviert", wie „vom Himmel gefallen". Es ist deshalb wichtig, daß in der „operativen Mathematik" von *Lorenzen* [XIV 1] die Axiome etwa der Zahlentheorie nicht am Anfang stehen, sondern aus den – „evidenten" – Regeln des „Operierens" entwickelt werden.

Anhang

Die Bedeutung Georg Cantors für die moderne Mathematik

Vortrag zum 50. Todestag von *Georg Cantor* am 6. 1. 1968 [1])

I.

Etwa drei Jahre vor dem Tode *Cantors*, im März 1915, feierte man in Halle seinen 70. Geburtstag. In einer der Festansprachen sagte *Gutzmer*, *Cantor* habe der Mathematik „eine neue Provinz erobert". Tatsächlich: Der Umgang mit dem Unendlichen war vor *Cantor* ein durchaus fragwürdiges Unternehmen. Seine Lehre von den transfiniten Mannigfaltigkeiten war eine wissenschaftliche Theorie des Unendlichen, die sich der klassischen Mathematik als eine neue Disziplin anfügte.

Heute, 50 Jahre nach dem Tode *Cantors*, können wir in der Würdigung des Forschers noch einige Schritte weiter gehen.

Wenn wir ein modernes Buch über Wahrscheinlichkeitsrechnung, über Algebra oder Geometrie in die Hand nehmen, immer lesen wir etwas über „Mengen". Der Autor beginnt vielleicht mit einem Kapitel über formale Logik, dann kommt aber meist ein Abschnitt über Mengenlehre. Und die speziell zu behandelnde Disziplin wird gedeutet als die Theorie gewisser Klassen von *Mengen*. Eine algebraische Struktur etwa ist eine Menge, in der gewisse Relationen und Verknüpfungen definiert sind. Andere, durch Axiome über „Umgebungen" festgelegte Mengen heißen *Räume*. In der Wahrscheinlichkeitsrechnung hat man es mit *Mengen* von Ereignissen zu tun, usf.

In der Schrift über „Allgemeine Mengenlehre" von *Klaua* steht eine einfache Definition des Begriffes „Mathematik": *Mathematik ist Mengenlehre*. So einfach ist das heute. Tatsächlich können wir *alle* mathematischen Disziplinen als Theorien spezieller Klassen von Mengen deuten.

Die Bedeutung der Mengenlehre für die moderne Mathematik wird noch unterstrichen durch das Interesse, das die Schulen heute an dem Werk *Cantors* nehmen. Die Gymnasiallehrer haben sich schon seit Jahrzehnten für seine Theorie interessiert: Der Oberlehrer *Goldscheider* in Berlin war ja viele Jahre hindurch ein treuer Briefpartner des Hallenser Professors. In den letzten Jahren fragt man aber auch in den Grundschulen nach einer mengentheoretischen Begründung des Rechnens. Der Zahlbegriff läßt sich tatsächlich von der endlichen Menge her gut ver-

---

[1]) Auf Einladung der Berliner Mathematischen Gesellschaft, der mathematischen Institute und des Vereins zur Förderung des mathematischen und naturwissenschaftlichen Unterrichts.

stehen. Es wird heute versucht, die Rechenfibeln alten Stils abzuschaffen und einen neuen wissenschaftlich fundierten und didaktisch vernünftigen Anfang zu machen, der von der Mengenlehre ausgeht.

„Mathematik ist Mengenlehre." Dieser Satz schließt eine Würdigung des Lebenswerkes von *Georg Cantor* ein. So gewichtig diese These ist: Wir meinen, daß sich über die Bedeutung *Cantors* für unsere Zeit noch mehr sagen läßt. *Durch sein Wirken ist die Denkweise unseres Jahrhunderts verändert worden.*

Die Begründung dieser gewichtigen These ergibt sich aus der Tatsache, daß in unserer Zeit immer weitere wissenschaftliche Disziplinen sich um eine mathematische Fundierung ihrer Aussagen bemühen, und die Mathematik des 20. Jahrhunderts ist nun einmal durch die von *Cantor* ausgelöste Grundlagenforschung geprägt.

Unsere Würdigung *Cantors* bekommt einen besonderen Akzent durch den Hinweis, daß die durch *Cantors* entschlossenen Vorstoß in den Bereich des Unendlichen bewirkte Besinnung über das Wesen und die Möglichkeiten der Mathematik zu Ergebnissen führte, die gar nicht seinen Vorstellungen entsprachen. Die moderne Mathematik ist formalistisch – und *Cantor* hatte etwas gegen die Formalisten.

Bevor wir aber auf diese geistesgeschichtlich bedeutsamen Zusammenhänge eingehen, wollen wir noch einiges über die Leistungen *Cantors* als Mathematiker sagen. Es kann dabei vorausgesetzt werden, daß die überwiegende Mehrzahl der Anwesenden über die Elemente der Mengenlehre informiert ist. Wir wollen uns darauf beschränken, eine Seite des *Cantor*schen Wirkens herauszustellen, die nicht allgemein bekannt ist.

II.

Gut zu definieren ist eine für den Mathematiker wichtige Kunst. Es ist interessant, die von *Cantor* geprägten Begriffe mit denen von *Richard Dedekind* zu vergleichen, der ähnliche Probleme bearbeitet hat wie *Cantor*.

Die Wortbildungen von *Cantor* haben sich allgemein durchgesetzt, nicht die seines Freundes *Dedekind*. Wir nennen heute mit *Cantor* zwei Mengen von gleicher Mächtigkeit *äquivalent*. *Dedekind* sprach von Ähnlichkeit. Dieser Begriff tritt auch bei *Cantor* auf, aber er bleibt für solche Paare von *geordneten* Mengen vorbehalten, die *unter Erhaltung der Ordnung* eindeutig aufeinander abgebildet werden können.

Jedem Mathematiker ist heute der Begriff des *Durchschnitts* zweier Mengen vertraut. Auch diese Formulierung geht auf *Cantor* zurück. *Dedekind* hatte dafür das Wort *Gemeinheit*. Die „Gemeinheit" (zweier Mengen) hat sich nicht durchgesetzt. Nennen wir noch ein paar Begriffe aus der Topologie, heute allgemein bekannt, die von *Cantor* stammen: Ableitung einer Menge, abgeschlossene Menge, dicht, in sich dicht, perfekt. Man findet die Erklärungen für diese Begriffe z. B. in der „Topologie" von *Kuratowski*, der in Fußnoten den Ursprung seiner Definitionen notiert. Wir finden da sehr oft den Namen *Cantor*.

Bei *Cantor* steht auch die erste vernünftige Definition des Begriffs *Kontinuum*. Er hat die mystischen Aussagen über das Kontinuum früherer Jahrhunderte durch eine saubere Definition beiseite geschoben. Er versteht unter einem Kontinuum eine *zusammenhängende und perfekte* Menge. In neueren Lehrbüchern findet man statt „perfekt" das Attribut „kompakt". Man überzeugt sich leicht, daß die *Cantor*sche Definition und die moderne sich nicht ganz decken: Der moderne Begriff ist etwas enger. Aber das ist unwesentlich. Es bleibt die Tatsache, daß wir bei *Cantor* die erste überhaupt brauchbare mathematisch sinnvolle Definition finden.

Besonders bemerkenswert ist aber die Geschichte der Begriffe *Kardinalzahl* und *Ordnungszahl*. Diese neuen „transfiniten" Zahlen waren von *Cantor* eingeführt worden, um das bisher für unmöglich Geltende möglich zu machen: Eine „Zahlentheorie" des Transfiniten zu schaffen. *Cantor* selbst hat sich lange um die geeignete Fassung der grundlegenden Definitionen bemüht. In seiner großen zusammenfassenden Arbeit in den *Annalen* von 1895 heißt es:

> „Mächtigkeit oder Kardinalzahl nennen wir jenen Allgemeinbegriff, welcher mit Hilfe unseres aktiven Denkvermögens dadurch aus der Menge M hervorgeht, daß man von der Beschaffenheit ihrer verschiedenen Elemente m und von der Ordnung ihres Gegebenseins abstrahiert. Da aus jedem einzelnen Element m, wenn man von seiner Beschaffenheit absieht, eine 1 wird, so ist die Kardinalzahl M selbst eine bestimmte, aus lauter Einsen zusammengesetzte Menge."

Aus guten Gründen hat die moderne Mathematik diese Definition längst fallen gelassen. Man nennt heute zwei Mengen *gleich*, wenn sie dieselben Elemente enthalten, wie oft sie auch in der Beschreibung der Menge genannt werden. Setzt man also zwischen die bei der Erklärung der Menge üblichen geschweiften Klammern mehrere Einsen, so hat man eben die Menge mit dem einen Element 1. Es ist z. B.

$$\{1, 1, 1, 1, 1\} = \{1\}.$$

Cantor mag selbst die Unzulänglichkeit der ersten Definition empfunden haben. In einer Buchbesprechung von 1884 und später 1899 in einem Brief an *Dedekind* nennt er die Mächtigkeit

> jenen Allgemeinbegriff, welcher ihr und nur noch allen ihr äquivalenten Mengen zukommt.

Wir würden das heute kürzer so formulieren:

> Eine Kardinalzahl ist eine Menge äquivalenter Mengen.

Aber auch diese zweite Definition der Kardinalzahl erweist sich als unzulänglich. Man weiß ja, daß der Begriff der *Menge aller Mengen* zu Widersprüchen führt. Daraus ergibt sich aber, daß auch der Begriff der *Menge aller Mengen, die zu einer gegebenen Menge M äquivalent sind,* nicht konsistent ist. Sei nämlich M eine vorgegebene unendliche Menge und

$$M^* = M \cup \{\mathfrak{M}\}.$$

Dabei soll $\mathfrak{M}$ die *Menge aller Mengen* durchlaufen. Die Menge $\{\mathfrak{M}\}$ hat dann natürlich die Mächtigkeit 1, und die Mengen M^* (die nur ein Element mehr als M enthalten) sind sämtlich zu M äquivalent. Das System der Mengen M ist danach eine echte Teilmenge der *Menge aller zu M äquivalenten Mengen.* Da wir aber dieses System den Elementen der *Menge aller Mengen* zuordnen können, haben wir damit einen Begriff, der zu Antinomien führen muß.

In Summa: Wir finden in den gesammelten Werken *Cantors* [1]) keine brauchbare Definition des Begriffes Kardinalzahl. Entsprechendes gilt für den Begriff der Ordnungszahl.

Aber das ist noch nicht das letzte Wort über *Cantors* Definitionen in der Mengenlehre. Es gibt eine *dritte* Fassung des Begriffes *Kardinalzahl* in einem Bericht von *Gerhard Kowalewski*, den er in seiner Biographie „Bestand und Wandel" über Begegnungen mit *Georg Cantor* gibt. Dieses Buch hat der achtzigjährige *Kowalewski* kurz vor seinem Tode um 1950 geschrieben. Und er erzählt in diesem Werk mit plastischer Anschaulichkeit von Erlebnissen und Begegnungen, die ein halbes Jahrhundert zurückliegen. Um 1900 war *Kowalewski* Privatdozent in Leipzig. Damals trafen sich die Mathematiker aus Halle und Leipzig etwa zweimal im Monat, abwechselnd in beiden Städten. Dabei berichteten die Kollegen von ihren Forschungsergebnissen.

Georg Cantor hat um diese Zeit nichts mehr publiziert, aber er hat nach dem Bericht seines jungen Kollegen bei den Mathematikertreffen der beiden Universitäten häufig eindrucksvoll über seine Theorie der Mannigfaltigkeiten vorgetragen.

Dazu gehörten auch seine Untersuchungen über die „Zahlenklassen", die Mengen von Ordnungszahlen, die zu *äquivalenten* Mengen gehören. Die Zahlen der 2. Zahlenklasse waren z. B. die Ordnungszahlen der *abzählbaren* Mengen. *Kowalewski* berichtet [2]) nun über die Mächtigkeiten (die als „Alephs" bezeichnet wurden):

> „Übrigens kann man diese Mächtigkeit, was auch *Cantors* Gewohnheit war, durch die niedrigste oder die Anfangszahl jener Zahlenklasse repräsentieren und überhaupt die Alephs mit diesen Anfangszahlen identifizieren, so daß $\aleph_0$ das ω und $\aleph_1$ das Ω wäre, wenn wir diese Bezeichnungen für die Anfangsglieder der zweiten und dritten Zahlenklasse aus dem *Schoenflies*schen Bericht über Mengenlehre gebrauchen wollen."

In einem modernen Buch über Mengenlehre finden wir die folgende Definition der Kardinalzahl [3]):

> Eine Ordnungszahl heißt eine Kardinalzahl, wenn sie zu keiner kleineren Ordnungszahl äquivalent ist.

Die moderne Mathematik hat also die späte *Cantor*sche Definition übernommen, die an keiner Stelle der *Cantor*schen Publikationen erwähnt ist. Es ist kaum anzunehmen, daß *Abian*, der Autor des zitierten Buches, die *Kowalewski*-Biographie gelesen hat. Die von der Sache her gegebene moderne Fassung des Begriffes *Kardinalzahl* lag eben „in der Luft" und wurde von jüngeren Forschern wieder entdeckt. Es erscheint aber durchaus der Erwähnung wert, daß *Cantor* selbst bis zu dieser heute „gültigen" Fassung des Begriffes Kardinalzahl vorgedrungen ist.

---

[1]) Auch der Brief an *Dedekind* aus dem Jahre 1899 ist in die „Gesammelten Abhandlungen" *Cantors* [VI 1] aufgenommen.

[2]) Vgl. dazu [VI 8], S. 209 f.

[3]) Näheres in [VI 8], S. 209.

Freilich: Diese moderne Fassung des Begriffes Kardinalzahl setzt voraus, daß man den Begriff *Ordnungszahl* zur Verfügung hat. Hier können wir die klassische Definition *Cantors* nicht übernehmen, weil ähnliche Gründe dagegen sprechen wie gegen die frühen Fassungen des Begriffes Kardinalzahl. Man erklärt heute (nach *J. v. Neumann*) eine Ordnungszahl als eine wohlgeordnete Menge w, in der jedes Element $v \in w$ gleich dem durch v erzeugten Abschnitt [1]) ist:

$$v = A_v.$$

Wenn man mit *J. von Neumann* [2]) die nichtnegativen ganzen Zahlen mit Hilfe der leeren Menge so einführt:

$$0 = \phi,$$
$$1 = \{0\} = \{\phi\},$$
$$2 = \{0,1\},$$
$$3 = \{0,1,2\},$$

dann wird klar, daß alle natürlichen Zahlen auch Ordnungszahlen sind, ebenso die Menge der nichtnegativen ganzen Zahlen:

$$\omega = \{0,1,2,3,\ldots\},$$

weiter die Menge

$$\omega^+ = \omega \cup \{\omega\},$$

usf.

Fassen wir zusammen: Man dankt *Cantor* nicht nur die Initiative zum Ausbau einer Theorie der transfiniten Mengen. Er hat die wichtigsten Sätze der neuen Theorie selbst bewiesen [3]) und auch den Weg zu einwandfreien Begriffsbildungen gezeigt. Es wäre töricht, wollte man ihm anrechnen, daß seine ersten Formulierungen modernen Ansprüchen auf Exaktheit nicht voll entsprechen. Wer den Weg in mathematisches Neuland wagt, braucht eine schöpferische Phantasie, und man kann nicht erwarten, daß die ersten Begriffsbildungen von einer zeitlosen Endgültigkeit sind. Bei der Begründung der Infinitesimalrechnung durch *Leibniz* und *Newton* wurden Definitionen benutzt, die erst Jahrhunderte später durch *Weierstraß* und seine Schüler eine einwandfreie Fassung erhielten. Ähnlich war es mit den Anfängen der Mengenlehre, und es bleibt bemerkenswert, daß *Cantor* selbst auf dem Wege zu jenen Begriffsbildungen war, die unsere Generation als die „gültigen" akzeptiert.

III.

Cantor hat durch seinen kühnen Vorstoß in die Bereiche des Unendlichen die Grundlagenforschung des 20. Jahrhunderts ausgelöst. *Hilbert* wollte sich nicht aus dem von *Cantor* geschaffenen „Paradies" vertreiben lassen. *Cantor* selbst war aber kein

---

[1]) Der Abschnitt A_v ist die Teilmenge der Elemente, die vor v stehen.

[2]) Erstmals mitgeteilt in einem Brief an *Zermelo*, der in [VI 8] veröffentlicht wird.

[3]) Nicht von *Cantor* stammt der Beweis für den Äquivalenzsatz (*Bernstein*) und den Wohlordnungssatz (*Zermelo*). *Cantor* hatte auch diese beiden *Sätze*, nicht aber die Beweise.

Axiomatiker. Er war mit seiner Denkweise der klassischen Epoche verwandt. In den „Anmerkungen" zu seinen „Grundlagen einer allgemeinen Mannigfaltigkeitslehre" (1883) bekennt er sich ausdrücklich zu den „Grundsätzen des Platonischen Systems" [1]. Er bezieht sich aber auch auf *Spinoza, Leibniz* und *Thomas von Aquino*. Für *Cantor* war die Mengenlehre nicht nur eine mathematische Disziplin. Er ordnete sie auch in die Metaphysik ein, die er als *Wissenschaft* respektierte. Er schlug auch Brücken zur Theologie, die die Metaphysik als „Hilfswissenschaft" benutzte.

Diese von *Cantor* vertretene Auffassung war im 19. Jahrhundert nicht so ganz selten. Wir finden eine ähnliche Denkweise bei seinem Lehrer *Ernst Eduard Kummer*, der am Leibniztag 1867 in seiner Akademie-Rede sich zu der *Leibnizschen* Auffassung bekannte, daß das Reich des Mathematischen auch „Gottes Schöpfung" ist [2]. Als *Kummer* diesen Vortrag hielt, war *Cantor* als Doktorand in Berlin. Es ist möglich, daß er zugehört hat. Aber ob er nun von seinem Lehrer *Kummer* unmittelbar beeinflußt war oder nicht – wir finden bei *Cantor* viele Äußerungen, die der *Kummer*schen Denkweise entsprechen.

Es kommt noch folgendes dazu. *Cantor* hatte sich, als er seine ersten Arbeiten über die Mengenlehre veröffentlichte, mit *einigem* Widerstand auseinandersetzen müssen.

Am 1. Januar 1884 schrieb er seinem Freunde *Mittag-Leffler*, „daß *Schwarz* und *Kronecker* seit Jahren fürchterlich gegen ihn intriguieren". Nicht nur sein alter Widersacher *Kronecker*, sondern auch sein früherer Kommilitone *H. A. Schwarz* kritisierten ihn in jenen Jahren, und bei seinem alten Lehrer *Weierstraß* fand er keine wirksame Unterstützung. Unter den bedeutenden Mathematikern stand in den Achtzigerjahren nur *Mittag-Leffler* zu ihm, und da ist es verständlich, daß *Cantor* Bundesgenossen suchte, wo sie zu finden waren.

Es gab damals einige katholische Theologen, die sich – angeregt durch die Philosophie der Scholastiker – mit dem Problem des Unendlichen befaßten und das Aktual-Unendliche als „Realität" verteidigten. Viele der führenden Mathematiker (*Gauß* und *Poincaré* zum Beispiel) wollten das „Unendliche" als die Möglichkeit verstehen, dem Endlichen immer noch etwas hinzuzufügen: Sie ließen nur das „Potential-Unendliche" gelten. Andererseits hatte sich *Leibniz* ausdrücklich für die Existenz des Unendlichen als „gegebene Größe" ausgesprochen, und auch der große Prager Forscher *Bolzano* war ein Verfechter des Aktual-Unendlichen.

Im Jahre 1878 veröffentlichte ein katholischer Theologe, *Constantin Gutberlet*, eine Schrift über „Das Unendliche, metaphysisch und mathematisch betrachtet". Er verteidigte darin die Existenz des Aktual-Unendlichen mit Argumenten, die *Cantor* in der Auseinandersetzung mit seinen Kritikern durchaus willkommen waren. Die Arbeit von *Gutberlet* ist vom Standpunkt des Mathematikers als recht unzulänglich zu beurteilen. Seine Ausführungen über Differentiale entsprechen der Denkweise des frühen 19. Jahrhunderts. Von den Arbeiten der *Weierstraß*schen Schule hatte er offenbar noch nichts erfahren. Aber *Cantor* (der das ja auch erkennen mußte!)

---

[1] Vgl. dazu auch das Zitat auf S. 40 und die Briefe *Cantors* in [VI 7] und [VI 8].
[2] Ausführlicher auf S. 31.

gefiel das Argument, daß es ein Aktual-Unendliches geben müsse, weil ja das Potential-Unendlich nur möglich sein kann, wenn ein „Raum" da ist, in den hinein sich das unbegrenzt fortschreitende Endliche „entwickeln" kann.

Cantor hat *Gutberlet* besucht, er hat mit ihm und anderen katholischen Theologen und Philosophen Briefe gewechselt[1]). Auf diese Weise ging sein Denken in eine Richtung, die ihn noch mehr seinen früheren Freunden wie *H. A. Schwarz* entfremdete.

Cantor ging es nicht nur um den Ausbau einer mathematischen Theorie. Er wollte mit seiner Mannigfaltigkeitslehre einen Beitrag zur Metaphysik leisten und zeigen, daß es das Aktual-Unendliche „sowohl in concreto, wie auch in abstracto" gebe. Er schreibt[2]):

> „Auf diesem Boden, den ich für den *einzig richtigen* halte, stehen nur wenige; vielleicht bin ich der zeitlich erste, der diesen Standpunkt mit voller Bestimmtheit und in allen seinen Konsequenzen vertritt, doch das weiß ich sicher, daß ich nicht der letzte sein werde, der ihn verteidigt!"

Die am platonischen Denken orientierten Mathematiker und Philosophen bejahten das Aktual-Unendliche in abstracto, nicht aber in concreto. *Cantor* schreibt in einem bemerkenswerten Brief an *Mittag-Leffler*[3]), daß die Atome des Weltalls nach seiner Auffassung abzählbar seien, und daß die Atome des „Weltäthers" als ein Beispiel für eine Menge von der Mächtigkeit des Kontinuums gelten können.

Das sind Ansichten, die die Physiker in unseren Tagen dem Begründer der Mengenlehre kaum abnehmen werden. Auch sein philosophischer Standort erscheint uns Heutigen als antiquiert. Wenn wir heute fragen, was denn vom Werk *Cantors* geblieben sei, dann können wir die Antwort auf eine einfache Formel bringen: *Es bleibt alles, was formalisierbar ist.* Die zur reinen Mathematik gehörenden Aussagen *Cantors* sind von den folgenden Generationen bestätigt und ausgebaut worden. Seinen philosophischen Ideen aber und seinen physikalischen Vorstellungen werden die meisten Menschen unserer Zeit nicht mehr folgen wollen.

Cantor hat bis zuletzt an einer metaphysischen Fundierung der Mathematik festgehalten, auch in jenen Jahren, als sich der Formalismus *Hilberts* durchzusetzen begann. In seinem Nachlaß fand sich eine mit zitternder Hand geschriebene Bleistiftnotiz (wohl aus dem Jahre 1913), in der er seine Ansicht bekräftigt, daß Mathematik „ohne ein Quentchen Metaphysik[4])" nicht zu begründen sei. Dabei verstand er Metaphysik als „die Lehre vom Seienden".

Es war tragisch für den ohnehin einsamen Hallenser Forscher, daß er sich mit seiner Neigung zur Metaphysik in Gegensatz brachte zu seinen alten Freunden. Vor allem *Hermann Amandus Schwarz* hat ihm sein Interesse für Philosophen und Kirchenväter übel genommen. „Was haben denn in aller Welt die Kirchenväter mit den Irrationalzahlen zu thun?", fragt der alte Freund *Cantors* entrüstet in einem an

---

[1]) *Cantor* hatte einen evangelischen Vater und eine katholische Mutter. Er selbst war evangelisch und ist nie konvertiert. Über seine religiöse Haltung vgl. [VI 8], S. 122 ff.

[2]) [VI 1], S. 371.

[3]) veröffentlicht in [VI 8], S. 247 f.

[4]) Vgl. dazu S. 25 ff.

Weierstraß gerichteten Brief [1]). Er hatte *Cantor* (im Jahre 1884) zufällig in Halle getroffen und von ihm einen Abdruck seiner „Mitteilungen zur Lehre vom Transfiniten" erhalten, die wegen ihres Bezuges auf Scholastiker und andere nicht an der Mathematik orientierte Denker seinen Zorn erregten.

IV.

Die Entdeckung der Antinomien in der Mengenlehre war ein schwerer Schlag für *Cantor*. Übrigens war *Cantor* selbst der erste, der einen Widerspruch herausfand. Es war die Einsicht, daß die „Menge aller Ordnungszahlen" zu in sich widerspruchsvollen Aussagen Anlaß gibt. Die Menge aller Ordnungszahlen ist nach der *Cantor*schen Theorie selber eine wohlgeordnete Menge und hat eine Ordnungszahl, die größer sein müßte als alle in der Menge enthaltenen. Wenn diese aber die Menge aller Ordnungszahlen umfaßt, so ist diese Aussage widerspruchsvoll. *Cantor* hat über diese Frage mit *Hilbert* 1895 und später auch mit *Dedekind* korrespondiert. Im Jahre 1899 schrieb er an *Dedekind*, daß auch die Menge aller Mengen" Anlaß zu Antinomien gebe. Er war geneigt, das Auftreten solcher Widersprüche nicht allzu tragisch zu nehmen. Es gibt eben Mengen, die „konsistent", andere, die „inkonsistent" (also in sich widerspruchsvoll) sind. Gegenstand der mathematischen Theorie sind die „konsistenten" Mengen. Auch *Schoenflies* [2]) hat die Ansicht vertreten, daß das Auftreten von Widersprüchen doch nur beweise, daß man mit einem in sich widerspruchsvollen Begriff gearbeitet habe. Wenn man diesen Fehler vermeidet, sei alles in Ordnung [3]).

Aber mit dieser Empfehlung ist das Problem der Antinomien nicht gelöst. Die „Menge aller Mengen" und die „Menge aller Ordnungszahlen" sind als „inkonsistent" erkannt. Aber wie ist es z. B. mit der „Menge der Zahlen der 2. Zahlklasse"? Kann sich diese Menge auch noch als in sich widerspruchsvoll erweisen?

Es erscheint wünschenswert, daß die Mengenlehre (und ebenso jede andere mathematische Disziplin) so formalisiert wird, daß die Widerspruchsfreiheit nachgewiesen werden kann. Das ist das *Hilbert*sche Programm: *Rechtfertigung des Umgangs mit dem Transfiniten durch finite Methoden.*

Das bedeutet aber eine Abkehr vom Versuch, die Mathematik „metaphysisch" zu begründen und sie in ein ontologisches System einzubauen.

Cantor selbst war gegen den mathematischen Formalismus (in seinen frühen Formen). Er schrieb 1888 in einem Brief an Pater *Jeiler* von dem „Erfolg ihres sich immer mehr vervollkommnenden Formelwesens, das immer mehr Anwendungen auf die mechanische Seite der Natur zuläßt" und beklagt, daß dies zu einem „Siegesrausch" geführt habe, der die davon befallenen Kollegen, zur materialistischen

---

[1]) Der Brief ist in [VI 8] veröffentlicht. Dort findet man auch einen Bericht über die wechselnden Beziehungen zwischen *Cantor* und seinen Freunden aus der „Berliner Schule".

[2]) „Über die logischen Paradoxien in der Mengenlehre". Jahresber. DMV 15, 1906, S. 19 bis 25.

[3]) An dieser Stelle folgt das Beispiel aus der Theorie der Polyeder, das wir bereits auf S. 47 gebracht haben. Auch an einigen anderen Stellen haben wir die Wiedergabe des Vortrages verkürzt.

Einseitigkeit verkommen läßt und sie für jegliche objektiv-metaphysische Erkenntnis und daher auch für die Grundlagen ihrer eigenen Wissenschaft blind macht". Immer wieder finden wir in den Briefen und Schriften *Cantors* die Bezüge zur Metaphysik. In Briefen an den Straßburger Kollegen *Kerry* hat *Cantor* die Frage erörtert, ob die Welt einen zeitlichen Anfang habe, und er hat (wohl in der Absicht, die christliche Schöpfungslehre zu untermauern) die Meinung geäußert, man könne für diese These von der Endlichkeit einen „gemischt mathematisch-metaphysischen" Beweis führen.

Die Mathematiker unserer Tage werden kaum Neigung haben, *Cantor* auf diesem Wege zu folgen. *Cantor* ist nur gegen *Cantor* zu retten: Man kann das „Paradies, das er uns geschaffen hat" nur sichern durch einen strengen Formalismus, der Seitensprünge in die Metaphysik nicht zuläßt.

Damit soll nicht gesagt sein, daß jede metaphysische Fragestellung sinnlos sei. Wir müssen uns nur damit abfinden, daß es keine Möglichkeit gibt, Probleme der Ontologie more geometrico zu behandeln. *Cantors* Vorstöße in die Welt des Transfiniten haben nicht zu neuen metaphysischen Einsichten geführt, wohl aber hat die durch ihn ausgelöste Grundlagenforschung fundierte erkenntnistheoretische Aussagen ermöglicht.

V.

Cantor hat sich sein Leben lang vergebens bemüht, die Kontinuum-Hypothese zu beweisen. Er vermutete, daß es keine Mächtigkeit $\aleph^+$ gäbe, die größer als die Mächtigkeit $\aleph_0$ der natürlichen Zahlen und kleiner als die des Kontinuums (der Menge der reellen Zahlen [1])) sei. Im Jahre 1884 schrieb er stolz seinem Freunde *Mittag-Leffler*, daß er das Problem gelöst habe; aber wenige Tage später mußte er widerrufen: Sein Beweis war nicht einwandfrei, wie er selbst herausgefunden hatte.

Wenn man gesicherte Aussagen über die Kontinuum-Hypothese gewinnen will, tut man gut, die Grundlagen der Mengenlehre durch ein Axiomensystem festzulegen. Das ist zuerst durch *Zermelo* geschehen. Sein System ist später von *Fraenkel* ausgebaut worden. Man kann nun die Untersuchungen moderner Forscher [2]) zu *Cantors* Problem so zusammenfassen:

Die Kontinuum-Hypothese ist durch die Axiome A_1 bis A_6 des Systems von *Zermelo-Fraenkel* weder zu beweisen noch zu widerlegen.

Die *Cantor*sche Hypothese ist also unabhängig von den grundlegenden Axiomen der allgemeinen Mengenlehre.

Wer sich in der Geschichte der Axiomatik einigermaßen auskennt, denkt sofort an eine bedeutsame Parallele: Zwei Jahrtausende lang hatten sich die Geometer um den Beweis des *Euklid*ischen Parallelenpostulats vergebens bemüht. Schließlich wurde durch die Entdeckung der Nichteuklidischen Geometrie durch *Bolyai* und *Lobatschewski* deutlich, daß das 5. Postulat *Euklids* unabhängig ist von den

---

[1]) Über die *Cantor*schen Alephs siehe z. B. [VI 8]!

[2]) Es sind dies vor allem: *Gödel* und *Cohen*. Literaturangaben findet man in [VI 8].

übrigen Axiomen. Fügt man es den Axiomen der Verknüpfung, der Kongruenz und der Stetigkeit hinzu, so gewinnt man die klassische euklidische Geometrie. Ersetzt man es durch die These, daß es durch einen Punkt zu einer Geraden mindestens zwei Parallelen gibt, so ist man auf die „hyperbolische" Geometrie geführt.

Cantors Bemühen um das Kontinuumproblem ist danach dem Eifer vieler Generationen von Mathematikern vergleichbar, die *Euklids* Parallelenpostulat beweisen wollten.

Es gibt aber keine Anzeichen dafür, daß *Cantor* selbst jemals die Möglichkeit der Nichtbeweisbarkeit und der Unabhängigkeit der Kontinuum-Hypothese erwogen hat. Offenbar lagen ihm formalistische Untersuchungen völlig fern.

Für ihn waren die mathematischen Sätze Thesen über etwas Seiendes; er war ja sogar davon überzeugt, daß den Mächtigkeiten $\aleph_0$ und $\aleph_1$ Realitäten in der physikalischen Welt entsprechen. Wir fürchten: Er hätte keine Freude gehabt an der „Auflösung" seiner Fragestellung durch die modernen Grundlagenforscher. Und doch gehört gerade die Anregung der metamathematischen Untersuchungen durch die Antinomien und die offenen Fragen der Mengenlehre zu den wichtigsten Auswirkungen des *Cantor*schen Werkes.

Es gehört zu den mancherlei Paradoxien[1]) der Mengenlehre, daß *Cantor* durch seine Forschungen die Denkweise des 20. Jahrhunderts in einer Weise beeinflußt hat, die ihm persönlich gar nicht lag. Die Mathematik wurde formalistisch, und *Cantor* war ein Idealist im Sinne *Platons*. Er wollte Beiträge zur Metaphysik leisten, aber die Auswirkungen seiner tiefgreifenden Forschung haben vor allem zu wichtigen erkenntniskritischen Einsichten geführt.

Wir sprachen schon davon[2]), daß *Cantor* an die ideelle und reale Existenz von unendlichen Mengen glaubte. Seinen Ansichten über die „Körperatome" und „Ätheratome" werden die Physiker unserer Tage kaum folgen. Diese Feststellung ist deshalb besonders bemerkenswert, weil auch heute noch vielfach die Grundlagen der Mathematik in der Erfahrung gesucht werden. So heißt es bei *Klaua*[3]):

> „Alle Dinge, also auch die Mengen sind Dinge der *objektiven Realität*; sie existieren also in der Realität und existieren dabei objektiv, d. h. sie sind unabhängig davon, was welcher einzelne Mensch und ob überhaupt ein Mensch diese Dinge in sein Bewußtsein aufnimmt."

Frage: *Wo* existieren die *Cantor*schen Mengen von der Mächtigkeit $\aleph_0$? *Wo* die von der Mächtigkeit des Kontinuums? *Wo* die von der Mächtigkeit $2^\aleph$? In einer endlichen Welt mit nur endlich vielen Atomen gibt es nicht einmal abzählbar viele „Dinge". Es gibt auch in der Natur (nach unserer heutigen Einsicht) wohl keine stetigen Kurven, die von „Massenpunkten" beschrieben werden. Es scheint, daß *Cantors* „Paradies" nicht von dieser Welt ist. Man kann es auch so sagen: Die *Cantor*sche Theorie ist ein Beleg für die Tatsache, daß der menschliche Geist Strukturen erfassen kann, für die es kein Vorbild in der Natur gibt. Man kann vielleicht die Tätigkeit des schöpferischen Menschen mit der eines modernen Künstlers ver-

---

[1]) Zum Thema *Paradoxien* und *Antinomien* vgl. XVI 8, Kap. III.

[2]) Vgl. S. 42.

[3]) VI 6, S. 2.

gleichen, der mit seinem Werk Visionen realisieren will, für die die Natur kein Gegenstück hat. Die durch das disziplinierte Denken des Mathematikers geschaffenen Welten scheinen uns bedeutsamer zu sein, als die, die uns eigenwillige Künstler erschließen können. Aber da mögen die Künstler anderer Meinung sein. Die Schöpfungen des Mathematikers haben jedenfalls eine echte Chance, daß sie irgendwann einmal bei der Beschreibung der realen Welt von Nutzen sein können, auch wenn sich zunächst keine solche Möglichkeit zeigt.

Man hat die Epoche, in der der Mensch schöpferisch wird, den „achten Schöpfungstag" genannt. Man darf von *Cantor* sagen, daß der in vieler Hinsicht so konservative Denker ein Mensch des „achten Schöpfungstages" war.

Literaturverzeichnis

Das Literaturverzeichnis enthält nicht nur die im Text zitierten und dort meist näher charakterisierten Abhandlungen, sondern auch einige andere für die eindringendere Arbeit geeigneten Lehrbücher, Monographien usw.

Die mit * versehenen Werke sind solche Schriften vorwiegend mathematischen oder physikalischen Inhalts, die ihrer Anlage nach interessierten Nichtmathematikern zugänglich sind.

I   1. *Lichtenberg, G. C.:* Tag und Dämmerung. Aphorismen – Schriften – Briefe – Tagebücher. Leipzig 1941.

I   2. *Reichenbach, H.:* Der Aufstieg der wissenschaftlichen Philosophie. Braunschweig 1968.

II   1. *Euklides:* Die Elemente. Nach *Heibergs* Text aus dem Griechischen übersetzt und herausgegeben von *Clemens Thaer.* 1933.

II   2. *Michelsen, J. A. C.:* Euclides Elemente, für den gegenwärtigen Zustand der Mathematik bearbeitet, erweitert, fortgesetzt. Berlin 1791.

II   3. *Waerden, B. L. van der:* Erwachende Wissenschaft. 2. Aufl. Basel – Stuttgart 1966.

II   4. *Reidemeister, K.:* Das exakte Denken bei den Griechen *. Hamburg 1949.

II   5. *Whittacker, E.:* Von Euklid zu Eddington – Zur Entwicklung unseres modernen physikalischen Weltbildes *. Wien – Stuttgart 1952.

II   6. *Platon:* Sämtliche Werke, Band 1–3. Berlin – Heidelberg.

II   7. *Meschkowski, H.:* Denkweisen großer Mathematiker. 2. Aufl. Braunschweig 1967.

III   1. *Kopecny, J.:* Das berühmte fünfte Postulat des Euklid, bewiesen durch seine eigenen Forderungen und Lehrsätze. Bratislava 1933.

III   2. *Klügel, G. S.:* Conatum Praecipuorum Theoriam Parallelarum Demonstrandum Recensio. Göttingen 1763.

III   3. *Meschkowski, H.:* Nichteuklidische Geometrie. 3. Aufl. Braunschweig 1965.

III   4. *Perron, O.:* Nichteuklidische Elementargeometrie der Ebene. Stuttgart 1962.

IV   1. *Hilbert, D.* und *Bernays, P.:* Grundlagen der Mathematik I, II. Berlin 1934 bis 1939.

IV   2. *Becker, O.:* Grundlagen der Mathematik *. Freiburg – München 1954.

IV   3. Häufungspunkte – Herausgegeben vom Mathematischen Verein. Berlin 1927.

IV   4. *Toeplitz, O.:* Die Entwicklung der Infinitesimalrechnung, 1. Band. Berlin – Göttingen – Heidelberg 1949.

IV   5. *Bolzano, B.:* Die Paradoxien des Unendlichen. 1851.

V 1. *Tannery, P.:* Mémoires Scientifiques IV. Toulouse – Paris 1920. S. 27–60: Le traité de Manuel MOSCHOPULOS sur les carrés magiques.

V 2. *Kowalewski, G.:* Große Mathematiker *. München – Berlin 1938.

V 3. *Meister Eckehart:* Schriften. Jena 1934.

V 4. *Nikolaus v. Cues:* Die Kunst der Vermutung *. Bremen 1957.

V 5. *Hofmann, J. E.:* Die Quellen der Cusanischen Mathematik I: Ramon Lulls Kreisquadratur. Sitzungsber. Heidelberger Akademie d. Wiss., Phil. – hist. Klasse, 1941–42. Heidelberg 1942.

V 6. *Pier, J.-P.:* La valeur des mathématiques dans l'esprit de leurs promoteurs. Janus XLIX, 1961, S. 195–202.

V 7. *Hofmann, J. E.:* Vom Einfluß der antiken Mathematik auf das mittelalterliche Denken. Miscellanae Mediaevalia. Veröff. des Thomas-Instituts Band 1, 1962, S. 96–111.

VI 1. *Cantor, G.:* Gesammelte Abhandlungen mathematischen und philosophischen Inhalts. Ed. *G. Zermelo* Berlin 1932, Nachdruck Hildesheim 1962.

VI 2. *Kamke, E.:* Mengenlehre. 4. Aufl. Berlin 1962.

VI 3. *Bachmann, H.:* Transfinite Zahlen. Berlin – Göttingen – Heidelberg 1955.

VI 4. *Kuratowski, K.:* Introduction to set theory and topology. Oxford – London – New York – Paris 1961.

VI 5. *Abian, A.:* The Theory of Sets and Transfinite Arithmetic. Philadelphia und London 1965.

VI 6. *Klaua, D.:* Allgemeine Mengenlehre. Berlin 1964.

VI 7. *Meschkowski, H.:* Aus den Briefbüchern Georg Cantors. Arch. Hist. of Exact Sciences 2, 1965, S. 503–519.

VI 8. *Meschkowski, H.:* Probleme des Unendlichen. Werk und Leben Georg Cantors. Braunschweig 1967.

VII 1. *Skolem, Th.:* Über die Grundlagendiskussion in der Mathematik. C. R. Congr. Math. Scand., Oslo 1929.

VII 2. *Sierpinski, W.:* Algèbre des ensembles. Warzawa 1951.

VII 3. *Northrop, E.:* Rätselvolle Mathematik *. Wien 1954.

VII 4. *Shen Yuting:* Paradox of the class of all grounded classes. The Journal of Symb. Logic, vol. 18, Nr. 2, Juni 1953.

VII 5. *Hahn, H.:* Gibt es Unendliches? Alte Probleme – neue Lösungen in den exakten Wissenschaften *. Leipzig und Wien 1934.

VII 6. *Natanson, J. P.:* Theorie der Funktionen einer reellen Veränderlichen. Berlin 1954.

VII 7. *Hadwiger, H.:* Der Inhaltsbegriff, seine Begründung und Wandlung in älterer und neuerer Zeit *. Mitteilungen der Naturforschenden Gesellschaft in Bern, Neue Folge, 11. Band, 1954.

VII 8. *Poincaré, H.:* Dernières Pensies. Deutsch. Leipzig 1913.

VII 9. *Schoenflies, A.:* Über die logischen Paradoxien der Mengenlehre. Jahresber. DMV 15, 1906, S. 19–25.

VIII 1. *Hasse, H.:* Vorlesungen über Zahlentheorie. 2. Aufl. Berlin – Göttingen – Heidelberg 1964.

VIII 2. *Poincaré, H.:* Réflexions sur les deux notes précédentes. Acta mathematica 32, 1909, S. 195–200.

VIII 3. *Brouwer, L. E. J.:* De onbetrouwbaarheid der logische principes. Tijdschrift voor wijsbegeerte, vol. 2, 1908, S. 152 ff.

VIII 4. *Meschkowski, H.:* Zur rekursiven Funktionentheorie. Acta mathematica 95, 1956, S. 9–23.

VIII 5. *Heyting, A.:* Intuitionism. Amsterdam 1956.

VIII 6. *Meschkowski, H.:* Rekursive reelle Zahlen. Math. Zeitschr. 66, 1956, S. 189 bis 202.

IX 1. *Hilbert, D.:* Grundlagen der Geometrie. 9. Aufl. Stuttgart 1962.

IX 2. *Hilbert, D.:* Gesammelte Abhandlungen. Berlin 1935.

IX 3. *Steck, M.:* Das Hauptproblem der Mathematik. Berlin 1942.

IX 4. Kant – Ausgabe der Preußischen Akademie der Wissenschaften.

IX 5. *Riemann, B.:* Werke. Göttingen 1892.

IX 6. *Dingler, H.:* Über Geschichte und Wesen des Experiments. München 1952.

IX 7. *Hamel, G.:* Was ist Geometrie? * Math. Nachr. 4, 1950/51, S. 502 ff.

IX 8. *Jordan, P.:* Schwerkraft und Weltall. Braunschweig 1952.

IX 9. *Bavink, B.:* Probleme und Ergebnisse der Naturwissenschaften *. Zürich 1949.

IX 10. *Russell, B.:* Das menschliche Wissen *. Darmstadt 1950.

IX 11. *Einstein, A.:* Mein Weltbild *. Berlin 1955.

IX 12. *Worbs, E.:* Carl Friedrich Gauß *. Leipzig 1955.

IX 13. *Poincaré, H.:* Wissenschaft und Hypothese *. Leipzig 1906.

X 1. *Dutens, L.:* Leibnitii Opera omnia nunc primo collecta. Genf 1768. 5 Bde.

X 2. *Leibniz, G. W.:* Schöpferische Vernunft. Münster – Köln 1955.

X 3. *Reichenbach, H.:* Elements of Symbolic Logic. New York 1952.

X 4. *Hilbert, D.* und *Ackermann, W.:* Grundzüge der theoretischen Logik. 5. Aufl. Berlin – Göttingen – Heidelberg 1967.

X 5. *Rosenbloom, P.:* The Elements of Mathematical Logic. New York 1950.

X 6. *Scholz, H.* und *Hasenjäger, G.:* Grundzüge der mathematischen Logik. Berlin – Göttingen – Heidelberg 1961.

X 7. Enzyklopädie der mathematischen Wissenschaften. Band I, 1. Teil, Heft 1. Teil 1: *Hermes, H.* und *Scholz, H.:* Mathematische Logik. Teil 2: *Schmidt, A.:* Mathematische Grundlagenforschung. Leipzig 1952 und 1950.

X 8. *Scholz, H.:* Logik, Grammatik, Metaphysik. Archiv f. Philosophie 1, 1947, S. 39–80.

X 9. *Kaila:* Logistik und Metaphysik. Theoria 8, 1942.

X 10. *Tarski, A.:* Einführung in die mathematische Logik. Göttingen 1965.

XI 1. *Kleene, S. C.:* Introduction to Metamathematics. Amsterdam – Groningen 1952.

XI 2. *Schmidt, E.:* Über Gewißheit in der Mathematik *. Berlin 1930.

XI 3. *Curry, H. B.:* Outlines of a formalist Philosophy of Mathematics. Amsterdam 1951.

XI 4. *Skolem, Th.:* Über die Unmöglichkeit einer vollständigen Charakterisierung der Zahlenreihe mittels eines endlichen Axiomensystems. Norsk Matematisk Forenings Skrifter, Ser. II, Nr. 1 bis 12, 1933, S. 72–82.

XI 5. *Skolem, Th.:* Über die Nicht-Charakterisierbarkeit der Zahlenreihe mittels Zahlenvariablen. Fund. math. 23, 1934, S. 150–161.

XI 6. Die Hauptreferate des 8. polnischen Mathematikerkongresses vom 6. bis 12. September 1953 in Warschau. Berlin 1954.

XI 7. *Hermes, H.:* Einführung in die Verbandstheorie. 2. Aufl. Berlin – Göttingen – Heidelberg 1967.

XI 8. Forscher und Wissenschaftler im heutigen Europa. Kapitel von *Köthe, G.:* Nicolas Bourbaki, Oldenburg 1955.

XI 9. *Bourbaki, N.:* Éléments de Mathématique. Paris 1955–1968.

XII 1. *Skolem, Th.:* Begründung der elementaren Arithmetik durch die rekurrierende Denkweise ohne Anwendung scheinbarer Veränderlicher mit unendlichem Ausdehnungsbereich. Skrifter utgivt af Videnskapselkapet i Kristiana, Mat.-nat. Klasse 1923, no. 6, 38 pp.

XII 2. *Péter, R.:* Rekursive Funktionen. Budapest 1951.

XII 3. *Goodstein, R. L.:* Constructive Formalism. 2. Aufl. Leicester 1965.

XII 4. *Hermes, H.:* Aufzählbarkeit, Entscheidbarkeit, Berechenbarkeit. Berlin – Göttingen – Heidelberg 1961.

XII 5. *Stegmüller, W.:* Unvollständigkeit und Unentscheidbarkeit. Wien 1959.

XII 6. *Goodstein, R. L.:* The relatively exponential-, logarithmic and circular functions in recursive function theory. Acta Math. 92, 1954, S. 171–190.

XII 7. *Goodstein, R. L.:* Recursive number theory. Amsterdam 1957.

XII 8. Meyers Handbuch für die Mathematik. Ed. *H. Meschkowski.* Mannheim 1967.

XIII 1. *Finsler, P.:* Formale Beweise und die Entscheidbarkeit. Math. Zeitschrift 25, 1926, S. 677–682.

XIII 2. *Gödel, K.:* Über formal unentscheidbare Sätze der Principia Mathematica und verwandter Systeme I. Monatshefte für Mathematik und Physik 38, S. 173 bis 198.

XIII 3. *Gentzen, G.:* Die Widerspruchsfreiheit der reinen Zahlentheorie. Math. Ann. 112, 1936, S. 493–565.

XIII 4. *Gentzen, G.:* Die gegenwärtige Lage in der mathematischen Grundlagenforschung. – Neue Fassung des Widerspruchsfreiheitsbeweises für die reine Zahlentheorie. Forschungen zur Logik und zur Grundlegung der exakten Wissenschaften, Neue Folge Heft 4. Leipzig 1938.

XIII 5. *Ackermann, W.:* Zur Widerspruchsfreiheit der Zahlentheorie. Math. Ann. 117, 1940, S. 162–194.

XIII 6. *Ackermann, W.:* Solvable Cases of the Decision Problem. Amsterdam 1954.

XIII 7. *Tarski, A., Mostowski, A.* und *Robinson, R. M.:* Undecideable Theories. Amsterdam 1953.

XIII 8. *Schütte, K.:* Beweistheorie. Berlin – Göttingen – Heidelberg 1960.

XIV 1. *Lorenzen, P.:* Die Rolle der Logik in der Grundlagenkrisis der Analysis. (Vervielfältigung eines Referats.)

XIV 2. *Lorenzen, P.:* Einführung in die operative Logik und Mathematik. Berlin – Göttingen – Heidelberg 1955.

XIV 3. *Lorenzen, P.:* Differential und Integral. Frankfurt a. M. 1965.

XIV 4. *Bishop, E.:* Foundations of constructive Analysis. New York – Sidney 1967.

XIV 5. *Stoll, R. R.:* Introduction to Set Theory and Logic. San Francisco – London 1963.

XV 1. *Naas, J.* und *Schmid, H. L.:* Mathematisches Wörterbuch I, II. Berlin 1962.

XV 2. *Meschkowski, H.:* Wahrscheinlichkeitsrechnung. Mannheim 1967.

XV 3. *Jaglom, A. M.* und *Jaglom, J. M.:* Wahrscheinlichkeit und Information. Berlin 1965.

XVI 1. *Levi, F. W.:* Presidential Address *. (Referat am 12. 12. 1945 vor dem indischen Mathematikerkongreß in Delhi.)

XVI 2. *Stegmüller, W.:* Metaphysik Wissenschaft Skepsis *. Frankfurt (Main) – Wien 1954.

XVI 3. *Martin, G.:* Neuzeit und Gegenwart in der Entwicklung des mathematischen Denkens *. Kant-Studien 45, 1953/54, Heft 1 bis 4, S. 155–165.

XVI 4. *Jordan, P.:* Die Physik des 20. Jahrhunderts *. Braunschweig 1949.

XVI 5. *Kamke, E.:* Werden und Sicherheit mathematischer Erkenntnis *. Jahresbericht DMV 57, Heft 1, 1954, S. 6–19.

XVI 6. *Reidemeister, K.:* Die Unsachlichkeit der Existenzphilosophie *. Berlin – Göttingen – Heidelberg 1954.

XVI 7. *Goodstein, R. L.:* Essays in the Philosophy of Mathematics. Leicester 1965.

XVI 8. *Meschkowski, H.:* Mathematik als Bildungsgrundlage. Braunschweig 1965.

Namenverzeichnis

Herbert Meschkowski

Professor an der Pädagogischen Hochschule Berlin, apl. Professor an der
Freien Universität Berlin

Mathematik-Duden für Lehrer

Stoff · Didaktik. Eine Begründung der Mathematik aus der Mengen-
lehre für Lehrer aller Schulklassen. Herausgegeben von Herbert
Meschkowski unter Mitwirkung von Erwin Könnecke, Helmut Schütz,
Gisela Weiß. 548 Seiten mit mehrfarbigen Beilagen. Leinen

Meyers Handbuch über die Mathematik

Herausgegeben von Herbert Meschkowski unter Mitarbeit von Detlef
Laugwitz. 1143 Seiten mit zahlreichen Abbildungen und einem über
300 Seiten umfassenden Begriffswörterbuch. Leinen

B · I - HOCHSCHULTASCHENBÜCHER

Aufgabensammlung zur Einführung in die moderne Mathematik von
Herbert Meschkowski und Günter Leßner (263/263 a). 180 Seiten

Einführung in die moderne Mathematik von Herbert Meschkowski
(75/75 a). 160 Seiten mit 19 Abbildungen

Grundlagen der Euklidischen Geometrie von Herbert Meschkowski
(105/105 a). 231 Seiten mit zahlreichen Abbildungen

Mathematiker-Lexikon von Herbert Meschkowski (414/414 a *). Etwa
260 Seiten mit zahlreichen Abbildungen

Mathematisches Begriffswörterbuch von Herbert Meschkowski
(99/99 a). 302 Seiten mit zahlreichen Abbildungen

Reihenentwicklungen in der mathematischen Physik von Herbert
Meschkowski (51). 151 Seiten mit 15 Abbildungen

Unendliche Reihen von Herbert Meschkowski (35). 160 Seiten mit
19 Abbildungen

Wahrscheinlichkeitsrechnung von Herbert Meschkowski (285/285 a).
233 Seiten mit zahlreichen Abbildungen

Bibliographisches Institut Mannheim/Zürich

Herbert Meschkowski
Probleme des Unendlichen
Werk und Leben Georg Cantors

Von Prof. Dr. Herbert Meschkowski, Berlin. Braunschweig: Vieweg, 1967. DIN A 5. VIII, 292 Seiten mit 12 Abb. und 6 Tafeln. Leinen DM 38,50 (Best.-Nr. 8253).

Inhalt: Herkunft und Jugend — Frühe Arbeiten — Die Anfänge der Mengenlehre — Beiträge zur Topologie — Die mathematische Denkweise im 19. Jahrhundert — Kardinalzahlen — Ordnungszahlen — Mathematik und Metaphysik bei Georg Cantor — Cantor und seine Collegen — Antinomien — Der Wohlordnungssatz — Die späten Jahre — Axiomatisierung der Mengenlehre — Moderne Theorie der Ordnungs- und Kardinalzahlen — Das Erbe Cantors — Anhang: Briefe aus der Welt Georg Cantors, Verzeichnis der Briefe.

Das mengentheoretische Verständnis der Mathematik hat sich in den letzten Jahren nicht nur an den Hochschulen durchgesetzt. Lehrer aller Schulgattungen versuchen, die Anfangsgründe der Mathematik mit Hilfe der Begriffe zu lehren. 50 Jahre nach dem Tode Georg Cantors erscheint ein Rückblick auf die Anfänge nur als folgerichtig.

Zum Werk Cantors gehört auch seine Auswirkung auf die Gegenwart. Dieses Buch zeigt, wie seine genialen intuitiven Definitionen durch die moderne axiomatische Fundierung der Mengenlehre bestätigt wurden.

Meschkowskis Buch stellt die Bedeutung Cantors für die Gegenwart heraus. Deshalb folgt es in seiner Darstellung der wichtigsten Epochen der Forschungen Cantors der ursprünglichen Darstellung, auch wenn die Beweise heute einfacher gestaltet werden können. Wenn es wichtig erschien, ist die heute einfachste Beweisführung vorgezogen worden.

Dem Buch ist ein Anhang mit vielen bisher unveröffentlichten Briefen Cantors und seiner Zeitgenossen beigegeben, es dient also nicht nur dem Verständnis der Mengenlehre, sondern ist darüber hinaus ein Beitrag zur Deutung des mathematischen Denkens im letzten Jahrhundert.

Logik und Grundlagen der Mathematik
Herausgeber Prof. Dr. Dieter Rödding

Eine Buchreihe für Wissenschaftler, Studenten und interessierte Laien. Die Spanne reicht von Berichten über neueste Forschungsergebnisse und Lehrbücher für Studenten bis hin zu allgemeinverständlichen einführenden Schriften.

Der thematische Rahmen umfaßt: *Beiträge zur Begründung der Mathematik im weitesten Sinne, Veröffentlichungen zu Grundlagenproblemen der Mathematik unter dem Gesichtspunkt der mathematischen Logik und Einzeldarstellungen aus dem Gebiet der mathematischen Logik.*

Neben Werken deutscher Autoren erscheinen Übersetzungen ausländischer insbesondere angelsächsischer, französischer und osteuropäischer Fachliteratur, die damit erstmals dem deutschsprachigen Leser zugänglich gemacht wird.

Band 1: Boolesche Algebra und ihre Anwendung
Von J. Eldon Whitesitt. Übersetzung der amerikanischen Originalausgabe „Boolean Algebra and its Applications" von Uwe Klemm.
Braunschweig: Vieweg, 2. Auflage, 1968, DIN C 5. VIII, 207 Seiten mit 123 Abb.
Paperback DM 10,80 (Best.-Nr. 8184).

Band 2: Über mehrwertige Logik
Von Alexander Alexandrowitsch Sinowjew. Übersetzung der russischen Originalausgabe von Horst Wessel. DIN A 5. 112 Seiten.
Paperback DM 9,80 (Best.-Nr. 8271).

Band 3: Elementarmathematik in moderner Darstellung
Von Lucienne Felix. Übersetzung der französischen Originalausgabe „Exposé moderne des mathématiques élémentaires" von Ivo Steinacker.
Mit einem Vorwort von Klaus Wigand. Braunschweig: Vieweg, 2. erweiterte und überarbeitete Auflage, 1969. DIN C 5. XVI, 583 Seiten mit 80 Abb.
Gebunden DM 48,— (Best.-Nr. 8174).